低碳智能化
——新建项目建造及案例分析

向会伦　杨晓方　张　一　编著

机械工业出版社
CHINA MACHINE PRESS

本书主要内容包括智能建造与智慧建筑综述、智慧建筑的评价标准、智慧建筑的BIM技术应用、大数据和GIS技术建筑应用、智慧建筑的机器人和其他智能设备、智慧建筑的互联网技术应用及智慧建筑的集成控制应用等内容。书中对我国当前的智能建造技术、应用现状和发展趋势结合工程实例进行了讲解和展望。

　　本书图文并茂，理论与技术应用相得益彰，内容丰富，所讲技术与选取的案例立足施工一线，可借鉴与指导性强，特别适宜建筑行业从事工程项目设计、施工等相关流程工作的技术与管理人员参考使用。

图书在版编目（CIP）数据

低碳智能化：新建项目建造及案例分析／向会伦，杨晓方，张一编著. -- 北京：机械工业出版社，2025.

1. -- ISBN 978-7-111-77452-5

Ⅰ. TU18

中国国家版本馆 CIP 数据核字第 20257VS320 号

机械工业出版社（北京市百万庄大街22号　邮政编码100037）

策划编辑：薛俊高　　　　　　责任编辑：薛俊高　范秋涛
责任校对：樊钟英　张　薇　　封面设计：张　静
责任印制：任维东

河北鹏盛贤印刷有限公司印刷

2025年2月第1版第1次印刷

184mm×260mm・15.5印张・378千字

标准书号：ISBN 978-7-111-77452-5

定价：59.00元

前　言

　　信息技术日新月异，数字经济蓬勃发展，深刻改变着人们生产生活方式和社会治理模式，各领域各行业无不抢抓新一轮科技革命机遇，抢占数字化改革先机。2020年，住房和城乡建设部会同有关部门，部署推进以城市信息模型（CIM）平台、智能市政、智慧社区、智能建造等为重点，基于信息化、数字化、网络化、智能化的新型城市基础设施建设；坚持科技引领数据赋能，提升城市建设水平和治理效能。

　　住房和城乡建设部等多部门联合发布的《关于推进智能建造与建筑工业化协同发展的指导意见》中明确提出，到2025年，我国智能建造与建筑工业化协同发展的政策体系和产业体系基本建立，建筑工业化、数字化、智能化水平显著提高，建筑产业互联网平台初步建立。

　　本书梳理了当下以低碳、智能为发展方向的前沿技术在建筑行业的应用性理论及应用实践，全书将理论与具体实施相结合进行阐述，内容丰富，指导性强，特别适宜从事智慧建筑项目的相关工作人员参考及使用。

　　限于时间，本书中难免有疏漏或不妥之处，敬请广大读者朋友提出宝贵意见，作者将不胜感激！

编　者

2024年10月于北京

目　录

第1章 智能建造与智慧建筑综述

1.1 智能建造简介

1.1.1 智能建造的概念

智能建造是工程建造的创新发展模式，是传统工程建造系统与智能化、信息化、数字化技术深度融合的产物，其本质是基于物理信息技术实现智能工地，并结合设计和管理实现动态配置的生产方式，对施工方式进行改造和升级，使各相关技术之间加速融合发展，应用在建筑行业中，即使设计、生产、施工、管理、运维等环节更加信息化、智能化。智能建造正引领新一轮的建造业革命。智能建造的发展主要体现在：设计过程中的建模与模拟智能化；生产过程中的工业机器人和物联网平台实现工业化；施工过程中利用基于人工智能技术的机器人代替传统施工方式；管理过程中通过物联网技术日趋智能化；运维过程中结合大数据技术和云计算的服务模式日渐形成。

智能建造在建造过程中充分应用数字化、信息化等智能技术手段，通过智能化系统进一步提高设计、生产、物流、施工、运维等建造全流程的智能化、自动化水平，减少对人工的依赖，进而达到高效、安全建造的目的，实现提质、增效、降本的实施效益。它是一种低碳化、绿色化、工业化、信息化、集约化和产业化的新型先进建造方式，是实现绿色建造的重要实施路径。

关于智能建造的概念还可以从广义和狭义两个范畴考虑，套用《国家智能制造标准体系建设指南（2021版）》对智能制造的定义："智能制造是基于先进制造技术与新一代信息技术深度融合，贯穿于设计、生产、管理、服务等产品全生命周期，具有自感知、自决策、自执行、自适应、自学习等特征，旨在提高制造业质量、效率效益和柔性的先进生产方式。"从广义上讲，智能建造是适应全社会数字化发展与生产关系变革的一种建筑业全产业协同发展模式变革。这个变革是行业发展的必然方向，内容、步骤、节奏、效果与全社会数字化发展水平相协调，总体同步或者略微滞后，并实现相互作用，见表1-1。

表1-1 智能建造定义总结

作者	定义
Andrew Dewit	智能建造旨在通过机器人革命来改造建筑业，以达到节约项目成本、提高精度、减少浪费、提高弹性与可持续性的目的
丁烈云	智能建造是新信息技术与工程建造融合形成的工程建造创新模式，通过规范化建模、网络化交互、可视化认知、高性能计算以及智能化决策支持，实现数字链驱动下的工程立项策划、规划设计、施工生产、运维服务一体化集成与高效率协同

（续）

作者	定义
潘启祥	智能建造是指集成融合传感技术、通信技术、数据技术、建造技术及项目管理等知识，对建造物及其建造活动的安全、质量、环保、进度、成本等内容进行感知、分析和控制的理论、方法、工艺和技术的统称
毛超，等	智能建造是在信息化、工业化高度融合的基础上，利用新技术对建造过程赋能，推动工程建造活动的生产要素、生产力和生产关系升级，促进建筑数据充分流动，整合决策、设计、生产、施工、运维整个产业链，实现全产业链条的信息集成和业务协同、建设过程能效提升、资源价值最大化的新型生产方式

从狭义上讲，智能建造是工程建造领域各方主体数字化、网络化、智能化赋能后的建造模式。具体可以表述为智能建造是以创效为目标、以工业化为主线、以标准化为基础、以建造技术为核心、以信息化为手段，实现工程建造智能化。智能建造是建筑行业应对高质量发展，实现全行业、全生命周期降本增效，提高资源效率，交付高质量、高性能产品的一种解决方案。

由于建筑行业信息化水平较低，尚缺乏完整、有效的手段解决数据感知、存储、分析、决策、控制、执行等问题，因此需要较长的时间对建筑行业进行赋能，实现能力提升。从发展阶段角度来看，智能建造是阶段性产物。它是传统建造模式通过 CAD、BIM、VDC 等手段初步实现数字化表达之后，与高精度测量、自动感知（IoT）、工业自动化、大数据、人工智能等技术深度融合形成的一种新的能力提升模式。在智能建造之前，链接传统建造模式的是数字建造；在智能建造之后，是智慧建造。这三者是递进上升的关系，智能建造将是一个较为长期、不可跨越的阶段。当前智能建造的主要工作是实现全产业链数据的采集、积累、分析、集成，并与工业自动化相融合，从而实现能力延展。

总之，智能建造中信息化是根本，数字化是手段，智能化是目标。信息化更多的是管理，数字化更多的是业务，智能化更多的是决策。

1.1.2　智能建造的意义

智能建造是一种先进建造技术。一方面，智能建造不仅涵盖建设工程的设计、生产、施工和运维四个阶段，具有设计数字化、生产自动化、物流集成化、施工装配化、运维信息化等特点，更是一种以人工智能为核心的新一代信息技术与先进工业化建造技术深度融合形成的工程建造创新模式；另一方面，智能建造不仅充分利用了 BIM、大数据、物联网、人工智能、区块链等先进的智能信息化技术，与建造环节环环相扣，推动建筑业工业化、数字化、智能化转型，以实现全产业链数据集成，为全生命周期管理提供支持，其产业科技含量高、关联度大、带动力强，可以催生不少新产业、新业态、新模式，是培育经济增长点的重要方向。

智能建造也代表了一种新型生产力。建筑业要实现高质量发展，则需在数字技术引领下，以新型建筑工业化为核心，以智能建造手段为有效支撑，通过绿色化、工业化、信息化的"三化融合"，将建筑业提升至现代工业级的精益化水平。

发展智能建造，是促进建筑业数字化转型升级、实现建筑业高质量发展的迫切需要，也是稳增长、扩内需,做强做优做大数字经济,实现碳达峰、碳中和的重要举措。无论是绿色发展潮流,还是行业现实问题挑战,都揭示了智能建造是大势所趋,势在必行。

智能建造系统需要贯穿建筑工程的全生命周期,从而实现智能设计、智能生产、智能施工和智慧运维。

1.1.3 智能建造的阶段划分

1. 智能设计阶段

建筑的设计一般包括规划设计、建筑方案设计、施工图设计、室内装修设计、构配件加工设计等。基于 BIM 软件进行参数化设计,可以提高模型的生成与修改效率,提高模型信息的共享性,实现建筑结构、给水排水、暖通、消防、电气等多专业的协同设计,通过碰撞检测与虚拟施工技术及时发现设计中存在的问题,减少因设计错误造成的返工,从而缩短建设工期,节约施工成本。在设计阶段,还可以基于 BIM 进行建筑物的视域、风场、日照与阴影分析,并对建筑能耗进行分析计算,评估各项性能指标,为建筑节能打下基础。

2. 智能生产阶段

建筑业智能生产主要是指混凝土预制构配件、钢结构构件、门窗、卫浴产品、墙体板材及相关原材料的生产,包括制造过程和产品质量检测过程。

为实现装配式建筑预制构件的工厂化生产,可参考借鉴生产制造业的先进技术与标准,实现构件设计与生产过程的信息化集成,应用智能生产装备与机器人制造系统,提高生产标准化程度与生产效率,提高构件产品的质量与品质,降低传统湿法作业带来的能源消耗与污染排放。

3. 智能施工阶段

智能施工包括施工现场的构配件安装、施工安全监控、工程进度统计、施工效率统计、施工现场人员管理等方面的智能化。

施工技术装备的智能化体现在,发展装配化施工替代传统混凝土浇筑,利用智能化施工设备与建筑机器人技术逐步替代现场人工作业;利用智能感知技术实时监测在建建筑结构的应力与位移,施工设备的运行状态与能耗,施工人员的位置分布与安全作业情况,现场气温、风速等环境变化以及污染排放情况等,使施工过程始终处于可预测、可控制的状态。

施工组织管理的智能化体现在,一方面实现面向工程现场的施工过程优化,通过对施工过程的实时监控与仿真分析,结合智能优化算法,实现施工计划的实时调整与建造资源的优化调度;另一方面实现材料构件的供应链协同机制,解决施工节拍与物流节拍不同步的问题,避免因供应不及时导致的窝工停工,或者因供应过剩导致的现场库存积压问题。

4. 智慧运维阶段

工程竣工采用"实体+虚拟"产品交付的模式,将集成了设计、生产、施工各阶段数据的数字孪生模型作为虚拟产品与实体建筑物一起交付给客户,为后期运维分析提供决策支持。在运维管理阶段,根据客户需求在数字孪生模型中集成弱电、安防、物业等管理要素,将建筑物的结构、系统以及所提供的服务进行优化组合,以实现建筑物的全生命周期管理。

1.1.4 智能建造系统基本特点

智能建造系统的基本特征可以概括为"泛在连接、数据驱动、数字孪生、系统自治、面向服务"五个方面。

1. 泛在连接

泛在连接是指通过对物理空间的实时感知与数据采集，以及信息空间控制指令的实时反馈下达，提供"无处不在"的网络连接与数据传输服务。通过物联网技术采集施工现场实时数据、人员定位信息、现场施工过程的图像、工人的工作状态等数据。

2. 数据驱动

智能建造系统的大数据来源包括来自 BIM 的设计数据、物联网的施工监控数据、业务信息系统数据和历史项目数据等，这些数据中蕴含着丰富的信息或知识，它们对于管理决策至关重要。

智能建造系统框架中的数据驱动决策支持的体系结构，通过大数据技术以可视化的形式提供给用户，以支持不同的决策需求，包括设计优化、智能调度、风险预测、绩效评估，以及施工设备的故障诊断与主动维护策略等。

3. 数字孪生

在智能建造系统中，基于物理信息技术的数字孪生，对于装配式建筑，通过 RFID 技术跟踪构件的生产、物流及装配过程，经过装配后的构件信息自动关联 BIM 设计模型中的构件生成实时建造模型。而对于非装配式建筑，则可采用 3D 重建技术生成点云模型，再将点云模型与 BIM 设计模型进行关联，从而生成实时建造模型。

作为在建建筑物在信息空间中的数字孪生，实时建造模型将监测数据以不同维度展现给项目的参与者，使他们在共同的视角下进行协作。云平台为不同项目参与者提供监控数据查询、追溯、计算和虚拟现实展示服务，支持对项目进度、质量管理、安全与环境监管、绩效评估等方面的监控需求。

BIM 系统可在基于 4D 仿真功能的实时建造模型基础上进行虚拟建造，以验证前瞻性计划的可行性，预测可能发生的异常或冲突，并做出适应性调整。经过仿真分析验证后的前瞻性计划将被细化为周计划或日计划后再组织施工。

4. 系统自治

系统自治是指智能系统独立协调各子系统完成相应功能，并能够根据环境变化而做出相应的反应，即实现系统的自组织与自适应能力。智能建造系统涉及多种分布式的异构建造资源，既包括施工人员、设备与材料等物理建造资源，也包括软件服务等信息资源，如何建立它们之间的协作机制是实现系统自治能力的关键。

5. 面向服务

作为集成了多项智能技术的平台，智能建造系统应建立在具有互操作性与可扩展性的技术架构之上，基于面向服务的体系架构（Service-Oriented Architecture，SOA）建立智能建造系统的技术架构。

所有软硬件系统均通过建造服务总线（Construction Service Bus，CSB）进行信息交互，构成扁平化且可扩展的体系架构。建造服务总线采用 SOA 架构中的企业服务总线技术，该技术是传统中间件、XML 以及 Web 服务技术相结合的产物。CSB 作为智能建造系统网络中最基本的连接中枢，可实现不同服务之间的互操作性。将智能建造系统内的软件子系统封装为 Web 服务以隐藏其内部的复杂性，通过 WSDL（Web 服务描述语言）描述所提供的服务信息，并将服务发布到 UDDI（Universal Description Discovery and Integration，统一描述、发现与集成服务）注册中心，以供其他服务搜索、访问和调用。对于物理空间中的建造资源，例如建筑工人、智能建筑设备与建筑机器人等，基于分布式人工智能理论将其虚拟化为智能体并集成到建造服务总线，以实现智能建造系统的分布式控制功能。

6. 实现高效、绿色制造

构建绿色制造体系，建设绿色工厂，实现生产洁净化、废物资源化、能源低碳化是"中国制造 2025"实现"制造大国"走向"制造强国"的重要战略。目前，在离散制造企业中产生繁多的纸质文件，如工艺过程卡片、零件蓝图、三维数模、质量文件、数控程序等，这些纸质文件大多分散管理，不便于快速查找、集中共享和实时追踪，而且易产生大量的纸张浪费、丢失等。

生产文档进行无纸化管理后，工作人员在生产现场即可快速查询、浏览、下载所需要的生产信息，生产过程中产生的资料能够即时进行归档保存，大幅降低了基于纸质文档的人工传递及流转，从而杜绝了文件、数据的丢失，进一步提高了生产准备效率和生产作业效率，实现绿色、无纸化生产。

7. 生产过程透明化，智能工厂的"神经"系统

"中国制造 2025"明确提出推进制造过程智能化，通过建设智能工厂，促进制造工艺的仿真优化、数字化控制、状态信息实时监测和自适应控制，进而实现整个过程的智能管控。

在机械、汽车、航空、船舶、轻工、家用电器和电子信息等离散制造行业，企业发展智能制造的核心目的是拓展产品价值空间，侧重从单台设备自动化和产品智能化入手，基于生产效率和产品效能的提升实现价值增长。因此其智能工厂建设模式为推进生产设备（生产线）智能化，通过引进各类符合生产所需的智能装备，建立基于制造执行系统 MES（图 1-1）的车间级智能生产单元，提高精准制造、敏捷制造、透明制造的能力。

图 1-1　MES 分析图

在离散制造企业生产现场，MES 在实现生产过程的自动化、智能化、数字化等方面发挥着巨大作用。首先，MES 借助信息传递对从订单下达到产品完成的整个生产过程进行优化管理，减少企业内部无附加值活动，有效地指导工厂生产运作过程，提高企业的及时交货能力。其次，MES 在企业和供应链间以双向交互的形式提供生产活动的基础信息，使计划、生产、资源三者密切配合，从而确保决策者和各级管理者可以在短时间内掌握生产现场的变化，做出准确的判断并制订快速的应对措施，保证生产计划得到合理而快速的修正、生产的流程畅通、资源充分有效的利用，进而极大限度地发挥生产效率。

8. 生产现场无人化，真正做到"无人"工厂

"中国制造 2025"推动了工业机器人、机械手臂等智能设备的广泛应用，使工厂无人化制造成为可能。在离散制造企业生产现场，数控加工中心、智能机器人和三维坐标测量仪及

其他所有柔性化制造单元进行自动化排产调度，工件、物料、刀具进行自动化装卸调度，可以达到无人值守的全自动化生产模式。在不间断单元自动化生产的情况下，管理生产任务优先和暂缓，远程查看管理单元内的生产状态情况，如果生产中遇到问题，一旦解决，立即恢复自动化生产，整个生产过程无须人工参与，真正实现"无人"智能生产，如图1-2所示。

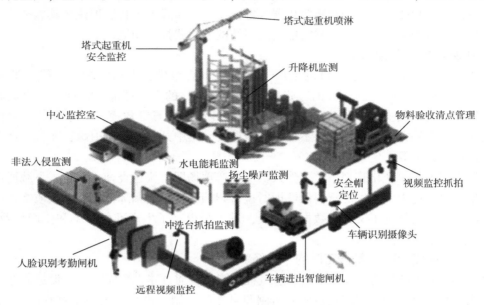

图 1-2 施工现场自动化

1.2 智慧建筑

随着我国经济快速发展及新型城镇化建设的积极推进，各地建筑工地数量和规模不断扩大，市场前景广阔。随着各类新技术在建筑行业领域的应用，智能建造市场规模逐年升高，如图1-3所示。

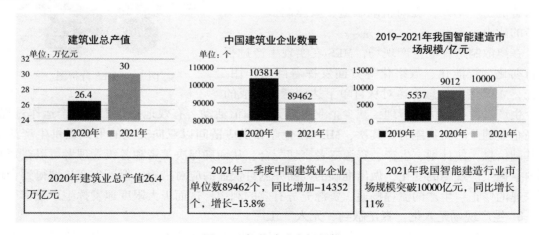

图 1-3 智能建造市场规模

我国大力推进建筑行业数字化转型升级。近年来我国发布了一系列的政策文件，大力推动 BIM、大数据、云计算、人工智能等新技术在建筑业的应用，促进建筑行业数字化转型升级，如图 1-4 所示。

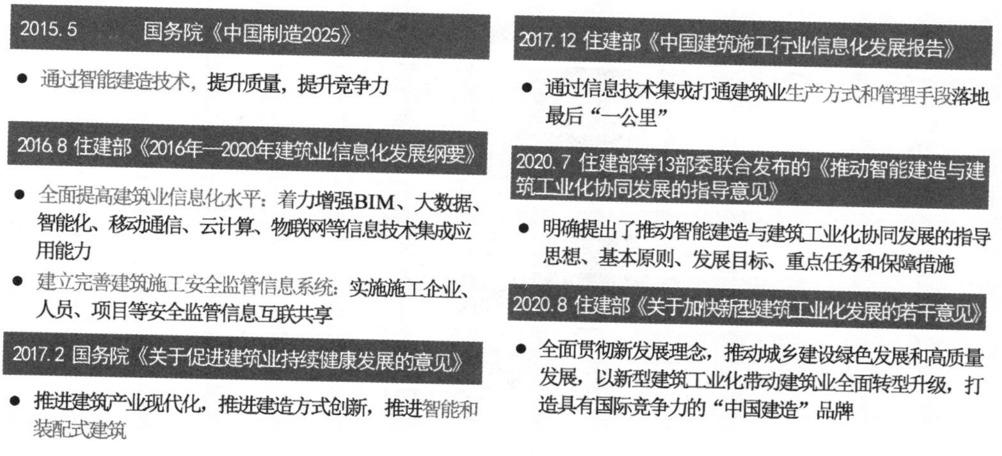

2015.5 国务院《中国制造2025》
● 通过智能建造技术，提升质量，提升竞争力
2016.8 住建部《2016年—2020年建筑业信息化发展纲要》
● 全面提高建筑业信息化水平：着力增强BIM、大数据、智能化、移动通信、云计算、物联网等信息技术集成应用能力
● 建立完善建筑施工安全监管信息系统：实施施工企业、人员、项目等安全监管信息互联共享
2017.2 国务院《关于促进建筑业持续健康发展的意见》
● 推进建筑产业现代化，推进建造方式创新，推进智能和装配式建筑
2017.12 住建部《中国建筑施工行业信息化发展报告》
● 通过信息技术集成打通建筑业生产方式和管理手段落地最后“一公里”
2020.7 住建部等13部委联合发布的《推动智能建造与建筑工业化协同发展的指导意见》
● 明确提出了推动智能建造与建筑工业化协同发展的指导思想、基本原则、发展目标、重点任务和保障措施
2020.8 住建部《关于加快新型建筑工业化发展的若干意见》
● 全面贯彻新发展理念，推动城乡建设绿色发展和高质量发展，以新型建筑工业化带动建筑业全面转型升级，打造具有国际竞争力的“中国建造”品牌

图 1-4　智慧建筑业数字化转型升级

1.2.1　智慧管理协同自动化

利用“BIM+项目管理+物联网技术”，构建工地智能监控和控制体系，能有效弥补传统方法和技术在监管中的缺陷，实现对人、机、料、法、环的全方位实时监控，变被动“监督”为主动“监控”。通过智慧工地平台及智能建造技术将数据集成，为决策提供数据分析，真正实现数字施工，为企业降本增效，如图 1-5 所示。

人员管理
智慧工地
云平台
大型设备管理
物联网
云平台
材料管控
质安管理
环境及能耗管理
数据采集
数据传输
分析应用
物联网云平台
智慧监管：数字化、一体化
智慧生产：自动化、标准化
智慧管理：协同化、智慧化
智慧服务：点对点、精细化

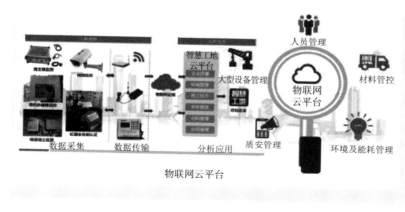

图 1-5　智慧管理协同自动化

1.2.2　数智建造平台

数智建造平台如图 1-6 所示。

图 1-6　数智建造平台

1.2.3　数智建造平台功能架构

数智建造平台功能架构如图 1-7 所示。

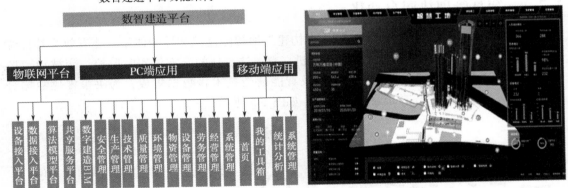

图 1-7　数智建造平台功能架构

1.2.4　智慧建造应用场景

智慧建造应用场景示例如图 1-8 所示。

1.2.5　智能质量管理

以大体积混凝土施工为例，如图 1-9 所示，应用场景包括日常质量检查、工程实体检测、实体回弹、图样质量检查、混凝土标养室、试块试件、材料检测。

应用效果如规范质量管理动作，提高质量管理体系运行效率，保证施工质量。

图 1-8　智慧建造应用场景示例

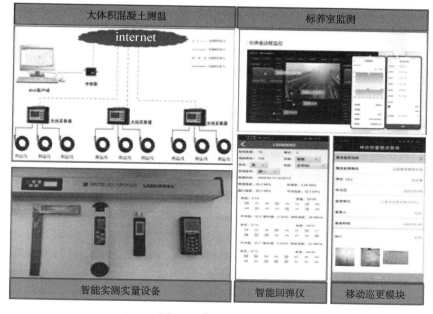

图 1-9　智能质量管理

1.2.6　智能安全管理

如图 1-10 所示，智能安全管理包括安全行为管理、安全检查和整改、安全风险识别和预警、安全教育、危大方案检测、职业健康。通过规范项目人员安全管理行为、提高安全教育效率、提高风险识别能力，从而减少安全事故发生几率。

图 1-10　智能安全管理

1.2.7　智能环境管理

如图 1-11 所示，智能环境管理包括环境监测、临建照明、水电监测、地铁隧道及危险品库房、污水监测。

自动采集、实时监测环境数据并进行统计、分析处理，同时具备声光联动报警等功能，从而提高了环境管理水平，通过及时掌握环境数据，及时预警、报警，可有效减少环境问题及施工隐患。

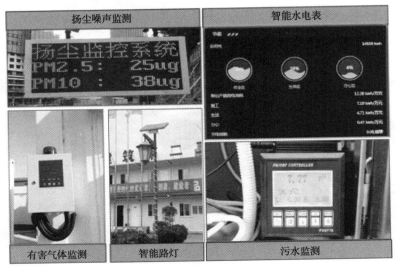

图 1-11　智能环境管理

1.2.8 智能劳务管理

如图 1-12 所示，智能劳务管理包括招标采购、零星材料采购、物资调拨、物资验收、废钢材及物资盘点、钢筋加工，以实现全流程智能化物资管理，对物资全过程管理简单、便捷及可追溯。

图 1-12　智能劳务管理

1.2.9 智能设备管理

如图 1-13 所示，智能设备管理包括塔式起重机、电梯的安拆、使用及日常管理，通过智能化规范大型设备管理，可以实现实时安全监控，全程可追溯，有效提高了大型设备利用率及运行安全性。

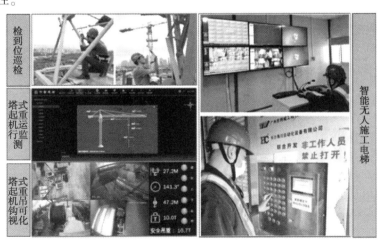

图 1-13　智能设备管理

1.2.10 智能平台管理

智慧工地应用集成控制平台，可以集成各单点技术数据，进行自动收集和分析，分级管理，从而更好地"发现—解决问题"，为项目科学决策提供数据支撑。

1.3 智慧建筑实践应用

1.3.1 智慧建筑实践应用现状

1. 智慧工地

房建项目施工现场管理通常是由施工单位主导，其管理水平也受到施工单位自身的管理现状所制约。在当前的管理模式下，现场管理者多从其自身专业角度和接触到的信息去做出决策判断，很难从项目的全局考量，没有掌握整个项目的全部数据，难以快速且准确地对变动的信息做出反馈。住宅建设项目现场管理水平直接影响到企业的经济效益，关系后期企业的运营效益。如果对房建项目施工现场数据信息收集、处理不当，则无法积累有效、可用的数据支持。

（1）智慧工地在国内房建项目中的应用现状

1）房建项目产品的特点。房建项目产品具有唯一性，单件性的特点比较突出，任何一个房建项目的施工现场都具有不同的特点。即使是同一套施工图样，房建项目本身建筑产品也会有所不同。首先项目本身具体情况就有很大的差别，其次项目的建造者、各参与方的组成成员也不同，工作合同关系不同，所以每面临一个新的项目就是一个全新的开始。

2）房建项目属于劳动力密集型产业。工程建设和建筑行业都是劳动密集型产业。劳动分工细致，各工种划分详细，且要求具有相应的施工作业资质。房建项目施工现场具有项目本身复杂（包括地址、环境等影响因素）、施工人员众多、施工工序繁琐且多交叉等特征。

3）房建项目信息化建设有待提高。目前，整个建筑业正处在转型升级、实现高质量发展的变革之路，为了紧跟时代科技的前进步伐，迫切需要对房建项目进行信息化建设。现阶段房建项目施工现场信息化水平不足，大型机械化设备的管理利用还需要进一步提升。

4）现场管理是目前施工管理的主要管理方式。施工公司的现场管理水平是其核心竞争力。现阶段房建项目施工现场管理方式主要还是以施工企业的工程部、技术部等部门现场管理为主、监理监管为辅，事事需要人员处理。国内在一些项目中应用了智慧工地进行对施工阶段的把控。

国内学者分别通过物联网、BIM 技术等提出智慧工地在施工项目中的运用。但在应用过程中还只是停留在对出现的问题直接解决的思路上，还没有形成一套完整的、涉及多方面信息技术的综合解决方案。

目前，我国的智慧工地正处于萌芽发展期，开始应用于部分房建施工项目中，以 BIM、物联网为代表的信息技术，为施工现场的管理模式转变提升了动力。施工现场的人流量大且身份复杂，所以关于人员管理的重要性最为突出，在管理方面，将充分考虑现场存在的问题，实现施工现场的实时管控，提高管理效率，使工地能够更好更快捷地管理。

（2）智慧工地在国外房建项目中的应用现状

国外应用智慧工地管理房建项目施工现场主要分为两个方面：

一方面是对于理论的提出。提出可以应用互联网技术和通信技术提高房屋建设项目的管理水平。还有一部分观点认为新时期房建项目施工现场安全管理需要一个更高效的系统，建筑业要借鉴其他行业的先进理念和技术，施工现场要添加如报警系统、实时定位系统、以 BIM 为基础的监控模块、数据库系统、材料管理与控制系统等技术。

另一方面是对于信息化管理手段的运用。国外专家提出施工现场的质量和安全管理可以使用 VR 等技术。彼得·德鲁克提出了在建设工程的过程中要利用计算机技术一类的先进管理理念和技术，改善住房建设项目施工现场中的管理模式，从而能够实现施工现场管理的跨越式发展。有学者研究认为，为了支持和确保建筑项目的安全管理，有必要建立一个建筑安全与健康监测系统。通过研究优化了无线传感，不仅降低施工设备成本，并且极大提高了生产效率。勒·柯布西耶提出将物联网应用于消防设施中，通过各种通信网络进行互联，建立控制手段。

2. 智慧工地管理

（1）综合管理

1）劳务管理。对施工人员实施实名制管理，从新进人员入手，为每个工作人员建立信息档案，这一信息档案可以和当地公安部门联通，避免不法分子混入施工区域，影响施工现场或周边的治安，造成负面影响。将每个员工的基本信息输入人才库中，能实时地对员工工作状态进行监控，当员工进入工地现场时，可通过实名制通道、人脸识别、指纹识别等方式，将计算机技术与管理工作相融合，来采集员工的运动轨迹。通过数据采集，能了解员工进出工地现场的时间及进入周边生活和办公区域的时间。同时将管理系统和移动终端相连接，实时反映工地的施工状态，也能在此基础上统计不同类型施工人员的组成和具体人数，为项目部人员的安排提供必要的支持。不同的统计方式来选择具有同样特征的人员，例如，每日的进出场人数，各个专业所需要和实际的用工人数及施工人员的地域分配、年龄特点等，可更为全面地分析现有劳动力状况。同时，管理系统也能确保整个施工现场的安全，实现施工现场的全封闭管理，施工人员进出现场可通过人脸识别留下痕迹，避免人员私自进入或离开。在人员进入施工现场时，可扫描身份证件录入数据，同时人员离职后也可办理退场手续，这样能全方位地实时反映施工人员信息的变化，更为全面地进行人员管理。

2）水电管理。从用水用电管理的角度来看，在施工项目的各区域安装智能水表和电表，通过监控其用电量，将数据反馈到智慧工地的管理平台，通过系统的汇总和分析，形成可视化的图表。监控区域主要包括施工区域、办公区域和工作人员的生活区域，通过对采集数据的综合分析，一旦发现数据异常，可通过系统对管理人员报警提醒，使管理人员迅速排查，确定发生异常的位置，并找出原因，进而解决用电异常的问题，避免无端浪费情况的出现。

（2）绿色施工

1）智能监测。智能监测设备代替了传统的管理人员巡逻监查管理模式。通过智慧工地企业级管理系统，企业可以对工程现场绿色文明施工情况实时在线监管。

以工程现场扬尘浓度、作业产生的噪声分贝等污染指标监测为例。通过在工程现场安装智能扬尘传感器和噪声检测仪，实时监测现场扬尘浓度以及噪声分贝值。在项目数据平台实时显示现场各类指标数据并通过移动互联网将数据上传至企业管理系统后台。

系统将扬尘污染程度划分为五个等级，24h 记录扬尘的变化趋势，可监测现场扬尘浓度以及后续降尘处理效果。当污染程度为 1~2 级时，系统会在作业现场通过高音喇叭提示现场专职人员采取降污措施。当污染程度达到 3~4 级时，系统会记录扬尘超标的时间点和位置信息，提醒现场管理人员合理规划施工方案来降低空气中扬尘浓度。当污染程度达到 5 级时，系统将自动启动现场喷淋降尘设备，进行喷水降尘。企业可通过查询系统后台项目有关绿色施工的评分报表，对相关责任人进行处理。

2）绿色施工信息化技术特点。传统的绿色施工技术的信息和数据往往依靠人工进行记录和分析，人工干预对现场环境影响较大。项目管理应依靠信息化技术，应用 BIM 信息技术可实现对项目的设计、施工总体部署、施工进度模拟、现场综合管控等可视化管理。应用现代物联网技术与现场工地管理平台相结合，可以对能耗、现场环境、机械安全、绿色施工等进行管理，起到有效的监测和管控作用，使现场管理更加智能化、自动化。VR 安全体验馆可以模拟工地现场实景，有效解决传统体验馆的内容单调、资源浪费、占地面积大等弊端。

①智慧水、电管理模块。在项目初期，编制临时用水、用电施工方案时，应充分考虑和规划好工程建设各区域，对于办公区、生活区规划布置不同类型用水方案，采用节水型设备和施工现场安装智能用电系统等，搭建智能水电网，水、电信息通过网关传输至后台，实现对项目用水、用电全过程监测。当发生水、电使用异常等情况时，后台可以接收告警、保护速断、远程控制等，实现对水、电使用的全程管控。

②扬尘、噪声监测模块。扬尘和噪声监测仪器主要由 LED 显示屏和移动终端、计算机端相结合，计算机后台可以直接显示监测仪器状态和当前环境噪声情况，并且可以自动分析扬尘噪声情况。同时，监测仪器由太阳能电池板供电，免除了现场布线的繁琐与复杂，环境监测仪器可以为项目管理人员和政府监管部门掌握施工现场环境情况提供真实可靠的数据。

③扬尘监测及自动喷淋模块。施工现场分布式布置环境监测仪器，以便监测施工现场环境，同时针对作业现场粉尘浓度高、污染源多、粉尘量大且混杂的特点，实时监测环境中颗粒浓度，并且根据环境状况配置喷淋设备和雾炮洒水设备以降低环境扬尘。水喷淋系统主要是对自来水加压后，由喷头进行喷射，主要由加压水泵、PPR 管、喷嘴和控制箱组成，现场安装时根据区域地形、扬尘分布等特点，合理分配喷淋点并绘制喷淋水系统路径，然后确定所需各类材料，进行布管和安装喷头。自动喷淋水系统可以根据环境需要自动喷淋除尘，当现场扬尘监测系统监测 PM 浓度达到设定值时，自动启动喷淋水系统，当 PM 浓度合格时，自动关闭喷淋水系统。同时可以从计算机后台和手机后台直接操控喷雾炮和基坑喷淋系统，根据需要解决环境扬尘问题，喷淋系统相比传统的洒水车作业，针对性强、除尘效果显著，提高了水资源利用率。

④固体废弃物管理模块。施工现场产生的固体废弃物较多，传统的处理方法比较粗放，主要依靠人工随意处置。固体废弃物通过现场盘点，并且根据种类和重量分类进行过磅，然后进行数据记录和传输。对现场产生的固体垃圾进行精准管控，可以通过管理后台的固体废弃物模块查询到固体废弃物的总量、分类、回收利用量、出场量等数据。

⑤再生资源管理模块。近年来，行业对再生资源使用进行了大量研究，为了计算再生能源设备使用效率，工地可配置专用电表，用来计量再生能源消耗量，结合设备投入成本、资源节约量和可周转频数等内容，统计分析再生资源的经济效益，以便指导建筑工程再生资源使用方案。项目工地的热水设备一般采用节能效率更高的空气能热水器，其制热效率是电热水器的 4~6 倍，能效利用率高。

⑥工程污水排放监测模块。项目工地上，生活区和办公区还有施工过程中产生的污水经过处理后排放至城市市政管网中。工程污水排放监测模块自动实时在线监测污水水质，工程污水水质排放必须达到《环境管理体系　要求及使用指南》（GB/T 24001）和《污水综合排放标准》（GB 8978）的要求，实时监测系统将数据上传至绿色施工管理平台，当水质监测结构不达标时，后台进行报警，督促管理人员采取相关的污水处理措施，有效实现对排放污水的监管。

1.3.2　智慧建筑发展对工地信息化建设的影响

1. 建筑工地发展现状

建筑业的工作模式基本固定，在施工过程中面临不同的施工环境。目前在项目管理中遇到的问题主要集中在人员素质不高，管理体制不完善。对于管理人员来说，要不断丰富自己的管理知识储备和管理经验总结，在建设过程中做好全面管理。施工工作的开展还需要建立规范的工作制度，有利于提高施工管理工作效率。另外，通过监督管理，可以将施工管理的各个环节落实到位，进一步提高建筑工程质量。针对建筑行业越来越多的个性化需求而进行的工作改进，可以推动建筑工程行业与时俱进的发展。此外，建筑工程施工需要运用先进的技术手段，将先进的施工理念有效结合。施工技术管理机制的建立和完善也是一项非常重要的工作。技术管理模式的改进使机制得到相应的优化，更好地应用于整个施工过程。在当前的现场施工管理过程中，各个施工现场的情况不同，会出现管理对策和管理方法适用性的分歧，从而阻碍管理制度的实施。在传统的管理过程中，人工获取施工信息的方法相对简单，且在管理过程中难以兼顾环保、安全、质量、进度等方面。因此，进行智能现场系统的建设十分必要。

2. 智慧工地建设的必然性

建筑行业的特点是产品固定，建筑形状不规则，建筑变化大。在施工过程中，施工条件相对较差，存在一定的风险，而且安全事故的预防是困难的。建筑业属于劳动密集型行业，在建设项目的过程中参与建设的人员非常多，且以农民工为主力，一些农民工在建设过程中缺乏自我保护意识。有时安全管理跟不上工程建设的实际情况，由于施工条件的变化，在施工过程中存在风险较多的因素，如施工项目安全事故频繁发生，造成严重人员伤亡等。随着信息科学技术的快速发展和创新，科学技术不仅可以促进社会的发展，而且给建设项目的管理带来了无限的可能性。建设智能化施工现场已成为解决施工现场管理问题的有效措施。建筑工程施工现场的具体管理过程主要包括施工现场的生产、人员安全、施工技术、质量管理等内容。管理过程中还包括以下几个特点：一是综合管理，在具体工程管理过程中，既要满足工程建设工期，又要考虑工程建设成本，既要充分考虑工程进度，又要充分保证工程建设安全，在同一场景下，既要对施工人员进行有效的管理，还需要控制建筑工程施工材料的质量；二是劳动力流动相对强劲，根据工程进展情况，施工人员按专业顺序分批进场，建筑工程专业分包规模较大，导致工程总承包管理困难；三是施工现场实体管理有限，如在混凝土施工过程中，难以对施工现场进行材料管理、设备管理、人员培训教育等方面的综合管理。

3. 智慧工地的应用效果

1）智能网站互联网信息采集系统可以有效监控人员的考勤、施工数据和资料的使用，提高施工人员的工作效率，将人脸识别技术引入三类人员和特种作业人员的管理中，科学有效地管理安保人员的考勤。实时检测设备材料，避免材料浪费，保证机械设备的合理使用，降低维修成本。在施工现场监测进出车辆和材料的运输情况、每辆车的情况、每批材料的情况。在不出去的情况下，管理人员可以使用移动 APP 或互联网平台及时准确地了解施工现场的情况，并及时发布指令，提高科学管理的效率。

2）结合 BIM 系统，智能施工现场可在施工前模拟项目全生命周期，提前发现并解决问题，避免施工过程中类似情况造成的损失，模拟项目中的资金使用情况，预测实际施工中的资金消耗。在施工过程中，对工程进度进行实时监控，与模拟进度进行对比，通过信息收集和分析，及时反馈和纠正，发现问题。同时对施工过程中的成本进行动态监控，明确资金流向，确保施工各方利益。在保证工程质量的前提下，指导和监督施工过程，提高施工效率。

3）随着建设规模越来越大，施工现场的安全和秩序问题越来越突出，智能现场的出现正好解决了这一问题。施工现场全覆盖监测，一旦发现安全隐患，系统会自动报警，同时识别进出施工现场的人员信息，确保施工现场的安全有序。

4. 智慧工地信息化关键技术

智慧工地实施过程中，会利用多种不同的关键信息技术解决施工现场的管理问题，主要包括了 BIM 技术、物联网技术、移动互联网技术、云计算技术等。此外，快速发展的智能分析相关技术也将支持智慧工地的分析决策。从智慧工地总体架构角度分析，BIM 技术用以建立建筑产品的数字化模型，物联网技术主要实现了智慧工地的数据采集，移动互联网技术和云计算技术主要实现了信息的高效传输、储存和计算，智能分析相关技术利用收集的信息进行应用层的决策支持。

（1）BIM 技术

BIM 技术作为智慧工地的核心信息技术，在信息化、智能化平台建设中，为项目精细化管理提供数据支持和技术支撑，在打造智慧工地的工程中具有关键作用，是构建项目现场管理信息化系统的重要技术手段。

（2）物联网技术

物联网典型体系架构分为三层，自下而上分别是感知层、网络层和应用层。感知层是实现物联网的关键技术，关键在于具备更精确、更全面的感知能力，并解决低功耗、小型化和低成本问题；网络层主要以广泛覆盖的移动通信网络作为基础设施；应用层提供丰富的应用，将物联网技术与行业信息化需求相结合，实现广泛智能化的应用解决方案。《2016—2020 年建筑业信息化发展纲要》明确将物联网技术作为提高建筑业信息化的核心技术。在智慧工地的总体框架下，物联网技术将通过各类传感器、无线射频识别（RFID）、视频与图像识别、位置定位系统、激光扫描器等信息传感设备，按约定的协议，将施工相关物品与网络相连接，进行信息实时收集、交换和通信。物联网技术能实现高效的智慧工地数据采集功能，为智慧工地的信息处理和决策分析提供实时的数据支撑。

（3）移动互联网技术

移动互联网是移动通信技术、终端技术和互联网融合的技术，相比于传统的互联网，移动互联网可以随时随地访问互联网。移动互联网技术包含终端、软件和应用三个层面。终端层包括智能手机、平板计算机等；软件层包括操作系统、数据库和安全软件等；应用层包括工具媒体类、商务财经类、休闲娱乐类等不同应用与服务。移动互联网在传媒、交通、金融电子商务等领域迅速发展，正改变着相关领域的商业模式和信息交流方式。

1.3.3 基于物联网和 BIM 的全方位信息采集系统

物联网在信息采集传输方面的应用改变了原来人工现场的手动记录模式，实现了信息采集的自动化，保证了数据的可靠性。结合相应 BIM 模型获取所需要的模型数据，系统能够获得及时可靠的施工现场全方位数据，以达到信息化施工安全管控的目的。全方位信息采集系统主要包括以下两个方面：

（1）人员设备定位

首先在施工人员的安全帽上安装 RFID 射频芯片，通过固定位置读头读取 RFID 芯片信息，确定佩戴安全帽的人员位置，将读头信息通过无线传输逐级传递到中央监控室。控制室可通过芯片源获取人员设备的经纬度坐标及高程信息，通过坐标自动转换，就能在 GIS+BIM 模型中确定施工人员和设备所处的具体位置。不仅可以直观显示人员和设备的实时位置，通过点击人员和设备图标，还可显示人员设备详细信息，当有突发状况时可及时通知施工人员逃生方向或进行救援。

（2）视频监控

视频监控设备可以实时展示现场施工画面，但传统的视频监控方案无法展示其所在的位置信息，通过视频监控设备与 BIM 构件进行连接，实现摄像头位置在 BIM 模型中准确定位，可以展示工程中摄像头的位置分布信息，并实时显示施工现场视频信号。把实际摄像头位置信息展示在项目 BIM 模型上，通过点击 BIM 模型上的摄像头图标，可以实时显示视频信号。同时，可对摄像头进行旋转操作，实时多角度、全方位查看施工现场状况信息。

第2章 智慧建筑的评价标准

2.1 智慧建筑基本规定与标识申请评价

2.1.1 一般规定

1）智慧建筑评价应以单栋建筑或建筑群为评价对象，不宜以单栋建筑内部分区域为评价对象。评价单栋建筑时，凡涉及系统性、整体性的指标，应基于该栋建筑所属工程项目的总体进行评价。

2）参评建筑应符合下列规定：

①符合现行国家标准《绿色建筑评价标准》（GB/T 50378）中针对绿色建筑基本级的相关规定，以及项目所在地区对绿色建筑的相关规定。

②智能化系统配置应符合现行国家标准《智能建筑设计标准》（GB 50314）、《智能建筑工程质量验收规范》（GB 50339）的相关规定。

3）智慧建筑的评价分为预评价和评价。预评价可在建筑方案或建筑工程施工图设计文件完成后进行。评价应在建筑通过竣工验收并投入使用后进行。

4）智慧建筑标识申请单位应为参评建筑制订完善的智慧建筑方案，合理选用智慧系统的技术、设备和材料，对规划、设计、施工、运行阶段进行全过程控制，并提交对参评建筑的智慧技术与经济分析、测试报告和相关文件。

5）智慧建筑评价机构应对标识申请单位提交的报告、文件进行评审，出具评价报告，确定等级。

2.1.2 智慧建筑评价与等级划分

1）智慧建筑评价指标体系由信息基础设施、数据资源、安全与防灾、资源节约与利用、健康与舒适、服务与便利、智能建造七类指标组成。每类指标均包括基本项和评分项。评价指标体系还统一设置加分项（创新应用）。

2）基本项的评定结果为达标或不达标。评分项、加分项的评定结果为分值。

3）评分项、加分项中包含若干评分子项时，应根据各子项的评分规则，逐项评价并累计得分。

4）对于多功能的综合性单体建筑，应按标准逐条对适用的区域进行评价，确定各评价条文的得分。

5）七类指标各自的评分项得分 Q_1、Q_2、Q_3、Q_4、Q_5、Q_6、Q_7 按参评建筑该类指标的评分项实际得分值除以适用于该建筑的评分项总分值再乘以 100 分计算。

6）加分项总得分 Q_8 按标准的相关规定确定。

7）智慧建筑评价的总得分应按下式进行计算，其中评价指标体系七类指标评分项的权重 $\alpha_1 \sim \alpha_7$ 根据建筑功能和智慧性能需求不同有所区别，可按表 2-1 取值。

$$\sum Q = \alpha_1 Q_1 + \alpha_2 Q_2 + \alpha_3 Q_3 + \alpha_4 Q_4 + \alpha_5 Q_5 + \alpha_6 Q_6 + \alpha_7 Q_7 + Q_8$$

表 2-1　智慧建筑评价指标的权重

评价类别	建筑类别	信息基础设施 α_1	数据资源 α_2	安全与防灾 α_3	资源节约与利用 α_4	健康与舒适 α_5	服务与便利 α_6	智能建造 α_7
预评价	居住建筑	0.24	0.14	0.14	0.14	0.14	0.15	0.05
	公共建筑	0.26	0.17	0.15	0.14	0.10	0.13	0.05
评价	居住建筑	0.22	0.12	0.16	0.15	0.15	0.15	0.05
	公共建筑	0.25	0.15	0.14	0.14	0.12	0.15	0.05

8）智慧建筑分为一星级、二星级、三星级和三星先锋级，评价与等级划分应符合下列规定：

各等级的智慧建筑均应满足标准全部基本项的要求，且除智能建造指标外，其他各类指标的评分项得分率不应小于 30%。

当符合标准规定且总得分分别达到 50 分、65 分、80 分、90 分时，智慧建筑等级分别为一星级、二星级、三星级、三星先锋级。

9）当参评建筑满足星级要求且某方面的智慧性能突出时，可在证书上注明。

2.1.3　标识申请与评价

1）智慧建筑标识的申请遵循自愿原则。智慧建筑标识可由建设单位、运营单位或业主单位提出申请，鼓励各相关单位共同参与申请。

2）智慧建筑标识申请单位应对提交材料的真实性、准确性和完整性负责。

3）智慧建筑评价机构应建立评价管理制度。智慧建筑评价工作应科学、公开、公平和公正。

4）评价机构应组成专业齐全的评价专家组进行智慧建筑评价。评价专家应熟悉智慧建筑相关技术标准，具有副高级及以上技术职称或相当的技术职务，并具有良好的职业道德。

5）通过智慧建筑预评价、评价的参评建筑，由评价机构核发智慧建筑标识。

2.2　信息基础设施

2.2.1　智慧建筑信息基础设施基本项

1）智慧建筑信息基础设施体现了三网融合政策的落地实施，因此为基本项。三网融合是指电信网、广播电视网、互联网在向宽带通信网、数字电视网、下一代互联网演进过程中，三大网络通过技术改造，其技术功能趋于一致，业务范围趋于相同，网络互联互通、资源共享，能为用户提供语音、数据和广播电视等多种服务。接入机房至少应满足 3 家电信运营商的接入。

评价方法：预评价查阅建筑方案或相关设计文件、智慧建筑方案；评价查阅相关竣工图。

2）对数据基础设施，可根据需要与实际条件，采用自行建设、托管、租用或组合方式进行配置。当自行建设时，应集中建设，以有效降低电源使用效率（Power Usage Effectiveness，PUE），并便于集中管理。

评价方法：预评价查阅建筑方案或相关设计文件、智慧建筑方案；评价查阅相关竣工图。

2.2.2　智慧建筑信息基础设施评分项

1. 通信基础设施

1）接入网是业务提供点与最终用户之间的连接网络，宽带化是接入网发展趋势。光纤接入网是指在接入网中采用光纤作为传输媒质来实现用户信息传送的应用形式，是针对接入网环境所设计的特殊的光纤传输网络。光纤接入率和宽带接入速率能够反映建筑网络接入水平。

$$光纤接入比例 = （光纤接入总户数/固定互联网宽带接入总户数）\times 100\%$$

对于居住建筑，高速率光纤接入比例 =（200Mbps 及以上速率光纤接入户数/光纤接入总户数）×100%。对于公共建筑，高速率光纤接入比例 =（1000Mbps 及以上速率光纤接入户数/光纤接入总户数）×100%。

光纤接入网的扩充、升级能力，与网络拓扑结构、主干光缆的容量、设备接口类型及固件版本等因素有关。光纤接入网建设应选择合适的网络结构，预留主干光缆容量，选择合适的硬件设备及固件版本等。

评价方法：预评价查阅建筑方案或相关设计文件、智慧建筑方案、光纤接入率计算书；评价查阅相关竣工图、光纤接入率计算书。

2）无线局域网（Wireless Fidelity，WiFi）是指应用无线通信技术将计算机设备互联起来，构成可以互相通信和实现资源共享的网络体系。在其电波覆盖的有效范围，设备能以 WiFi 连接方式进行联网。

应结合实际情况在建筑物内设置 WiFi，或在设计阶段充分考虑并预留 WiFi 设备的安装条件。

网络设备满足最新的 WiFi 标准，可以在网络速度、连接稳定性、网络安全性等方面有明显的提升。2019 年正式发布的 WiFi 6 标准，是美国电气和电子工程协会（Institute of Electrical and Electronics Engineers，IEEE）IEEE 802.11 WiFi 标准的最新版本，提供了对之前的网络标准的兼容，也包括现在主流使用的 802.11n/ac。在 WiFi 6 标准中通过一系列新技术和优化手段的加入，使 WiFi 网络在速率、接入密度、覆盖距离上都有了相应的提升，能够满足诸如网页浏览、即时通信、AR/VR、高清影视等多元化场景应用的需求。随着 WiFi 标准的更新，网络设备需满足当前最新的 WiFi 标准。

鉴于 WiFi 的特殊性，如果缺乏上网行为管理，会导致网络缓慢、网络不可用等情况，而且 WiFi 更加容易产生"广播风暴"。所以，在 WiFi 使用中，上网行为管理是非常必要的。设置 WiFi 管理系统，控制和管理上网用户对互联网的使用，包括对网页访问过滤、上网隐私保护、网络应用控制、带宽流量管理、信息收发审计、用户行为分析，并进行多种登录认证方式的设定。登录认证方式可根据实际业务需要进行选择，如手机号码、二维码、公众号等登录认证方式，保障 WiFi 的使用安全。

评价方法：预评价查阅建筑方案或相关设计文件、产品说明书；评价查阅相关竣工图、智慧建筑方案、产品说明书、无线局域网管理系统运行报告。

3）随着用户对移动互联网需求的不断上升，移动通信网络覆盖、网络质量体现了移动网络的建设水平。

应结合当地移动网络建设情况，在建筑物内设置第五代移动通信网络（5th Generation Mobile Networks，5G）通信设备，或在设计阶段充分考虑并预留 5G 通信设备的安装条件。

第四代移动通信网络（4th Generation Mobile Networks，4G）信号覆盖建筑的主要功能空间，如办公建筑的办公区域，住宅建筑的居住空间，商场建筑的营业区，旅馆建筑的客房与办公空间，可得分。当 4G 信号还同时覆盖电梯、地下空间、数据中心区域时，可另得分。

5G 信号覆盖建筑的主要功能空间，如办公建筑的办公区域，住宅建筑的居住空间，商场建筑的营业区，旅馆建筑的客房与办公空间，可得分。当 5G 信号还同时覆盖电梯、地下空间、数据中心区域时，可另得分。

评价方法：预评价查阅建筑方案或相关设计文件、智慧建筑方案；评价查阅相关竣工图、室内分布系统产品说明书。

4）建筑物联网是在互联网的基础上，综合利用多种通信网络，构造的覆盖建筑内设备、空间、人员的物联网网络，以实现数据的传输。

局域网络及总线系统主要是指采用传输控制协议/网际协议（Transmission Control Protocol/Internet Protocol，TCP/IP）、楼宇自动化与控制网络（Building Automation and Control networks，BACnet）、局部操作网络（Local Operating Network，LonWorks）、Modbus、KNX（Konnex 的简称）等通信协议构建的数据传输网络。

低功耗广域网（Low-Power Wide-Area Network，LPWAN 或 LPWA）是一种远距离低功耗的无线通信网络。LoRa（Long Range 的简称）、Weigthless、窄带物联网（Narrow Band Internet of Things，NB-IoT）都属于低功耗广域网络技术。

常见的近距离无线通信有射频（Radio Frequency，RF）、蓝牙（Bluetooth）、近距离无线通信（Near Field Communication，NFC）、无线局域网 802.11（WiFi）、ZigBee、Z-WaVe、超宽频（Ultra Wide Band，UWB）等。

评价方法：预评价查阅建筑方案或相关设计文件、智慧建筑方案；评价查阅相关竣工图。

2. 数据基础设施

1）数据基础设施架构是指运行和管理智慧建筑所需的组件，这些组件包括异构的网络、服务器及操作系统。基于这些基础设施架构，应用系统才能运行。数据基础设施的架构类型包括传统基础架构、云基础架构、超融合基础架构或混合架构等。智慧建筑建设需结合实际情况，合理规划设计和部署数据基础设施。数据基础设施架构类型的确定要遵循安全、可靠与可用的原则，实现资源最大化共享、最高效利用。

数据基础设施架构应具有开放性、兼容性，支持与各种类型的存储设备进行对接，不依赖任何特定协议的网络设备，支持与现有网络设备组网连接，对主流操作系统和应用程序进行兼容性适配，并可灵活选择供应商。

评价方法：预评价查阅建筑方案或相关设计文件、智慧建筑方案；评价查阅相关竣工图、产品说明书。

2）数据基础设施硬件主要包括计算、存储、网络设备。为了满足数据存储与计算能力日益提高的要求，数据基础设施硬件组件需具备可扩展升级能力，主要包括计算能力的可扩展升级、存储能力的可扩展升级和网络节点的可扩展升级。

评价方法：预评价查阅建筑方案或相关设计文件、智慧建筑方案；评价查阅相关竣工图、产品说明书。

3）设施管理是指统一监控和管理所有基础网络、服务器，通过管理系统软件，可准确掌握现有 IT 设备运行情况，及时发现运行过程中的问题。

自动化、集中管理主要包括 IT 设备的日常巡检与监控、虚拟机的分配、基础软件的安装部署、应用发布、故障预测、告警自愈、工作日志等。应至少实现其中两项自动化、集中管理功能，方可得分。

通过移动终端远程访问是数据基础设施管理的发展趋势。通过远程管理，运维人员可以随时随地远程监控与管理现场的设备；当需要其他人员协助的时候，可发起运维支持事件请求，邀请相关人员进行远程监控与管理现场设备。

对于采用托管、租用等非自建数据基础设施的，本条可直接得分。

评价方法：预评价查阅建筑方案或相关设计文件、智慧建筑方案；评价查阅相关竣工图、产品说明书、管理操作界面照片或视频。

2.3　数据资源要求

2.3.1　智慧建筑数据资源基本项

1）数据是智慧建筑核心要素，对各类数据资源的利用应进行整体规划，制订规划方案。数据资源利用规划方案应明确数据的架构、数据的来源、数据的融合共享、数据分析利用，以及数据质量和数据安全等内容。

评价方法：预评价查阅建筑方案或相关设计文件、智慧建筑方案、数据资源利用规划方案；评价查阅相关竣工图、数据资源利用规划方案。

2）存储架构包括分布式存储、集中式存储和混合存储三种类型。数据存储选择时，应根据实际运营及不断增长的数据容量对数据存储的要求，综合考虑数据扩展性、实时性、稳定性等因素，选择合适的存储架构。

目前常用的数据存储方式有三种：网络附属存储（Network Attached Storage，NAS）、存储区域网络（Storage Area Network，SAN）、直连式存储（Direct-Attached Storage，DAS）。DAS 存储一般应用在中小企业，与计算机采用直连方式；NAS 存储则通过以太网添加到计算机上；SAN 存储则使用网状通道（Fiber Channel，FC）接口，提供性能更佳的存储。

在存储设备的选择上，需考虑数据的容量、数据的类型、数据的访问量以及存储设备的安全性、稳定性、可用性等因素。例如，海量非结构化数据全部放入闪存中，既不经济也不现实。而如果是将访问量较大的元数据放入闪存中，就可以快速提高对非结构化数据的检索效率，进而提升整个集群存储的效能。

智慧建筑数据资源包括公民信息、企业信息等，牵涉数据安全，因此智慧建筑数据资源应存储在位于中国境内的服务器中。

评价方法：预评价查阅建筑方案或相关设计文件、智慧建筑方案、数据资源利用规划方案；评价查阅相关竣工图、数据资源利用规划方案、产品说明书。

2.3.2　智慧建筑数据资源评分项

1. 数据采集

1）实时监控数据接口应支持现场总线、TCP/IP、应用程序接口（Application Programming Interface，API）等通信形式，支持 BACNet、LonWorks、Modbus、过程控制的对象连接和嵌入（OLE for Process Control，OPC）、简单网络管理协议（Simple Network Management Protocol，SNMP）等国际通用通信协议。

数据库互联数据接口应支持开放数据库连接（Open Database Connectivity，ODBC）、API 等通信形式。

视频图像数据接口应支持 API 通信形式，支持主流媒体协议。

评价方法：预评价查阅建筑方案或相关设计文件、智慧建筑方案、数据资源利用规划方案；评价查阅相关竣工图、数据资源利用规划方案、数据库系统运行报告。

2）数据采集是智慧建筑数据利用的第一环节。本条对需要采集的数据类型提出要求。

环境感知类数据主要包括温湿度、二氧化碳浓度、颗粒物浓度（PM10、PM2.5）、一氧化碳浓度、甲醛浓度等；设备运行感知类数据主要包括各类机电设备（如冷热源机组、空调机、新风机、电梯、照明回路等）的运行/停止状态、正常/故障状态、综合能耗等；图像感知类数据主要包括车牌识别、人脸识别、视频识别等数据；位置感知类数据主要包括定位数据、视频跟踪轨迹、车位占用检测数据、其他定位数据等；安全感知类数据主要包括消防报警数据、人体移动监测、入侵报警数据、门禁数据等。智慧建筑数字化平台应能采集上述各类感知数据。

物业管理类数据主要包括租赁管理、缴费管理、绿化管理、卫生管理等；建筑运维类数据主要包括设备基本信息（如型号、生产厂家、基本参数等）、设备维修信息等；用户服务类数据主要包括组织活动、服务申请、服务办理、服务评价等。智慧建筑数字化平台应能采集上述各类感知数据。

智慧建筑能够接受来自智慧园区、智慧城市等上级平台或互联网的信息。例如，园区服务信息、应急信息等上级平台信息，以及环境信息、交通信息、天气信息、新闻动态等互联网公开信息。

评价方法：预评价查阅建筑方案或相关设计文件、智慧建筑方案、数据资源利用规划方案；评价查阅相关竣工图、数据资源利用规划方案、智慧建筑数字化平台运行报告、用户操作界面的照片或视频。

2. 数据质量

1）在数据采集与处理环节，采取措施控制数据质量。例如，在数据采集环节，严格控制手工输入源数据，对批量导入的源数据进行校验，或将采集到的数据信息通过输入校验、设定数据阈值、系统自动校验或人工复核校验等预防性措施，防止错误数据的产生；在数据处理环节，采取数据输出校验、数据一致性校验、系统自动校验、差异提示等控制措施，对输入的错误数据进行监测来验证数据的完整性、一致性和准确性等。在数据采集、处理环节，均应至少采取一项技术措施。通过定期更新和维护数据资源，可有效提升数据质量。

评价方法：预评价查阅建筑方案或相关设计文件、智慧建筑方案、数据资源利用规划方案；评价查阅相关竣工图、数据资源利用规划方案、操作界面照片或视频。

2）智慧建筑数据质量的评估标准主要包括以下几个方面：完整性、一致性、唯一性、准确性和及时性。

数据完整性表示信息的完整程度，数据完整性的计算方法为：（数据集中所有满足条件的数据量/数据集中记录总数）×100%；数据一致性表示数据结构要素属性和它们之间的相互关系符合逻辑规则的程度，数据一致性的计算方法为：（数据集中所有符合逻辑规则的数据量/数据集中记录总数）×100%；数据唯一性用于识别和度量重复数据、冗余数据，数据唯一性的计算方法为：（数据集中无重复数据的数据量/数据集中记录总数）×100%。

数据准确性表示数据与客观世界的符合程度，数据准确性的计算方法为：（数据集中正确的数据量/数据集中记录总数）×100%；数据及时性主要考察数据的时间特性对应用的满足程度，数据及时性的计算方法为：（数据集中尚未失效的数据量/数据集中记录总数）×100%。

评价方法：预评价查阅建筑方案或相关设计文件、智慧建筑方案、数据资源利用规划方案；评价查阅相关竣工图、数据资源利用规划方案、数据质量报告。

3）智慧建筑运行过程中不断产生新的数据，需要定期对数据质量进行评价。可通过软件监测数据质量，并编制评价报告。也可根据现行国家标准《信息技术　数据质量评价指标》（GB/T 36344）对智慧建筑数据质量进行评价，并编制评价报告。

评价方法：预评价查阅建筑方案或相关设计文件、数据资源利用规划方案；评价查阅相关竣工图、数据资源利用规划方案、数据质量评价报告。

3. 数据应用

1）数据集成应用是将互相关联的异构数据源集成到一起，使用户能够以透明的方式访问这些数据源，从而提高信息共享利用的效率。

智慧建筑数字化平台提供与 BIM 的数据接口，实现 BIM 数据与数字化平台数据的共享、交换、查询和调用。

边缘计算是指在靠近物或数据源头的一侧来处理、分析数据，优势在于即时性强、反应迅速、传输成本低。例如，在人脸识别应用中，将人脸识别智能算法前置，在前端摄像机内置高性能智能芯片，通过边缘计算将人脸识别抓图的计算任务分摊到前端，解放中心平台的计算资源，提高中心平台视频图像分析的效率。在电梯内，采用具备计算能力的传感器边缘部件，实现电梯故障的实时响应。重要机电设备运行时，温度、振动等数据经设备端处理后传输到边缘网关，边缘网关对数据进行分析，并做故障预测。

将建筑内不同功能的子系统在物理上、逻辑上和功能上连接在一起，以实现信息综合、资源共享、综合监控、跨系统联动、统一报警等功能。对物业管理、资产管理、运维管理和应急指挥等系统级的集成，通过数据的深度融合、共享交换，优化管理和服务流程，实现全方位协同。

评价方法：预评价查阅建筑方案或相关设计文件、智慧建筑方案、数据资源利用规划方案；评价查阅相关竣工图、数据资源利用规划方案、智慧建筑数字化平台运行报告。

2）数据分析是指用适当的统计分析方法，对采集和生成的大量数据进行汇总分析，以求最大化地发挥数据的作用。

数据分析主题可包括招商、服务、客户、能耗、设备运行、物业管理等。构建两个及以上的数据分析主题，可得分。数据及数据分析结果最终应以可视化的形式展现出来。

评价方法：预评价查阅建筑方案或相关设计文件、智慧建筑方案、数据资源利用规划方案；评价查阅相关竣工图、数据资源利用规划方案、智慧建筑数字化平台运行报告、用户操作界面照片或视频。

4. 平台接口与远程访问

1）智慧建筑是智慧城市的重要组成部分，其数据资源是智慧城市数据的重要来源。智慧建筑数字化平台可与智慧城市中的智慧交通、智慧公安、智慧应急、智慧环保、智慧物流等系统实现数据共享。例如，将公共停车场的停车位数据开放，除了形成城市智慧交通大数据之外，还可按需开放给第三方平台，形成新的停车场经营模式，如共享车位、洗车等增值服务。将智慧建筑的车辆、人员等安全防范数据开放给城市公安系统，城市的智慧公安可增加数据来源的维度，并进行智能研判与警务联动。建筑的应急系统是智慧城市应急管理系统的组成部分，通过视频、语音、数据等的汇接，形成覆盖城市的多级管理指挥网络。将建筑的环保数据纳入网格化环境监管系统，实现城市环境监管的精细化，并能够及时发现和处理问题。在大型公共建筑建立的物流配送系统（如楼宇内的第三方配送、配送机器人等）与城市物流快递平台进行对接，实现货物的全过程信息化跟踪管理，解决当前物流行业的"最后一公里"问题。

评价方法：预评价查阅建筑方案或相关设计文件、智慧建筑方案、数据资源利用规划方案；评价查阅相关竣工图、数据资源利用规划方案、智慧建筑数字化平台运行报告。

2）智慧建筑数字化平台能支持各种终端通过有线或无线网络连接到服务器，完成数据的传输，实现远程访问和控制，方便运营管理。

评价方法：预评价查阅建筑方案或相关设计文件、智慧建筑方案、数据资源利用规划方案；评价查阅相关竣工图、数据资源利用规划方案、智慧建筑数字化平台运行报告。

5. 信息安全与隐私保护

1）依据信息安全相关标准规范，从管理、技术等维度制订全方位的信息安全管理制度，包括机房安全管理、设备安全管理、系统维护管理、操作权限管理、安全事件处置等。

评价方法：预评价查阅建筑方案或相关设计文件、智慧建筑方案、数据资源利用规划方案、管理制度文件；评价查阅数据资源利用规划方案、管理制度文件。

2）为保证信息安全，应对网络层、数据层、应用层采取相应的安全技术措施。

网络安全是指网络系统的硬件、软件及其系统中的数据受到保护，不因偶然的或者恶意的原因而被破坏、更改、泄露，系统连续可靠正常地运行，网络服务不中断。通常可采用网络隔离、防火墙技术和工具。

数据安全是指为数据处理系统建立安全保护的技术和管理措施，保护计算机硬件、软件和数据不因偶然或恶意的原因被破坏、更改、泄露。通常可采用数据加密、快照、备份、云存储、数据操作监控等技术。

应用安全是针对应用程序或工具在使用或访问过程中可能出现的计算、传输数据的泄露和失窃，通过安全工具或策略来消除隐患。通常可采用用户身份识别与认证、用户系统权限控制、访问控制与管理策略等技术。

利用手机、平板计算机等移动设备进行设备远程控制，在提供便利的同时，也大大增加了安全风险。因此，需要采取技术措施提升移动终端远程访问控制的安全性，通常可采用安全认证与鉴权、属性加密技术，对用户进行授权从而控制用户对数据的访问，防止恶意用户对系统造成安全威胁。

评价方法：预评价查阅建筑方案或相关设计文件、智慧建筑方案、数据资源利用规划方案；评价查阅相关竣工图、数据资源利用规划方案、产品说明书、用户登录界面照片或视频。

3）智慧建筑涉及个人信息、企业信息等敏感数据，数据的采集与使用必须合法合规。

收集数据信息首先应该具备法律依据，在征得用户同意的情况下才能进行用户信息的采集，并按相关规定使用。合理定义用户的不同角色，同时明确各角色的使用人数。对于不同角色，应用数据的权限应明确，如明确查看权限、修改数据权限、引用数据权限。

从隐私安全与保护成本的角度出发，对数据进行分类和等级划分，能够根据不同需要对关键数据进行重点防护。数据脱敏是指对某些敏感信息通过脱敏规则进行数据的变形，实现敏感隐私数据的可靠保护。对涉及的客户安全数据或者商业性敏感数据，在不违反系统规则的条件下，可对真实数据进行改造使用。对身份证号、手机号、卡号、客户号等个人信息，都需要进行数据脱敏。

通过软硬件禁止通用串行总线（Universal Serial Bus，USB）闪盘使用、屏蔽移动硬盘、禁止手机存储卡等所有 USB 存储设备的使用，以及采用禁止截屏技术，有效保护敏感数据的安全。

评价方法：预评价查阅建筑方案或相关设计文件、智慧建筑方案、数据资源利用规划方案；评价查阅相关竣工图、数据资源利用规划方案、隐私数据访问权限界面照片或视频。

2.4 智慧建筑安全与防灾

2.4.1 智慧建筑安全与防灾基本项

1）集成视频监控、安防设施、通行管理、停车管理、入侵报警等子系统，保证安全管理平台设备间的协同工作。将各子系统间联动程序的关键控制点进行细化和量化。建立协同工作流程（Standard Operating Procedure，SOP），将协同工作的标准操作步骤和要求以统一的格式描述出来，用于指导和规范日常工作并贯彻执行。

评价方法：预评价查阅建筑方案或相关设计文件；评价查阅相关竣工图、安全管理平台运行报告。

2）消防物联网系统（Firefighting Internet of Things，FFIOT）通过信息感知设备，按消防远程监控系统约定的协议，连接物、人、系统和信息资源，将数据动态上传至信息运行中心；将消防设施与互联网相连接进行信息交换，实现将物理实体和虚拟信息进行交换处理并做出反应。设置消防物联网系统，将消防给水及消火栓系统、自动喷水灭火系统、机械防烟排烟系统、火灾自动报警系统接入其中。对于其他消防系统设施，可按需接入消防物联网系统或预留系统接口。

评价方法：预评价查阅建筑方案或相关设计文件、消防物联网系统方案；评价查阅相关竣工图、消防物联网系统运行报告。

2.4.2　智慧建筑安全与防灾评分项

1. 智慧安防

1）合理布置视频监控系统能有效保障建筑使用者的安全。监控设备一般布置在建筑主要区域，例如出入口、大厅、走道、电梯、地下室等公共区域，以及需要重点监控的区域。

利用图像及视频智能分析技术，对监控区域内出现的各类异常情况（如警戒区警戒线闯入、物品遗失、逆行、人群密度异常、人员异常动作）进行分析，并及时预警提醒。

通常，系统监测的视频数据只有一部分是重要的信息。通过关键词搜索功能，能够快速查找相关信息，大大降低浏览视频所需时间。

评价方法：预评价查阅建筑方案或相关设计文件、产品说明书；评价查阅相关竣工图、产品说明书、视频监测控制系统运行报告。

2）智慧门禁形式包括刷卡式门禁、蓝牙开关式门禁、生物识别门禁等。根据建筑物公共安全防范管理的需要，在通行的门、出入口通道、电梯等位置设置门禁。对于居住建筑，一般在单元楼及小区出入口设置智慧门禁；对于公共建筑，一般在大楼出入口、前台设置智慧门禁。智慧门禁应具备与各智慧化系统联动的功能。

根据通行人员的不同身份，设置不同的通行权限，并自动采集通行人员的身份信息，生成门禁使用记录（如通行日期、通行人员、通行权限级别）以供查阅。

门禁设施设备的宽度应满足轮椅、担架等通行要求，设施设备阳角采用圆角设计，并设有扶手。

评价方法：预评价查阅建筑方案或相关设计文件、产品说明书；评价查阅相关竣工图、产品说明书、智慧门禁运行报告。

3）停车管理系统一般具备车牌识别、电子支付、停车引导、停车位预定、人员寻车引导、无障碍停车位对讲等功能，能有效提高停车场使用和管理的效率。

通过设置停车管理系统，实现车牌自动识别、电子支付（如电子不停车收费、扫码支付等），能有效解决车主缴费排队的问题。

停车引导功能及车位预定功能能够有效提高车位的利用率，特别是大型停车场或车流量较多的停车区域。

在大型停车场或停车场内通行路径较为复杂的停车区域，利用寻车引导功能，实现车辆与人员位置的相互联动，引导用户快速找到自己的车辆。

通过设置语音、视频等对讲装置，可便于无障碍专用停车位的管理和服务。

评价方法：预评价查阅建筑方案或相关设计文件、产品说明书；评价查阅相关竣工图、产品说明书、停车管理系统运行报告。

4）入侵报警系统由报警控制器、传输系统、通信系统等组成。入侵报警系统应能够按需根据时间、区域灵活设置报警控制器，同时保证传输系统与通信系统正常运行。

入侵报警系统应具备与其他设备或系统（如视频监控系统、出入口控制系统等）联动的功能。

若出现入侵情况，入侵报警系统能够与区域安保中心进行联动，及时处理突发情况。

评价方法：预评价查阅建筑方案或相关设计文件、入侵报警系统方案；评价查阅相关竣工图、入侵报警系统运行报告。

2. 智慧消防

1）实时监测并显示消防设施的运行状态，如消防水泵、消防风机、火灾自动报警设备及其配套电源运行状态，消防水箱水位及其管网压力；当出现异常情况及时发出警报，例如出现火灾、可燃气体泄漏、设备故障等。

消防物联网系统收到警报信息后，自动判定警报信息等级，并通过多种方式（如语音电话、人工客服、短信等）通知消控室人员、消防安全管理人员、消防安全责任人员、消防维保人员等。

评价方法：预评价查阅建筑方案或相关设计文件、消防物联网系统方案；评价查阅相关竣工图、消防物联网系统运行报告。

2）疏散逃生系统基于火灾时报警的实际情况，合理调整疏散路线，根据实时反馈数据，引导被困人员进行疏散，辅助消防救援决策指挥。

评价方法：预评价查阅建筑方案或相关设计文件；评价查阅相关竣工图、疏散逃生系统运行报告。

3）业主应用模块可进行消防设施安全评分，结合月度消防设施安全风险评估报告、年度消防设施安全风险评估报告，对建筑消防设施运行、维护工作进行改善和提升。此外，业主应用模块还能给出故障处理的通知及流程、物联监测及巡查的实时通知，并具备在线查询各类养护报告、对重大火灾隐患进行及时提示等功能。

维保应用模块利用在线维保功能，提醒维保单位按规定及时对故障进行修复，完成维保工作，并能自动记录相关维保信息并生成维保报告。维保应用模块支持指定人员处理故障和记录维修结果、办理线上维保流程，并能够线上查看维保报告及风险评估报告。

评价方法：预评价查阅建筑方案或相关设计文件；评价查阅相关竣工图、消防物联网系统运行报告。

3. 灾害防控

1）危险气体泄漏监测包括燃气泄漏监测、有害气体泄漏监测等，当出现危险气体泄漏时应能及时报警。

机房重要设备故障监测包括变压器过载报警、线路过载报警、风机水泵过载报警、电气火灾监控报警、浪涌保护监测等，当设备异常时应能及时报警。

利用传感器实现水箱水位与水浸监测，当水位异常或发生水浸时应能及时报警。

评价方法：预评价查阅建筑方案或相关设计文件、产品说明书；评价查阅相关竣工图、产品说明书、安全监测子系统运行报告。

2）建筑配电自动化管理要求。通过设置配电自动化管理系统，提升建筑配电安全与优化运行。智能配电的自动化管理包括配电设备电气监控、变压器运行优化、配电房安全监控与配电房巡检管理等内容。其中，配电设备电气监控是通过设置自动化监控终端、通信设备等实现配电系统运行监测、配电房三遥（遥信、遥测与遥控）等功能；变压器运行优化是针对设置多台变压器的配电房，通过优化控制实现变压器经济运行；配电房安全监控要求利用各类监控设备（如视频、烟雾探测、防水监测、环境监控等）同时实现视频监控、防水、防入侵、远程灯光控制与语音对讲等功能，当发生电气故障与火灾等异常时及时报警；配电房巡检管理通过设置智慧门禁实现对配电房门禁的远程管理、红外安防入侵实时监测。

评价方法：预评价查阅建筑方案或相关设计文件、产品说明书；评价查阅相关竣工图、产品说明书、配电自动化管理系统运行报告。

3）根据建筑具体情况制订应急响应预案，包括防火应急预案、安防应急预案、防水应急预案、地震应急预案、危险气体泄漏应急预案等，并按规定进行定期演练。

应急响应系统应能清晰显示求救信息的实时位置与画面，便于救援人员确定危险等级，并及时实施救援。

评价方法：预评价查阅建筑方案或相关设计文件、应急响应预案；评价查阅相关竣工图、应急响应预案、演练记录。

2.5 智慧建筑资源节约与利用

2.5.1 智慧建筑资源节约与利用基本项

1）智慧建筑的建筑能耗指标应小于现行国家标准《民用建筑能耗标准》（GB/T 51161）规定的各类民用建筑的能耗指标约束值。参评项目应根据相关标准编制相应的建筑能耗指标计算书，计算书应根据建筑用能系统，单独列出各系统能耗情况，并计算总能耗指标，不能只给出建筑总能耗指标。

评价方法：预评价查阅建筑方案或相关设计文件、建筑能耗指标计算书；评价查阅相关竣工图、建筑能耗指标计算书、建筑能耗报告。

2）随着新能源汽车与电动自行车的普及，车辆充电的需求越来越大。对车辆充电装置提出要求，当条件限制暂无法设置车辆充电装置时，应为今后设置车辆充电装置预留安装条件，例如供配电预留、供电接口预留、管线预留等。

评价方法：预评价查阅建筑方案或相关设计文件；评价查阅相关竣工图。

2.5.2 智慧建筑资源节约与利用评分项

1. 自调节遮阳

自调节遮阳设施包括活动外遮阳设施（含电致变色玻璃）、固定外遮阳（含建筑自遮阳）加内部高反射率（全波段太阳辐射反射率大于 0.5）可调节遮阳设施、可调内遮阳设施（如电动窗帘）等具备自动调节功能的可调节遮阳设施，能通过感知室内与外界光照等条件的变化自动调整遮光程度。

自调节遮阳设施的面积比例 S_z 按下式计算：

$$S_z = S_{zo} \eta$$

式中 S_{zo}——自调节遮阳设施应用面积比例。活动外遮阳和可调内遮阳设施，可直接取其应用外窗的比例，即装置遮阳设施外窗面积占所有外窗面积的比例；对于固定外遮阳加内部高反射率可调节遮阳设施，按大暑日 9:00—17:00 所有整点时刻其有效遮阳面积比例平均值进行计算，即该期间所有整点时刻其在所有外窗的投影面积占所有外窗面积比例的平均值。

    η——遮阳方式修正系数，对于活动外遮阳设施，η 为 1.2；对于固定外遮阳加内部高反射率可调节遮阳设施，η 为 0.8；对于可调内遮阳设施，η 为 0.6；

评价方法：预评价查阅建筑方案或相关设计文件、产品说明书、自调节遮阳设施应用率计算书；评价查阅相关竣工图、产品说明书、自调节遮阳设施应用率计算书。

2. 智慧能源

1) 多数建筑冷热源系统都是按照最不利情况（满负荷）进行系统设计和设备选型的，而建筑在绝大部分时间内是处于部分负荷状况的，或者同一时间仅有一部分空间或一部分人具有空调与热水需求。针对此类部分负荷、部分使用需求的情况，如何采取更有效的措施以节约能源，显得非常重要。系统设计时应考虑设备的变参数运行，如机组变参数、水泵变频、变风量、变水量等节能措施，保证在建筑物处于部分负荷或仅部分空间、部分人使用时，不降低能源转换效率，并能够通过优化的算法与能耗数据分析结果指导系统更智慧化地节能运行。

主要针对系统冷热源、输配系统（包括供暖、空调、通风等）及末端控制而言。当热源为市政热源（小区锅炉房等仍应考察）可不予考察其热源的变参数运行能力，但其输配系统与末端控制仍需参与评价。

要求建筑冷热源系统设置智能监控系统，智能监控系统应符合现行国家标准《智能建筑设计标准》（GB 50314）的相关规定，为实现自动调节设备运行参数提供基础条件。

对于集中设置建筑冷热源系统的建筑，系统控制是一个多变量、复杂、时变的系统，其过程要素之间存在严重的非线性、大滞后及强耦合关系，用经典的比例积分微分控制理论或其他现代控制理论和控制模型，很难实现较好的控制效果。通过采用节能优化算法，如采用基于模糊控制的中央空调控制算法，可实现空调系统真正意义上的变温差、变压差、变流量运行，使控制系统具有高度的跟随性和应变能力，可根据对被控动态过程特征的识别，自适应地调整运行参数；同时，将操作人员的操作经验、知识和技巧归纳成一系列的规则，存放在计算机中，使控制器模仿人的操作策略，实现暖通空调系统的人工智能模糊控制，以获得最佳的控制效果。

基于建筑能耗数据，利用大数据分析等技术，通过大量建筑能耗数据分析形成的运行决策与控制系统联动，实现系统智能化节能运行。

评价方法：预评价查阅建筑方案或相关设计文件、产品说明书；评价查阅相关竣工图、产品说明书、冷热源系统运行报告。

2) 本条所述的建筑照明系统智能控制，包括时间控制、感知控制、情景模式控制等各类智能化控制方式。

照明系统智能控制的面积比例=(实行智能控制的照明区域面积/总照明区域面积)×100%。

评价方法：预评价查阅建筑方案或相关设计文件、产品说明书、照明系统智能控制应用率计算书；评价查阅相关竣工图、产品说明书、照明系统智能控制应用率计算书。

3) 在停车场、电动自行车停车区域合理设置智能充电桩，便于用户使用。智能充电桩具有可视化操作界面，能通过手机实时查看车辆充电状态，同时支持按量计费的多种缴费方式，便于用户操作。

评价方法：预评价查阅建筑方案或相关设计文件、产品说明书；评价查阅相关竣工图、产品说明书。

4) 楼宇自控系统（Building Automation System，BAS）自身具备建筑设备监控的能力，因此，通过 BAS 可以获取部分与实现能效管理所需的建筑设备数据。对于能效管理系统，要求应能与 BAS 实现数据共享，打通二者的数据通道，可以减少各类计量与监测装置的安装数量。

要实现能效管理信息化，需要根据能源类别与用能项目的不同来安装相应计量装置，如多功能电表、远传水表、燃气/油流量计、冷热量表等，实现能源分类、分项、分户计量。针对用电，还应进一步细分至二级分项计量。同时，根据能源种类，设置相应监测装置，满足能效管理需要，如温度、压力传感器，环境工况分析仪，室内工况分析仪。监测与计量装置所采集到的数据应能自动上传至能效管理系统，系统至少应能储存近三年的数据，并以不同的分类方式和规则进行展示。

系统应能依据水、电、气、冷（热）量等能源计量数据实现自动计费。

建立建筑能效模型是进行用能行为分析、能耗模拟、节能诊断的基础性工作。数据采集和建模方法选择是能效建模的关键，主要包括环境信息（如温度、湿度等）、设备运行信息（如设备负载、运行状态等）、能源使用信息（如电能质量、流体等）的实时数据采集；能效建模是以外部数据、历史数据、实时数据等为基础，结合数学建模方法，构建准确的能效模型，用于智慧建筑状态预测、资源调度优化，为能效优化提供基础支撑。根据能效模型，找出关键耗能点和异常耗能点，制订能效控制方案，从而对设备进行远程控制和管理，并不断结合实际采集数据，调整优化能效控制方案，最终寻找到符合实际状况的、适应四季变化的、满足物业管理要求的最优能效控制方案，从整体上降低建筑能耗。

评价方法：预评价查阅建筑方案或相关设计文件、能耗监测与计量装置产品说明书、能效管理方案；评价查阅相关竣工图、能耗监测与计量装置产品说明书、能效管理系统运行报告。

3. 智慧用水

现行国家标准《绿色建筑评价标准》（GB/T 50378）中对建筑用水器具的用水效率提出了节水要求，但这只是较为被动的节水策略。建筑用水量与用户用水习惯紧密相关，只有让用水点能根据用户需要出水，才能有效减少水资源的浪费。基于此，用水器具（水嘴、便器、淋浴器等）的用水效率等级应达到 3 级，还应具备按需出水的功能，包括但不限于感应出水方式。

评价方法：预评价查阅建筑方案或相关设计文件、产品说明书、产品检测报告；评价查阅相关竣工图、产品说明书、产品检测报告。

4. 动态评估

通过整合物联网、大数据和云计算等关键技术，建立绿色性能动态评估系统，可以动态监测、分析、预测、优化建筑的运营状态，实现建筑绿色性能的动态评估，帮助建筑运营单位全面了解建筑的运营状态和实际绿色性能，以便采取措施进一步提升改善建筑绿色性能。

评价方法：预评价查阅建筑方案或相关设计文件；评价查阅相关竣工图、动态评估系统运行报告。

2.6 智能建造

2.6.1 智能建造基本项

1）BIM 技术支持建筑工程全生命周期的信息管理和应用。《住房和城乡建设部关于印发推进建筑信息模型应用指导意见的通知》（建质函［2015］159 号）中明确了建筑的设计、施工、运行等阶段应用 BIM 的工作重点内容。其中，规划设计阶段主要包括：①投资策划与规划；②设计模型建立；③分析与优化；④设计成果审核。施工阶段主要包括：①BIM 施工模型建立；②细化设计；③专业协调；④成本管理与控制；⑤施工过程管理；⑥质量安全监控；⑦地下工程风险管控；⑧交付竣工模型。

评价方法：预评价查阅建筑方案或相关设计文件、BIM 技术应用报告；评价查阅 BIM 技术应用报告。

2）系统调适是保证建筑系统实现优化运行的重要环节。为了保证建筑智能化系统能够达到项目开发方对建筑产品的定位要求和设计要求，在项目竣工交付前，应完成对各智能化系统的联动调试工作。将系统调试到正常运行状态，检验各子系统运行正常，并能联动运行。

评价方法：预评价，可不参评；评价查阅智能化系统联动调试报告。

2.6.2　智能建造评分项

1）随着国内和国际建筑市场的进一步接轨，传统建造方式向新型建造方式逐渐转型，例如智能建造，需要提升与新型建造方式相匹配的新型建造组织方式。建筑业发展形势表明，在现阶段提升新型建造组织方式离不开工程总承包模式。工程总承包模式是指工程总承包单位受建设单位委托，按照合同约定对工程建设项目的勘察、设计、采购、施工、试运行等实行全过程或若干阶段的承包。在工程总承包模式中，工程总承包单位对所承包的建设工程的质量、安全、工期、造价等全面负责，最终向建设单位提交一个符合合同约定、满足使用功能、具备使用条件并经竣工验收合格的建设工程。采用工程总承包模式，有利于推广应用新型建造方式和智能建造技术，提升建造效率和工程品质，保证工程安全和环境友好。

评价方法：预评价查阅合同文件、项目组织结构图；评价查阅合同文件、项目组织结构图、工程总承包实施报告。

2）采用智慧化的设计理念与方法，一方面结合建筑类型、特点、使用需求、设备运行需要等从建筑内部空间、外部形体、场址生态等多个方面进行系统性的设计；另一方面利用智能化的设计手段，开展符合项目建设目标和当前建造水平的标准化设计，如在前期策划阶段使用大数据等技术进行场地选择，出入口选择等；在设计阶段采用 AI 算法生成设计方案；在图样审查环节采用基于 AI 算法的智能审图等。

评价方法：预评价查阅建筑方案或相关设计文件、智能设计或图样审查报告；评价查阅智能设计或图样审查报告。

3）采用数字技术，以可视化方式，模拟建筑、环境与人之间的关系。借助计算机软件，针对建筑性能与建筑施工过程建立模型，例如利用 EnergyPlus、Fluent、synchro 4D 等对建筑供暖、制冷、照明、能耗、室内外流场环境及施工过程进行仿真模拟和优化，提高建造效率与建筑物性能。

评价方法：预评价查阅建筑方案或相关设计文件、模拟报告；评价查阅模拟报告。

4）采用智能制造系统生产的建筑部品、部件的要求，如预制混凝土部品、部件，钢结构部品、部件，木结构部品、部件和装配式装修用部品、部件。智能制造是基于新一代信息技术，贯穿设计、生产、管理、服务等制造活动的各个环节，具有信息深度自感知、智慧优化自决策、精准控制自执行等功能的先进制造过程、系统与模式的总称；具有以智能工厂为载体、以关键制造环节智能化为核心、以端到端数据流为基础、以网络互联为支撑等特征，可有效缩短产品研制周期、降低运营成本、提高生产效率、提升产品质量、降低资源能源消耗。

评价方法：预评价查阅建筑方案或相关设计文件、部品部件采购方案；评价查阅生产过程影像资料。

5）利用电子标签、蓝牙、GPS 等技术手段，采集施工现场人员、物料及机械设备的使用信息，并结合紫蜂协议（Zig-Bee）、4G、5G、窄带物联网技术（NB-IoT/LoRa）等通信技术传输至云端，实现对现场人员、物料及施工机械设备进行信息化管理，如使用状态管理、定位管理等。

人员管理范围包括施工作业人员与施工管理人员，实现人员实名制信息记录、评价记录、教育培训、考勤记录、工资记录等内容的自动统计、自动分析、自动显示。

物料管理范围包括钢筋、混凝土、装配式构件等，实现进场验收、入库、出库、调拨、退还、台账等环节的相关信息的自动读取、识别、记录、上传、查询。

施工机械管理范围包括挖掘机械、运输机械、工程起重机械等，实现施工机械基本信息的采集、运行状态监控、维修保养记录查询。

评价方法：预评价，可不参评；评价查阅产品说明书、管理信息化报告及相关证明材料。

6）智能检测可作为一个独立模块，与项目管理模块、生产管理模块、物料验收模块、质量安全模块以及 BIM 建造模块等协同工作，在项目建设过程中起到数据展现、分析、预警等作用，实现对项目施工质量的动态检测和高效管理。

智能检测系统包括硬件设备与软件，根据检测项目的不同建立相应的智能检测系统，包括检测设备、数据传输系统、终端设备（移动端、计算机端）、后台服务器以及对应的专业数据处理软件。智能检测设备测量精度不应低于传统设备的精度。检测数据应附带检测人员姓名、检测设备 ID、构件编号以及检测时间等信息。

评价方法：预评价，可不参评；评价查阅智能检测系统方案、产品说明书、检测过程中的文件及影像资料。

7）智慧监控设备需安装在施工现场出入口内外侧、主要作业面、料场、材料加工区、仓库、围墙、塔式起重机等位置。在满足常规视频监控技术要求的前提下，利用全画面视频检测、视频跟踪、动作识别、人脸识别、监控要素分类等视频智能技术，并结合人工智能、大数据分析等技术实现人员辨识、违规违章行为识别、车辆带泥上路识别及预警提示等功能。

评价方法：预评价，可不参评；评价查阅产品说明书、智慧监控报告。

8）智能巡检系统集成移动网络、GPS、GIS 等技术，对各巡检点以及关键线路进行规划管理，采用智能化分析手段，对巡检期间发现的问题自动报警和定位，提高巡检效率并有效管理巡检人员，为安全隐患排查、施工质量检查、工程进度核查提供保障和依据。系统包括手持终端、巡检电子标签以及相关的 APP 等软硬件，具备巡检任务管理、数据查询、考核统计、数据通信、报表制作等功能。

评价方法：预评价，可不参评；评价查阅施工过程中相关巡检记录、智能巡检系统运行报告。

9）在施工现场设置扬尘、噪声、气象监测设备，实时监测施工现场 PM2.5、PM10、噪声、温度、湿度、气压、风速、风向等环境参数。当扬尘超标时，自动报警并联动开启相应设备（如自动喷淋设备），改善施工现场环境；当噪声超标时，自动报警并通过信息化手段通知管理人员，管理人员合理安排施工工艺或采取隔声降噪等措施降低噪声污染；当风速超标时，自动报警，管理人员根据风速对相关施工工序进行合理调整。

评价方法：预评价，可不参评；评价查阅产品说明书、施工环境监测与联动控制记录。

2.7　智慧建筑创新应用

2.7.1　智慧建筑一般规定

1）为鼓励智慧建筑创新应用，实现更高的智慧性能，标准设置评价项目，作为加分项。

2）加分项的评定结果为某得分值或不得分。加分项总得分不大于 10 分。

2.7.2　智慧建筑加分项

1）采用可移动的围护结构、室内设施进行空间变换，增加建筑可用空间，或根据区域使用者的需求改变区域用途。

对于居住建筑，空间变换场景包括隐藏式厨房，在不使用厨房时将灶台等厨房设施进行隐藏，可具备会客或其他功能；功能变化客厅，通过智慧控制双层顶棚，白天床体升至顶棚作为客厅或书房，晚上降下作为卧室。

对于公共建筑，空间变换场景包括外窗与观景台的自动变换，在有人需要观景时，外窗可变化为观景台，能有效提升建筑使用面积。

评价方法：预评价查阅建筑方案或相关设计文件、产品说明书；评价查阅相关竣工图、产品说明书。

2）采用数字孪生技术，对建筑全生命周期进行系统化、科学化的管理。数字孪生是充分利用物理模型、传感器更新、运行历史等数据，集成多学科、多物理量、多尺度、多概率的仿真过程，在虚拟空间中完成映射，从而反映相对应实体的全生命周期过程。

在建筑未建造之前，可完成其数字化模型，从而在虚拟的网络空间中对建筑进行感知、分析推理的仿真和模拟，并将真实参数传给实际的建筑生产及建造过程。在建筑投入运行后，数字孪生技术通过其良好的全面分析和预测能力，为建筑智慧化运维和建筑设施的预测性维护提供高效技术支撑。例如，针对建筑设施运行过程中出现的各种故障特征，可以将建筑传感器的历史数据通过机器深度学习，训练出针对不同故障现象的数字化特征模型，并结合专家处理的记录，将其形成未来对建筑设施故障状态进行精准判决的依据，并可针对不同的新形态的故障进行特征库的丰富和更新，最终形成预测性的诊断和判定。

评价方法：预评价查阅建筑方案或相关设计文件；评价查阅相关竣工图、数字孪生技术应用报告。

3）随着科技的发展，无人驾驶、无人机等技术在未来或将得到应用。在智慧建筑设计阶段，可进行提前设计，为未来技术应用提供基础。

评价方法：预评价查阅建筑方案或相关设计文件；评价查阅相关竣工图及相关证明材料。

4）鼓励采用创新方式或技术实现能源高效利用。例如，采用建筑直流电技术、建立智能微电网等。当前，建筑用电系统中不断地进行交流和直流之间的转换，多次转换就要重复地接入转换装置，不仅增加设备投入和增加故障点，还造成接近 10% 的转换损失。由交流驱动转为直流驱动，采用基于直流的新型供电方式，将有效降低交直电流转换造成的损失，能够实现能源的高效利用。

在智能电网时代，微电网系统用户已经不仅仅局限于微电网的生产和经营，还可以在特定区域实现能源交易。根据微电网系统中数据的情况，结合用户特征，有效分析用户的用电特性，从中获取数据，使得微电网调度的运行和规划更加合理。

评价方法：预评价查阅建筑方案或相关设计文件、产品说明书、智慧用能技术应用报告；评价查阅相关竣工图、产品说明书、智慧用能技术应用报告及相关证明材料。

5）所述机器人包括建造机器人、运输机器人、访客引导机器人、销售机器人、移动充电机器人等各类机器人。

评价方法：预评价查阅建筑方案或相关设计文件、产品说明书；评价查阅相关竣工图、产品说明书、机器人运行报告。

6）智慧建筑大脑是建筑发展的未来趋势，作为智慧建筑的"神经中枢"，高效汇聚海量数据，并将建筑的所有静态数据和动态数据集中到一个平台，将所有系统变成一个整体，实现与建筑相关的各要素间协同联动，使智慧建筑具备自动控制建筑设施设备的能力，让建筑具有判断能力，并具备自修复能力，使建筑实现安全管理、能效管理、设施管理、环境保护、公共服务等各方面的智能化。

评价方法：预评价查阅建筑方案或相关设计文件；评价查阅相关竣工图、智慧建筑大脑运行报告。

7）智慧设施管理（Facility Management，FM）系统融合了建筑技术与企业管理、项目管理、运维管理、不动产管理、行政后勤管理等多领域，是一个高度整合的专业体系。系统主要包括空间管理、企业不动产管理、维护管理、行政与资产管理。空间管理主要涉及：空间规划与空间配置，办公家具与设备采购配置，办公、会议等工作空间服务，搬迁管理等内容。企业不动产管理主要涉及：战略规划，不动产与租赁管理，工程等项目管理，环境可持续性管理等内容。维护管理主要涉及：能源管理，事故紧急预案，设备运行与维护等内容。行政与资产管理主要涉及：综合行政管理，固定资产、通信设施管理，设施状况评估，服务热线等内容。

系统将建筑的空间、资产、环境通过信息流与人联系起来，全面利用建筑内各子系统运行的实时和历史信息数据，并对其进行大数据分析和处理，在信息优化的基础上实现跨子系统的全局化事件的集成管理，充分实现信息资源的共享，方便决策部门进行合理的组织，并进行调度、协同、指挥，使决策方案和措施付诸实施，实现建筑管理一体化服务，提高建筑使用效率。

评价方法：预评价查阅建筑方案或相关设计文件；评价查阅相关竣工图、智慧 FM 系统运行报告。

8）在项目设计阶段采用适用于智能建造的结构体系、设备管线体系、装修体系，有利于项目施工阶段智能建造技术的实施应用，从而总体上提高建造效率、节约建造成本。对于结构体系，相比于装配式混凝土结构体系，钢结构和木结构体系更容易进行工厂化生产、装配化施工、信息化管理，实现智能建造，可优先选用；若采用装配式混凝土结构体系，可使用适用于智能建造的结构或技术，如不出筋预制底板叠合楼板技术。对于设备管线体系，可选用管线分离体系，在建筑中将设备与管线设置在结构体系之外，设备管线在工厂内可以实现模块化、标准化、集成化生产，在施工时根据不同组合进行现场装配。对于装修体系，可选用装配式装修体系。这是一种将工厂生产的部品、部件在现场进行组合安装的装修整体解决方案，主要包括集成卫浴、集成厨房、集成地面、集成墙面、集成吊顶、生态门窗、快装给水、薄法排水等八大系统，实现工厂化生产、装配化施工，信息化管理。在设计和施工阶段，应至少采用上述一种结构体系、设备管线体系、装修体系。

评价方法：预评价查阅建筑设计方案或相关设计文件；评价查阅相关竣工图、体系应用报告。

9）这里旨在鼓励采用创新性的方式或技术建立 BIM 模型，提高建模效率和质量。例如，采用构件数据化模型（Component Data Model，CDM）技术将设计信息即"需求"以标准化的数据格式表达，经验证和修改满足设计要求后将标准格式的数据导入到软件工具，即可自动生成 BIM 模型。CDM 的标准格式由"构件坐标及表面几何定义""构件内部物理及性能定义""构件与构件间连接定义"三部分组成。再如，施工场地建模，可采用 3D 激光扫描技术进行现场扫描，得到具有精确空间信息的点云数据，并利用点云预处理软件进行拼接、去噪、分类、着色等处理，提高点云的可视化效果，便于模型特征信息提取，最后使用配套软件进行精细建模，得到 BIM 模型。BIM 建模还可采用其他创新性方式或技术。

评价方法：预评价查阅建筑方案或相关设计文件、BIM 建模方案；评价查阅相关竣工图、BIM 建模报告。

10）对其他技术的创新应用予以鼓励。目的是鼓励和引导项目采用不在标准所列的智慧建筑评价指标范围内，但可在安全可靠、绿色生态、高效便捷、经济节约等方面实现良好性能提升的创新技术和措施，以此提高建筑智慧性能。项目的创新点应较大地超过相应指标的要求，或达到合理指标但具备显著降低成本或提高工效等优点。

评价方法：预评价查阅建筑方案或相关设计文件、分析论证报告；评价查阅相关竣工图、分析论证报告及相关证明材料。

第 3 章　智慧建筑之 BIM 技术应用

建筑信息模型即 BIM，是以工程项目建设的各项相关信息数据作为模型的基础，进行建筑模型的建立，并通过数字信息仿真模拟建筑物所具有的真实信息。BIM 技术作为建筑业数字化转型的核心引擎，可实现建筑全生命周期数据信息的集成和管理。

BIM 技术在工程建设领域的应用离不开相关软件的支撑，从功能上讲，BIM 软件包括基础软件、分析软件、平台软件和翻模软件。其中，基础软件提供几何造型、显示浏览和数据管理能力，以及通用的参数化建模、信息挂载、工程图绘制、数据转换等功能，为各类应用软件提供共性基础能力支撑。分析软件是指利用基础软件提供的数字化模型专项性能的分析应用软件，如能耗分析、日照分析、风环境分析、热工分析、结构分析等。平台软件是指能对各类基础软件及分析软件产生的数字化模型进行有效的管理，支持建筑全生命周期数字化模型的共享应用的平台。翻模软件是基于基础软件的辅助工具，可以快速对二维 CAD 平面图进行建模的软件。

3.1　关于 BIM 技术图形引擎

图形引擎主要应用在计算机辅助设计与制造（CAD、Revit）、动画影视制作、游戏娱乐、军事、航空航天、地质勘探、实时模拟等方面，有着十分广泛的应用。在 BIM 可视化领域，主要通过 3D 图形引擎解决 BIM 轻量化展示、操作，以及基于 BIM 模型开发的协同管理、运维等可视化平台，可以说 BIM 3D 图形引擎在 BIM 软件开发方面起着重要的作用。

BIM 三维图形引擎一般包括几何造型引擎、显示渲染引擎和数据管理引擎三大组成部分。

3.1.1　几何造型引擎

1. 几何造型引擎架构

三维几何建模技术主要包括数学计算库、基本几何造型、复杂实体造型、几何应用算法和二次开发接口等。

数学计算库实现几何的点、线、面的数据定义和相关运算算法，以及通用的几何基础算法和几何属性计算；基本几何造型支持基本参数化形体造型（图 3-1），包括六面体、圆台体、球体、圆环体、拉伸体、旋转体、直纹扫掠体及网格多面体造型；复杂实体造型提供二三维布尔运算、偏移计算、拟合、插值、相交、离散等复杂几何运算算法；几何应用算法提供实体模型的物性计算、消隐、剖切、碰撞检查等几何应用算法。

针对建筑建模的造型过程和应用特点，需要实现内容高度完备的、概念高度抽象的、修改和运算高效的、易于扩展的几何底层数据结构和算法；实现高效、精确的几何数据序列化存储技术；实现高精度的多级别离散显示技术。

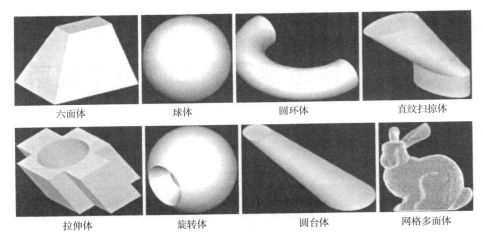

图 3-1　基本几何造型

2. 三维几何快速建模关键技术

1）大体量大尺度模型高效建模和编辑技术。三维几何建模需基于建筑建模的常规造型，实现基本参数化构造和描述参数化构造两类形体参数化造型方法。基本参数化构造实体参数简单易用，构造和编辑快捷高效，描述参数化构造实体造型方式自然，形状表达丰富，参数编辑修改方便，如图 3-2 所示。

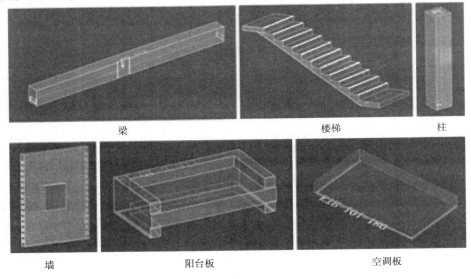

图 3-2　建筑构件造型

2）高效、稳定和精度可控的几何布尔运算。布尔算法的核心问题在于求交算法的实现，聚焦以常规几何实体造型为主的建筑构件模型，通过基于精度可控的特征参数保留的解析求交算法，实现满足建筑常规造型计算需求的高效稳定的布尔算法。

3）高效、稳定和几何特征一致的剖切、消隐、投影等应用几何算法。在大规模三维模型二三维实时联动建模和生成工程图的几何运算中，需要提供高效、稳定和几何特征一致的剖切（图 3-3）、消隐（图 3-4）、投影等几何算法。采用空间分割、计算分解技术，在保证计算结果正确的前提下，分解参与计算的几何数据和运算逻辑，缩小运算规模，提高计算效率，实现二三维建模编辑实时联动和高效、稳定、保留几何特征的几何计算。

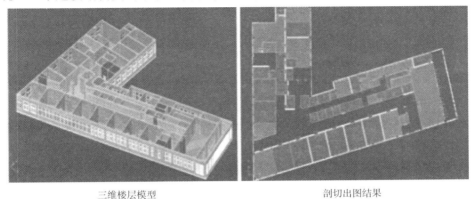

三维楼层模型　　　　　　　　　　　剖切出图结果

图 3-3　建筑构件剖切图

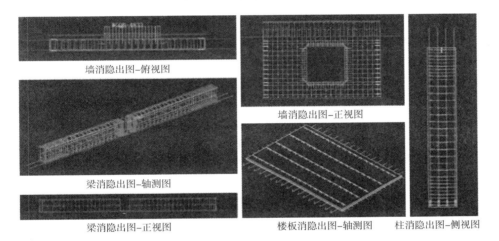

墙消隐出图-俯视图

墙消隐出图-正视图

梁消隐出图-轴测图

梁消隐出图-正视图　　　　楼板消隐出图-轴测图　　柱消隐出图-侧视图

图 3-4　建筑构件消隐出图

4）几何实体的多级别实时离散和模糊离散。几何实体的多级别离散计算，可以依据当前工程构件在视图中的显示精度要求，提供满足显示效果和减少资源占用的多级别实时离散和模糊离散。

3.1.2　显示渲染引擎

大场景快速显示渲染技术面向工程建设及其相关领域，支撑 BIM 模型和工程图的快速浏览和编辑。其建立多线程渲染、延迟渲染等渲染架构，采用基于物理的渲染、动态 LoD、动态加载、批次合并、可见性剔除、顺序无关透明等渲染技术，实现二三维大规模场景的高效绘制与渲染、全专业百万级行业数字化 BIM 模型的流畅编辑与渲染显示。

大场景快速显示渲染技术支持建筑工程建模和深化，以及铁路、电力线路等大场景、大坐标场景的高效显示与渲染；且具有着色、线框、隐藏线等多种渲染模式；并具备自定义灯光、光照模式切换、材质纹理编辑、渲染模式切换、漫游等功能；分离渲染逻辑与业务逻辑，支持跨平台、可拓展，可根据硬件配置适配不同图形驱动及兼容低配机器。

1. 大场景快速显示渲染架构

（1）层次结构架构风格

如图3-5所示，大场景快速显示渲染架构分为渲染抽象层、渲染状态管理层、业务数据转换层等多层模型，每层之间通过接口实现决定层间的交互协议，并支持层次添加与接口功能增强，有效确保层间调用关系与系统稳定性，从而最大限度地增加显示渲染的灵活性与多样性。

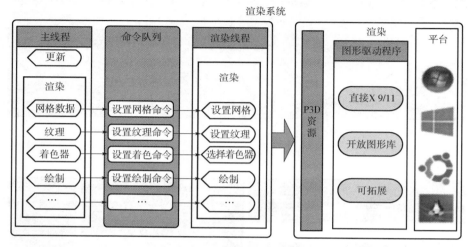

图3-5　大场景快速显示渲染架构

（2）超大场景显示技术

该技术采用一种面向大体量、大坐标的多层级调度方法，通过定义包围盒以及显示层次，按照模型显示的需要加载相应的数据部分，确保超大场景三维模型的可视化流畅和精确显示，显示效果如图3-6所示。

图3-6　大体量、大坐标场景渲染效果

（3）多线程渲染机制

大场景快速显示渲染架构采用多线程处理模式，如图3-7所示，实现渲染逻辑与业务逻辑的分离，具备强大的可拓展性。

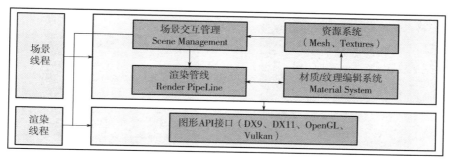

图 3-7　多线程渲染机制

2. 大场景快速显示渲染关键技术

大场景快速显示渲染架构应包含如下一些关键核心技术：

（1）浏览、基础建模和高性能模式切换

显示渲染引擎在建模环境下支持浏览、基础建模和高性能模式切换，以适配不同用户群体的软硬件配置和需求。

基础建模模式默认开启，将建模软件对硬件配置要求降至最低，从而最大化适配用户群体。

高性能模式充分利用 GPU 算力、适配高性能机器，从而支持用户流畅编辑超大体量模型，提升操作帧率与体验，处理超大规模模型的显示渲染。

浏览模式以快速查看浏览模型渲染效果为主，支持 BIM 模型一键多精度切换浏览，支持多专业协同分模块查看模型，如图 3-8 所示，该模式具有着色、线框、隐藏线、真实等多种渲染模式，具备漫游、自定义光源、球谐光照、天空背景、阴影特效、物理材质纹理编辑、环境光遮蔽、屏幕空间反射、体积云、体积光、动态水体、粒子火焰等功能。

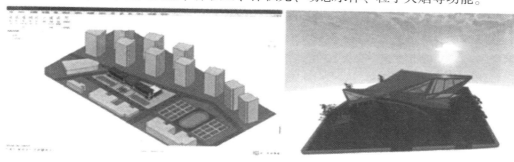

图 3-8　浏览模式渲染效果

（2）真实感渲染技术

1）局部光照渲染效果。如图 3-9、图 3-10 所示，局部光照渲染支持用户自定义上千种不同类型的灯光进行建模场景的渲染效果。同时针对光源信息进行数据压缩，最大限度地减少渲染带宽，降低对机器配置的要求。

2）纹理特效。纹理特效采用 Deferred Material 技术，解决常规渲染方式导致的过度重绘及纹理缓冲区消耗问题。在高分辨率较复杂建模场景下，带宽开销远低于传统 G-Buffer 渲染。同时，如图 3-11~图 3-12 所示，纹理特效支持多种纹理显示效果，如基于 PBR 的材质及基于微表面的散射材质渲染等。

图 3-9　场景局部光照渲染效果

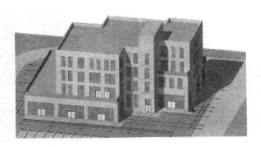

图 3-10　场景阴影效果

图 3-11　物理材质

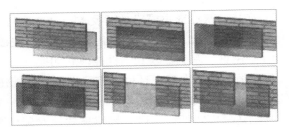

图 3-12　纹理特效

3）显示模式。提供着色、线框、隐藏线等多种渲染模式（图 3-13）。

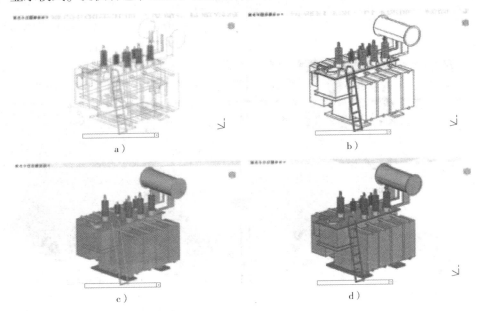

a）

b）

c）

d）

图 3-13　多种渲染显示模式

a）线框模式　b）隐藏线模式　c）着色模式　d）着色带线框模式

4）拾取与捕捉。采用以数据驱动为主的渲染思路，依托场景数据的合理组织，实现渲染与操作数据的解耦，精准灵活地根据业务逻辑实现不同的拾取与捕捉效果（图 3-14）。

5）顺序无关透明机制。如图 3-15 所示，该技术采用 OIT 算法，解决半透明物体之间的透明效果正确性问题、透明物体之间存在交叉的显示问题。

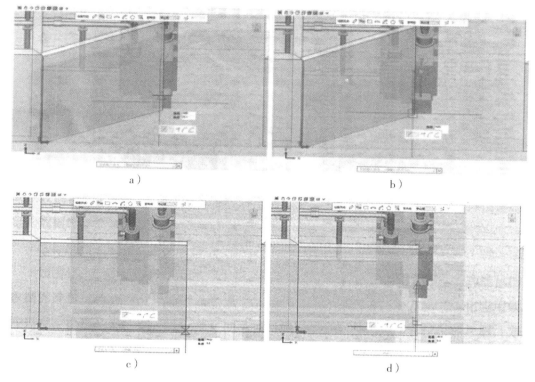

图 3-14　多种捕捉方式

a）中点捕捉　b）端点捕捉　c）最近点捕捉　d）垂足捕捉

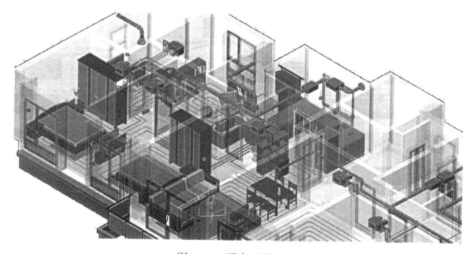

图 3-15　顺序无关透明

3.1.3　数据管理引擎

1. 数据管理引擎渲染架构

数据管理引擎一般采用物理数据存储、缓存管理、数据管理、数据操作等多层结构，实现和其他三维 BIM 平台进行兼容数据交换，如图 3-16 所示。

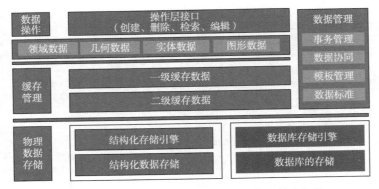

图 3-16　多专业多阶段共享协同数据管理技术架构

2. 数据管理引擎渲染关键技术

（1）数据分类型分块存储和三层缓存数据管理技术

如图 3-17 所示，该技术采用按数据类型分集合和分数据块存储，支持数据以数据集合为单位进行加卸载，避免将整个模型数据加载造成较大内存消耗，实体数据与属性数据分离存储，支持数据引用机制。多个实体数据可对应同一个属性数据，减小模型大小。

图 3-17　多专业多阶段共享协同数据存储结构

如图 3-18 所示，三级缓存机制保证任何时候内存中只保留一份模型数据，保证高速的数据交换，磁盘存储结构与持久化数据结构一致，进行数据读写时，数据以块为单位直接从磁盘映射或更新到持久层，保证较高读写效率。同时两级缓存为每条实际数据创建快速检索索引，支持快速稳定的数据编辑检索。

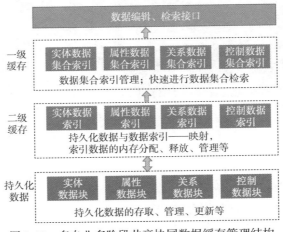

图 3-18　多专业多阶段共享协同数据缓存管理结构

（2）标准格式业务数据扩展技术

如图 3-19 所示，数据标准格式可用于业务数据扩展，该技术应用管理框架功能包括数据标准格式的解析管理、模型数据的增删改查等操作接口。一方面可简化应用软件开发，提高开发效率；另一方面也可将应用层与底层具体存储管理实现解耦，方便系统升级、平台移植、部署替换等。

```
<PKPMEntity entityname="PBArchiSpace" entitydisplayname="建筑空间" description="建筑空间" isStruct="False" isdomain="True">
  <BaseClass>PBM_CD:PbBuildingElement</BaseClass>
  <PKPMProperty propertyname="Name" propertytype="string" description="名称" />
  <PKPMProperty propertyname="Area" propertytype="double" description="面积" />
  <PKPMProperty propertyname="AreaEnum" propertytype="int" description="面积计算规则（建筑面积、净面积）" />
  <PKPMProperty propertyname="Description" propertytype="string" description="描述" />
  <PKPMProperty propertyname="BorderLoop" propertytype="IGeometry" description="边界（CurveVector,包括内外环）" />
  <PKPMProperty propertyname="NamePosition" propertytype="point2d" description="房间名称标注位置（相对外轮廓起点）" />
  <PKPMProperty propertyname="PersonNum" propertytype="int" description="室内人员数" />
  <PKPMProperty propertyname="SpaceCode" propertytype="string" description="空间功能类型编码" />
  <PKPMProperty propertyname="GBCodeForm" propertytype="string" description="国标编码（按形态分类）" />
  <PKPMProperty propertyname="OmniClassCodeForm" propertytype="string" description="OmniClass编码（按形态分类）" />
  <PKPMProperty propertyname="OmniClassCodeFunc" propertytype="string" description="OmniClass编码（按功能分类）" />
  <PKPMProperty propertyname="GBCodeFunc" propertytype="string" description="国标编码（按功能分类）" />
  <PKPMProperty propertyname="Usage" propertytype="string" description="使用用途（如对外开放、内部员工专用）" />
  <PKPMProperty propertyname="Function" propertytype="string" description="房间功能" />
  <PKPMProperty propertyname="Height" propertytype="double" description="房间高度" />
  <PKPMProperty propertyname="Perimeter" propertytype="double" description="周长" />
  <PKPMProperty propertyname="Volumn" propertytype="double" description="体积" />
  <PKPMProperty propertyname="BoundaryRef" propertytype="int" description="房间边界选取" />
  <PKPMProperty propertyname="InnerBorderLoop" propertytype="IGeometry" />
</PKPMEntity>
```

图 3-19 数据标准扩展格式

不同行业（如建筑、交通、电力等）可根据需求进行行业数据扩展，保证不同行业之间数据描述的规范性、流通的完整性、理解的一致性。各领域专业可基于该工具定义该行业的领域数据标准。

3.2 关于 BIM 基础平台

工程建设行业的数字化基础平台需要解决大体量 BIM 模型的建模效率、编辑卡顿和多阶段多专业数据共享互通等关键问题，基础平台的内核三维图形引擎需要根据工程行业特点，重点解决三维几何快速建模、大场景快速显示渲染、多专业多阶段共享协同数据管理等关键核心技术问题；作为基础软件平台还应提供二次开发接口。

3.2.1 参数化建模

采用一种以数据为核心的参数化脚本建模机制，建立的模型可通过修改参数调整改变模型外观，提高模型复用性。参数化组件使用脚本代码编程进行建模，可使得零编程基础的建模人员经过短时间培训后即可胜任参数化建模工作，在较短时间内完成一个参数化组件建模。

脚本建模应提供包括如立方体、棱台、圆锥台、球体、拉伸体、放样体等基本脚本，以及布尔工具、旋转、平移、阵列等多种工具脚本，方便进行复杂形体的建模。此外，参数化建模还应提供多种布置工具，实现单点、旋转、两点以及多点等布置形式。

确立国产私有数据格式，用于承载参数化组件及容纳其他模型，围绕数据核心，使参数化组件可无缝接力专业现有工具功能，充分利用专业现有积累，实现应对专业复杂的业务场景。

1. 脚本参数化建模技术

该技术是指把工程特征参数和几何造型脚本化，从而通过编写代码的形式完成组件建模建库工作。

2. 脚本参数化组件建库技术

脚本参数化组件库包括建筑、结构、电气、暖通、给水排水、装配式、园林等多个专业千余个参数化组件，如图 3-20 所示，满足不同专业用户的使用需求。

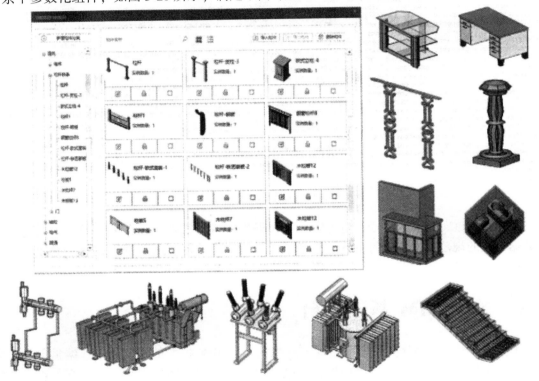

图 3-20　脚本参数化组件库

3. 脚本参数驱动技术

脚本参数驱动技术可简单、快速设置脚本参数，实现参数驱动。同时，在脚本参数约束和关联方面，只需通过数行脚本代码编写各个参数间的数学和逻辑关系或公式即可完成，提高建模效率。

4. 组件在线编辑技术

组件在线编辑技术可采用多进程协同调试技术实现在线编辑。可将门窗与窗框结合成新的组件，对新组件添加、编辑、删除类型属性和实例属性。完成组件创建后，在工程项目中可进行布置、修改、删除、导出等操作。

3.2.2　工程图自动生成

BIM 工程绘图对象一般可分为非注释性和注释性对象。常见非注释性对象包括直线、圆、圆弧、椭圆、样条曲线等，可绘制各种形状的轮廓线条，对工程设计意图进行全面表达；常见注释性对象包括填充、文字、标注等，可用于对二维图形进行辅助性注释，说明图形的含义、尺寸和设计意图等。绘图对象应可对线条的形状、颜色、线宽等属性进行便捷设置和编辑，包括图层、标注样式、文字样式等属性进行编辑。

BIM 平台基于消隐算法和 BIM 构件符号化表达的建筑制图生成技术，采用三维几何建模消隐、剖切、符号化等几何应用算法支持对 BIM 模型和三维构件自动生成工程图图样，获得的二维图样进行组合，可自动生成房屋建筑图样，且满足《房屋建筑制图统一标准》（GB/T 50001）的要求。

自动生成图样可整体保存在 BIM 项目文件中，在软件图样列表界面中管理，可避免图样分散化管理带来的不便，更好地支持项目设计资料的集成化交付，保障二三维数据信息的一致性。

针对不同建筑模型进行效率优化。如建筑结构或装配式预制构件中包含大量的钢筋，需要进行特殊处理才能实现施工图的快速自动生成符合施工图国家标准图样。

基于《房屋建筑制图统一标准》（GB/T 50001）的脚本化建筑制图生成和编辑技术。支持用户编写脚本，读取三维建筑构件属性和几何信息，绘制直线、圆弧、圆、椭圆等二维图素及轴网、标注等注释性对象，完成构件的二维图样表达。

3.2.3　二次开发

1. 多层次和多语言 API 接口

BIM 平台提供多层次接口。BIM 基础软件平台具有 BIM 建模与出图、轻量化应用与专业应用等，能够实现面向建筑、交通、电力、化工等行业软件提供接口。BIM 专业平台具有各专业数据定义、协同工作等，可基于提供接口实现专业建模工具，解决运用 BIM 应用软件建模时遇到的功能限制，实现更高效快捷的建模插件，在不改变原始系统的情况下扩展并提高其工作质量和效率。

API 允许使用者通过 C++、C#、Python 等语言编程，它们的关系如图 3-21 所示。C++接口面向高级开发者，平台能力全面开放。C#接口同样面向高级开发者，是对 C++接口的全面封装，但是 C#接口需要一定的 Net 开发经验。平台 Python接口，是一种简单易学的开发接口，也是一种积木式开发方式，编写 Python 文件可反复利用快速拼搭场景。开发者可根据自身语言熟悉情况，选择合适的语言开发插件。

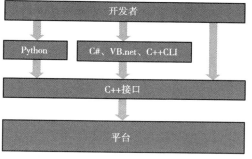

图 3-21　BIM 基础软件平台多语言接口关系图

通过 BIM 基础软件平台多层次和多语言 API 接口，开发者在应用软件中可实现丰富多样的功能。

2. 丰富的 API 开发资料

BIM 平台提供丰富的 API 开发资料辅助开发者了解并熟悉平台，能快速上手并基于平台开发。

首先，提供 C++、C#、Python 等 API 接口说明文档。

其次，提供 C++、C#、Pyhton 三种语言版本范例开发指南。指南中包括平台基本概念、基本开发流程、重点内容讲解等，由浅入深地介绍 BIM 基础软件平台的基础知识、开发工具以及相应资源，并结合范例详细示意接口使用方法，方便读者理解。开发者可根据自己的业务需求，有针对性地阅读对应章节，并复刻指南中提供的范例，了解熟悉接口使用，完成对应业务功能。

最后，提供 C++、C#及 Python 语言版本配套范例项目。C++范例项目、C#范例及 Python 范例基本覆盖平台关键接口及功能的使用。通过熟悉对应的范例项目，开发者以更便捷的方式了解平台二次开发能实现的效果，并且通过在原范例代码中微改，加深细节的理解，为插件业务逻辑的实现提供接口及功能字典式方案及思路。

3.2.4　数字化交付

BIM 平台可包含通用建模、数据转换、数据挂载、协同设计、碰撞检查等模块功能。软件可满足数字化建模与集成交付，主要打造"多格式大场景模型的集成与浏览"和"多专业高效的建模与交付"两大核心应用场景。重点提升大体量模型装载、建模实时渲染、造型效率和精度等核心技术指标。数字化交付是一个全面的过程，涉及从项目初期到运维各个阶段，为项目提供更准确、更全面的数据支持。一般来说，数字化建模与集成交付包括四个功能模块：模型管理和集成、建模深化、模型应用、成果交付，如图 3-22 所示。

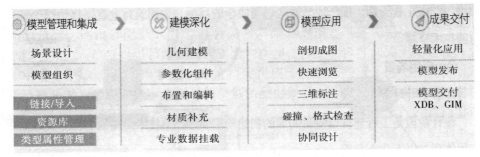

图 3-22　BIM 平台建模软件数字化建模与集成交付

在数字化交付中，需要进行数据整合与模型档案交付，将规划、设计、建造及其他项目数据整合至单一项目模型中，BIM 平台集成多源模型、展示大体量模型的能力尤为重要。数据的展示精细度依赖 BIM 三维模型的精细化程度，同时共享资源库可以提高模型复用率，降低建模成本。在实际应用中，数字化交付随着技术与需求的不断发展会有新的需求出现，要求 BIM 平台能够支持新功能的研发。上述对 BIM 平台功能需求的总结见表 3-1。

表 3-1　BIM 平台应具备的主要功能

主要功能	特点
多源大体量数字模型集成	一站式的模型组织能力，可集成各领域、各专业、各类软件 BIM 模型，满足全场景大体量 BIM 模型的完整展示和应用
大场景模型浏览	可实现大场景模型的浏览、漫游、渲染、动画，模拟安装流程，细节查看
自由的精细化建模工具	可完成专业软件未涉及的复杂形体和构件的参数化建模，模型细节精细化处理，建模方式快速灵活，可添加专业属性，扩展行业、企业标准

（续）

主要功能	特点
共享资源库管理	提供开放式组件库，可建立分专业共享资源库，应用效率倍增
开放的软件生态环境	提供二次开发接口，提供常见 BIM 软件数据转换接口，可开发各类专业插件，建立专业社区，形成自主 BIM 软件生态
数字化交付的最终出口	提供依据交付标准的模型检查，保证交付质量，可作为数字化交付的最终出口

BIM 平台提供几何造型、显示渲染、数据管理三大引擎，以及参数化组件、通用建模、协同设计、碰撞检查、工程制图、轻量化应用、二次开发等九大功能，可以满足量大面广工程项目的建模和设计需求。

3.3 BIM 技术智慧建筑应用案例

3.3.1 项目概况

本项目位于北京市××区，总工期为 538 天，总建筑面积 47700m²，地上建筑面积 32300m²，地下建筑面积 15400m²，主要功能为办公用房。房屋建筑高度 33.5m。地上 7 层，地下 2 层。结构形式为钢框架—支撑结构；中间裙房地上层数为 4 层，结构形式为钢框架结构；地下共 2 层，采用钢筋混凝土框架结构。质量目标为北京市结构长城杯及竣工长城杯，安全文明目标为北京市绿色施工文明安全工地，科技示范目标为住建部绿色施工科技示范工程，绿色目标涉及"绿建三星"认证、LEED-CS 金级认证、WELL-CS 金级认证。

1. 项目背景

本项目是××副中心一期建设的附属工程。在此之前，该施工单位已经承建了类似项目，具有很好的技术延续性，如平台的持续应用，在研究和应用过程中不断改进平台的功能使其越来越适合一线的使用；还有项目数据的积累，如水电定额数据的收集，到项目上进行分析修正，而且业主单位也对本项目的 BIM 技术应用有更高的要求，如全周期全专业的 BIM 管理。

2. 项目重难点

本项目作为北京市首个 BIM 招标的全周期 BIM 管理的项目，对副中心二期工程的建设有示范意义，需要从设计阶段就考虑模型的建造和使用问题，通过将 BIM 模型的使用放入招标活动，检查投标单位应用 BIM 技术的能力，到施工阶段的 BIM 流程管理，模型信息传递，模型检查标准等工作内容，模型的验收依据以及运维的模型信息传递都是需要形成标准并为后续二期工程提供依据。

3.3.2 BIM 技术应用概况

1. BIM 应用范围（全生命周期）、应用目标

1）BIM 应用范围：副中心模型的全过程管理及交付。

2）应用目标。

3）智慧建造目标：立项北京市 BIM 示范工程。

4）经济效益目标：利用 BIM 技术碰撞检查辅助图样会审，提前规避施工问题，避免出现返工等问题造成的施工进度延误和成本损失，利用 BIM 技术进行材料过程管控，通过优化节点、材料、用工分析，提前验算分析，做到节材节能，创效总额不低于 100 万元。

5）质量安全目标：实现质量安全问题的采集，形成 BIM 数据记录智能分析，形成验收信息、资料及可视化记录。

6）进度管控目标：将 BIM 技术与工程进度计划相结合，提前检验工程进度的合理性，材料合理化管控、劳务功效的有效化等方面，保证工期按质按量完成。

7）环境目标：通过智慧建造平台对环境的智能管控，符合绿色施工规范，优化场地布置。

8）人才培养目标：10 人项目级 BIM 团队；2 人以上取得国图学会一级等级考试证书。

2. 人员组织架构和职责

（1）组织架构

组织架构如图 3-23 所示。

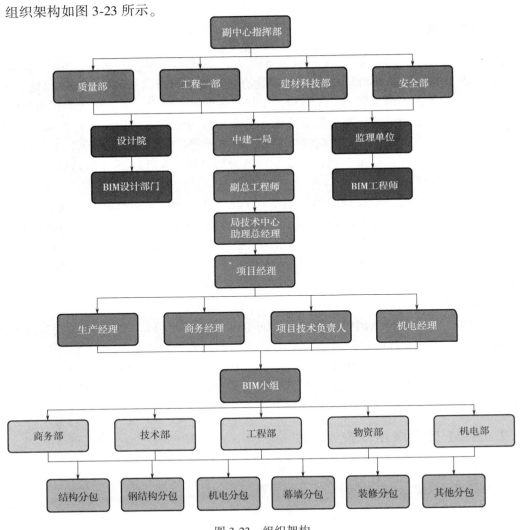

图 3-23　组织架构

（2）软、硬件配备

软、硬件配备见表 3-2。

表 3-2　软、硬件配备

名称	用途
Revit 2016	模型建造软件
Navisworks 2016	用于进度模拟
Lumion	用于展示图形和漫游
Tekla	钢结构设计和出图
数字化管理平台 （智慧工地平台及管理平台）	实现项目劳务管理、质量安全管理、安全系统、智能安全帽、智能闸机、智能摄像头、信息管理、生产进度管理、绿色施工系统、智能环境监测系统、绿色施工新技术应用、BIM+VR 技术、排砖及施工模拟、构件跟踪

3.3.3　BIM 技术应用详情

1. BIM 基础应用

BIM 技术投标方案：如图 3-24 所示，在投标策划阶段，依据招标文件要求，对模型局部进行深化，建立临时设施模型，模拟现场临建布置方案，模型、临建讲解视频作为投标文件组成部分，用于评标时对投标单位的 BIM 实施能力的检查。

解决的问题：本项目在招标投标阶段的模型投标组织问题。

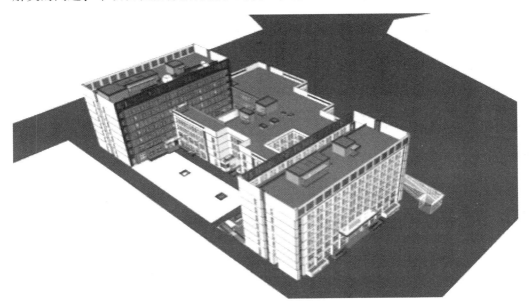

图 3-24　投标方案图示

2. 投标方案模型

投标方案模型如图 3-25 所示。

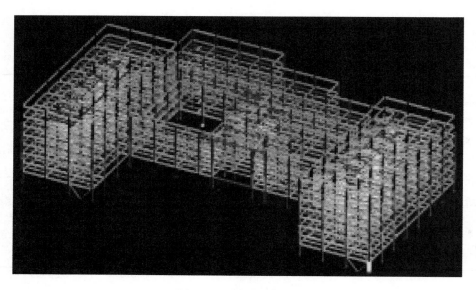

图 3-25 投标方案模型

3. 结构三维模型

1）如图 3-26 所示，BIM 技术辅助方案编制，三维动态可视化交底：针对工程重、难点施工方案，绘制节点 Revit 模型，进行可行性模拟，编制施工方案，例如高大模架施工方案、钢结构施工方案等，利用模型进行三维动态可视化交底，保证三级交底的信息传递贯通。

2）解决的问题：施工过工程中方案编制和比选，以及交底过程的信息传递问题。

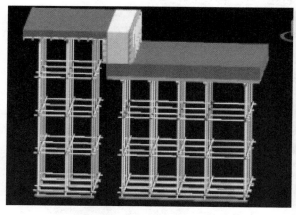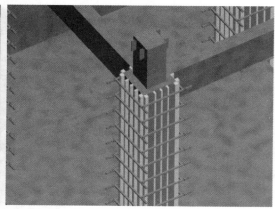

图 3-26 BIM 技术辅助方案编制

3）施工工艺、工序模拟：利用模型模拟钢结构的安装过程、施工通道的架设、墙体模架支设等过程进行工艺模拟和交底，辅助工人理解现场施工工艺，如图 3-27 所示。

解决的问题：提高了工艺交底的信息传递效果。

4. BIM 模架工序模拟图

模架工序模拟图如图 3-28 所示。

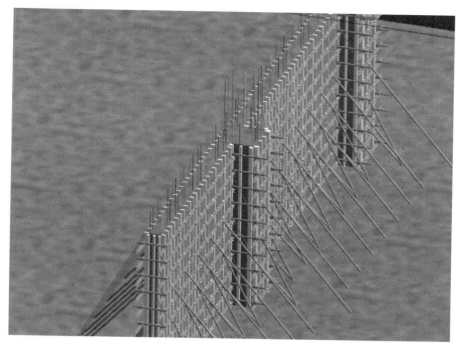

图 3-27　施工工艺、工序模拟图

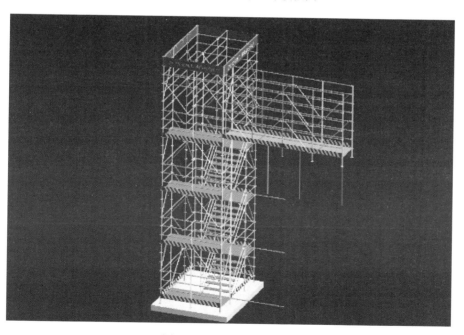

图 3-28　模架工序模拟图

5. BIM 上人马道工序模拟图

碰撞检查：对各专业模型进行汇总，并进行详细的碰撞检查，进一步检查设计图样中的问题，如图 3-29 所示。

解决的问题：提前解决专业间的协同问题。

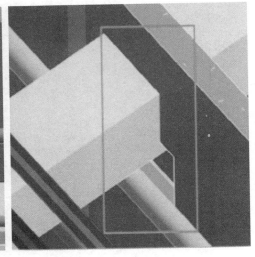

图 3-29　机电专业模型碰撞检查图

6. 机电与土建专业模型碰撞检查

专业深化设计：利用 BIM 技术辅助钢结构、装饰、机电深化设计，进行施工效果预览和错漏碰缺检查，防止专业分包管理缺失时，将对工程造成不必要的损失，加强专业分包管理，如图 3-30 所示。

解决的问题：通过对原设计进行深化，提高深化工作效率，减少碰撞情况。

H 型钢梁与混凝土连接节点	主次梁连接节点
圆管柱变截面	梁柱节点

图 3-30　机电与土建专业深化设计碰撞检查

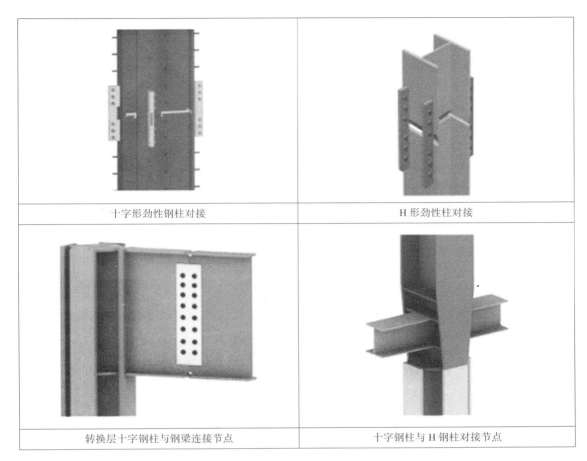

十字形劲性钢柱对接	H 形劲性柱对接
转换层十字钢柱与钢梁连接节点	十字钢柱与 H 钢柱对接节点

图 3-30　机电与土建专业深化设计碰撞检查（续）

7. 钢结构深化设计

二次结构、砌体施工：结合机电及装饰装修工程，完成预留洞口的确认，对条板墙体进行深化设计，提前预加工，减少现场工作量，出图并进行可视化交底，解决二次结构后期开洞、尺寸偏差等问题。

解决的问题：对二次结构及砌筑施工进行工程量统计和洞口预留分析。

3.3.4　进度优化辅助分析

通过平台对进度计划校核和优化，根据实际进度相对于现场进度的提前落后进行分别着色，可以直观显示现场实际与计划之间的偏差，有利于发现施工差距，及时采取措施，进行纠偏调整；即使遇到设计变更、施工图修改，也可以很快速地联动修改进度计划。

解决的问题：用于辅助进度分析和纠偏工作。

3.3.5　安全、质量管理（平台）

1. 质量管理应用

通过手机对质量安全内容进行拍照、录音和文字记录，并上传平台，协助生产人员对质量安全问题进行管理。同时可一键导出整改单，大大降低相关人员工作量。管理层可随时随地通过网页端进行质量安全问题查看，并在质量、安全例会上进行交底。实现质量安全问题留痕的闭环式管理，做到有据可查，责任到人。

2. 安全管理的主要措施

（1）劳务实名制封闭管理

利用门禁设备和云筑劳务管理系统，可以对工人的实际信息进行管理，通过提前获取工人的征信信息，并采取措施，将有过不良信用记录的工人排除在外，进而在源头上减少现场工地纠纷。而且工人需要通过进场教育才能获得入场资格。再利用门禁设备对进场工人进行管理，确保现场人员都是符合要求的人员。

（2）应用安全 APP 进行现场安全管理

应用安全管理 APP，在平台上进行安全问题的整改和检查。

（3）应用塔式起重机、外用电梯等监控系统进行大型设备安全管理

应用监控设备对塔式起重机的塔司视野和塔式起重机状态、外用电梯状态、驾驶人员进行监控，提高安全施工保障。

（4）应用体检一体机对工人身体状况进行排查

应用体检一体机对施工人员的身体状态进行检查，提前发现高血压等异常体征人员，减少现场发生安全事故的情况。

（5）高大模架的安全监控

应用高大模架监控设备对高大模架进行安全监控，一旦现场施工超过安全值，就立刻发出声光警报。

解决的问题：提高了安全、质量管理的效果，减少安全、质量事故发生。

3.3.6 基于 BIM 的总平面管理与进度协同

1）应用扫描仪获得现场真实数据，作为场地建模依据。

2）结合进度计划和材料进场工作，利用 BIM 模型协同材料堆放，进行动态的平面布置。

解决的问题：通过准确的模型对场地进行规划，提高场地利用效率，如图 3-31 所示。

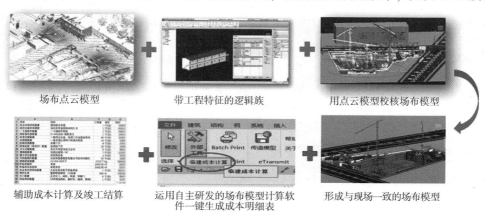

场布点云模型　　　　带工程特征的逻辑族　　　　用点云模型校核场布模型

辅助成本计算及竣工结算　　运用自主研发的场布模型计算软件一键生成成本明细表　　形成与现场一致的场布模型

通过3D扫描仪创建点云模型，通过点云模型复核现场平面布置模型

图 3-31　扫描创建模型及调整

3.3.7　利用自研发软件辅助临建成本计算

1）项目背景：在副中心区域，临建的布设费用较高，且为了配合副中心的建造过程，现场临建做了多次"拆迁"，这其中产生了大量费用，无论是拆迁还是重新布置，都需要对临建费用进行快速和准确的统计。因此项目自主设计了一个软件，配合自己建造的族系，即可实现对临建模型的快速计算过程。

2）应用过程：在投标阶段进行了临建模型的布置，进入施工阶段，在投标临建模型的基础上，根据现场情况进行临建布设，并通过扫描仪对现场进行了三维扫描，获得了现场的准确信息，再以扫描成果作为依据，对模型进行调整，通过使用特殊的族，配合软件和外部造价信息，对临建的成本进行快速计算。

3）应用效果：项目通过模型进行临建布置，根据临建布置的协同性，商务部门将模型用于和分包核对工程量的依据，并提出了完善模型的意见。

3.3.8　基于区块链的施工信息管理技术

1. 应用背景

资料的每日入链，进而督促管理人员落实措施，对各类现场巡查照片、施工记录、验收记录、方案、模型等工程电子文件进行入链处理。通过实际应用，逐渐摸索出建筑工程领域应用区块链的经验，形成了基于项目节点的部署方案，分析出建筑工程领域区别于金融领域应用的特点，在"哪些信息需要入链，如何入链，由谁实施，何时实施，如何检查"等问题上有了清晰的解决思路。

2. 应用过程

建立基于区块链的管理流程：通过与建设单位、设计单位、监理单位的沟通，项目建立了基于区块链的信息共享机制，建立一个服务器统一保存各方信息，通过区块链的节点共享能力处理模型的确认、从设计到施工的过程的模型信息跟踪，以及施工日志、质量验收照片等信息的跟踪过程。

建立基于区块链的流程体系，应用区块链进行模型信息的传递，具体实施过程如下：

项目建立一个元数据备份服务器作为项目节点，从各个节点下载元数据。

建设单位、设计单位、监理单位、施工单位等各单位都可以作为节点添加区块入链，内容可包含通知单、函件、变更、模型、日志、验收文件等内容。

各方通过链条上的区块确认往来的信息，如设计单位公布模型区块，建设单位公布确认收到区块，而后公布审核完毕区块，并要求监理单位确认收到，监理单位公布收到区块，并向下传递信息，各方信息在链条上可查，不可篡改。

采用 Revit 插件比对两个模型，可获得模型之前有差异的图元列表，以便于检查模型之间的差异。

3.3.9　基于 BIM+物联网等信息技术融合应用（项目的智慧管理）

1. 智慧管理

智慧管理平台如图 3-32 所示。

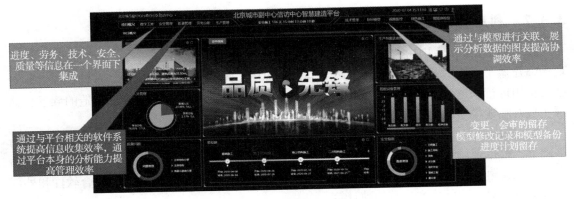

进度、劳务、技术、安全、质量等信息在一个界面下集成

通过与平台相关的软件系统提高信息收集效率，通过平台本身的分析能力提高管理效率

通过与模型进行关联、展示分析数据的图表提高协调效率

变更、会审的留存
模型修改记录和模型备份
进度计划图存

图 3-32　智慧管理平台

如图 3-33 所示，项目使用智慧建造平台进行信息集成管理。在平台上统一协调劳务、安全、质量、生产、技术、危大工程、场区监控等工作。通过共享数据的形式实现了新老平台的数据通信。

类别	早期平台	甲方平台	现有平台
平台首页			
模块个数	5个	7个	11个
功能	项目概况、生产管理、质量管理、安全管理、BIM数据库	进度管理、智能监控、参建单位、文件管理、新闻中心、模拟方案、环境监测	项目概况、数字工地、安全管理、质量管理、劳务分析、生产管理、技术管理、BIM模型、视频监控、绿色施工、智能体检仪
应用效果	1）进度对比信息需要人工二次录入 2）文件上传局限性较大 3）平台内容较简单	1）各模块信息上传有局限性 2）与项目管理平台信息不能互通	1）平台内容丰富，基本涵盖施工过程中各部门、要素的信息自动收集和统计 2）打通了不同平台之间的信息共享壁垒 3）平台匹配了智能水电表、AI识别摄像头等设备，依托区块链、人工智能、大数据、云计算等技术，实现更高层次的智慧建造

图 3-33　智慧管理平台应用

项目使用了新版本的智慧建造平台，但是在数据传递方面，新平台和老平台可有效地进行协同，施工单位只需要填写一遍数据，旧平台从新平台内自动抓取如安全、质量信息，视频信号，进度信息等内容，形成了智慧建造平台的持续应用。

2. 劳务管理

项目劳务管理的主要应用是实名制管理。现场的工人要通过黑名单检测、入场教育、体验教育等前置条件之后才能录入数据。通过刷脸进入现场，用工数量的分析可以帮助掌握现场总人数。工种比例分析，用以优化工种结构，减少窝工现象。年龄分析，帮助定位高龄人员，减少健康问题导致的事故。劳务预警和黑名单可以减少现场工人信用问题。

为了减少现场突发疾病的影响，项目在现场配置了一台体检一体机，通过身份证启动，可以快速检查 5 项指标，直接给出合理范围值，再请医生进行专业分析，每季度测量一次，一旦发现异常数值立刻送医。

劳务管理平台界面如图 3-34 所示。

实名制管理
门口人脸识别进入
只有通过实名制录入
和进场教育的人员才能进场

每日用工数量分析
累计进场人员数量
总在场人员数量（落实缺勤原因）

年龄比例分析
55岁以上6人（都已定位：有钢筋工、
木工、混凝土工、杂工）
体检重点关注

劳务预警（黑名单）
超龄预警（已开始安排友好劝退）
频繁更换单位（2人）

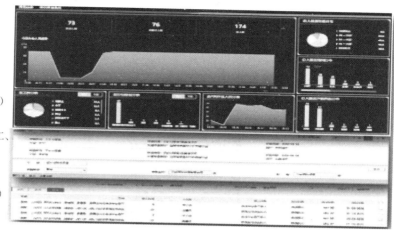

图 3-34　劳务管理平台界面

（1）安全、质量管理

在安全和质量管理方面，平台的应用给项目提供了一个更加透明的信息管理手段，项目经理可以很方便地检查到现场安全、质量发现的问题，并对超期情况进行督促执行，并且通过对问题类别的跟踪，检查管理要求的落实情况。

这种安全质量管理更加透明，问题的描述、照片、整改要求、时限、整改人等信息随时检查，每晚检查超期情况，予以处罚。通过领导关注降低安全、质量问题发生，通过问题的类型分析检查工作落实情况（两会期间防火检查频率提高）。

（2）进度管理

项目应用进度模块主要用来实现直观的进度展示，进度计划在这里被分解给各个工长进行排布，由项目经理确认。通过利用模型和列表直观地展示计划和实际的偏差，工长还要对滞后的进度进行原因说明以方便后续的分析。

（3）绿色施工管理

1）节地管理

①通过三维扫描获取现场场地的准确信息以确保模型建造与现场的匹配性。

②利用模型对场地进行布置，在投标策划的基础上，进一步提高场地利用率。

③现场的模架、钢结构、钢筋、砌筑材料等场地管理使用模型进行优化，各方材料进场信息汇总到 BIM 工作组，使其同意安排现场布置。

2）节能管理

①通过智能电表自动收集用电数据，并将信息传递到平台上。

②利用平台的数据统计和分析功能，检查各阶段的用电信息和预期的用电定额的比较情况，对于超额的情况予以分析。

③结合区块链数据收集的施工日志内容，成本核算内容，分析各阶段的用电定额。

3）节水管理

①通过智能水表收集数据，并传递到平台上，利用平台进行数据分析，为后续定额计算

提供依据。

②通过现场设备收集现场 PM2.5 数据，一旦灰尘含量超标，自动启动雾炮进行降尘，通过自动管理实现水资源节约。

4）节材管理。通过模型对装配式钢结构建筑进行深化设计，从源头上减少拆改，达到节约材料的目的。

智慧管理记录如图 3-35 所示。

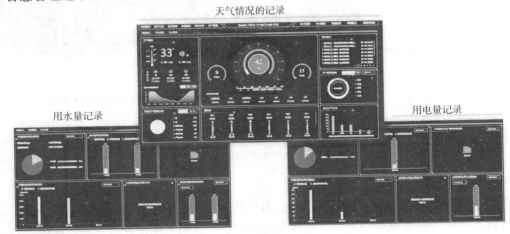

图 3-35　智慧管理记录

3.3.10　工程 BIM 研究应用预期目标成果及效益分析

1. 预期目标成果

预期目标成果参考标准见表 3-3。

表 3-3　预期目标成果参考标准

序号	类别	名称
1	规范标准	《基于 BIM 的装配式钢结构建造标准》
2		《工程 BIM 运维系统的交付规范》
3		《智慧建造平台使用标准》
4	专利	《基于区块链的 BIM 模型管理技术》
5	论文	《装配式钢结构全生命周期的 BIM 管理》
6		《基于区块链的工程资料管理》

2. 效益分析

1）根据业主合同规定，要求 BIM 模型达到运维标准，需求模型精度达到 LOD500 细度，项目旨在培养出项目型 BIM 团队。由传统的管理模式转变为基于 BIM 的管理模式，提升各部门工作的协调性，提高工作效率。

2）在经济创效方面：利用 BIM 技术碰撞检查，提前规避施工问题，避免出现返工等问题造成的施工进度延误和成本损失，利用 BIM 技术和智慧管理平台进行材料、用工分析，提前验算分析、做到节材节能。

3）预计在前期利用碰撞检查和图样深化工作，做到零失误、零返工，提前完成工期目标。

4）建立一套虚拟质量样板文件和施工工艺样板文件，减少项目样板区的投入，做到节地、节材。

5）合理优化进度计划和材料配置，节约成本、提高工期。

6）建立智慧工地管理平台，主要对人、机、物等进行统计分析，积累数据，为后续工程施工提供合理化经验。

第4章 大数据技术和 GIS 技术建筑应用

4.1 大数据技术建筑应用

4.1.1 大数据简介

大数据也称为巨量资料，是以容量大、类型多、存取速度快、应用价值高为主要特征的数据集合。大数据具有 5V 特征，即 Volume（数据量巨大）、Velocity（分析高效）、Variety（种类多样）、Value（价值高）、Veracity（数据真实准确）。大数据技术是一种从繁杂数据中快速获取有用信息的技术手段，能对海量数据进行采集、挖掘、存储和关联分析，从中发现新知识、创造新价值、提升新能力。大数据技术的意义，在于对庞大的、含有意义的数据进行专业化处理，以提高实时交互式的查询效率和分析能力。

4.1.2 大数据的技术特点

大数据技术的应用范围较为广泛，通常需要根据不同的应用领域对大数据技术进行定义。大数据主要有以下特点：

（1）信息传递的及时性

利用大数据技术对于数据传递的优势，可为行业和企业的信息周转提供一定的支持。数据信息传递对于社会运转非常重要，通过短时间收集到有效的数据信息是大数据的重要特点。

（2）信息存储的丰富性

大数据可实现对大量信息的存储，为信息的利用打下基础。与当前的新兴技术对比，大数据的存储可打通信息壁垒，提高信息的利用率，且信息存储调用更快，准确率更高，从而提升社会经济效益。

（3）信息对比的便捷性

大数据能够使得各行业的分析工作更加深入和透彻，通过不同类型信息的碰撞和对比，实现更深层次的分析。

4.1.3 大数据技术的使用程序

大数据技术流程一般包括数据采集、数据存储、数据预处理、数据分析、数据可视化与交互分析等内容。

1. 数据采集

数据采集就是使用某种技术或手段将数据收集起来并存储在某种设备上。数据采集处于大数据生命周期中的第一个环节，之后的分析挖掘都建立在数据采集的基础上。

数据采集通过 RFID、传感器、社交网络、移动互联网等方式获得不同类型的数据，包括结构化、半结构化及非结构化的数据。由于这些数据具有数据量大、异构等特点，因此必须采用专门针对大数据的采集方法。目前常用的数据采集方法包括 DPI 采集、系统日志采集、数据库采集等。

2. 数据存储

从人们最早使用文件管理数据，到数据库、数据仓库技术的出现与成熟，再到大数据时代新型数据管理系统的涌现，数据存储一直是数据领域和研究工程领域的热点。数据管理技术是指对数据进行分类、编码、存储、索引和查询，是大数据处理流程中的关键技术，是负责数据从存储（写）到检索（读）的核心。随着数据规模的增大，数据管理技术在向低成本、高效率的存储查询技术方向发展。

（1）传统数据存储

传统数据存储，一般是将数据以某种格式记录在计算机内部或外部存储介质上。总体来讲，传统数据存储方式有三种：文件、数据库、网络。其中文件和数据库应用较广泛。文件使用起来较为方便，程序可以自己定义格式；数据库用起来稍烦琐，但在海量数据存储时性能优越，有查询功能，可以加密、加锁，可以跨应用、跨平台等；网络则应用于比较重要的领域，如科研、勘探、航空等，实时采集到的数据需要马上通过网络传输到数据处理中心进行存储。

存储的数据处理大致分为两类：一类是操作型处理，也称为联机事务处理，主要针对具体业务在数据库联机的日常操作，通常对少数记录进行查询、修改；另一类是分析型处理，一般针对某些主题的历史数据进行分析来支持管理决策。由此，数据库也衍生出两种类型，即操作型数据库和分析型数据库。操作型数据库主要用于业务支撑，一个公司往往会使用并维护若干个操作型数据库，这些数据库保存着公司的日常操作数据。分析型数据库主要用于历史数据分析，这类数据库作为公司的单独数据存储，负责利用历史数据对公司各主题域进行统计分析。面向分析的存储系统衍化出了数据仓库的概念。

（2）数据仓库

数据仓库是指决策支持系统和联机分析应用数据源的结构化数据环境。数据仓库研究和解决从数据库中获取信息的问题。数据仓库的特征在于面向主题、集成性、稳定性和时变性。

1）数据仓库是面向主题的，这是数据仓库与操作型数据库的根本区别。操作型数据库的数据组织面向事务处理任务，而数据仓库中的数据按照一定的主题域进行组织。主题是指用户采用数据仓库进行分析，在繁杂业务中抽象出来的分析主题（如用户、成本、商品等），一般来说，一个主题通常与多个信息系统相关。

2）数据仓库具有集成性。数据仓库的数据来自分散的操作型数据，即将所需数据从原来的数据中抽取出来，由数据仓库的核心工具进行加工与集成、统一与综合之后进入数据仓库。数据仓库的数据是在对原有分散的数据库数据抽取、清理的基础上经过系统加工、汇总和整理得到的，必须消除源数据中的不一致性，以保证数据仓库内的信息是关于整个企业的一致的全局信息。数据仓库的数据要供企业决策分析之用，所涉及的数据操作主要是数据查询，一旦某个数据进入数据仓库以后，一般情况下将被长期保留，也就是说，数据仓库中一般有大量的查询，但是修改和删除操作很少，通常只需要定期加载、刷新。创新数据仓库中的数据源常包括历史信息：系统记录了企业从过去某一时间点（如开始应用数据仓库的时间点）到当前的各个阶段的信息。通过这些信息，可以对企业的发展历程和未来趋势做出定量分析和预测。

3）数据仓库具有稳定性，是不可更新的，数据一旦存入便不随时间而变动，稳定的数据以只读格式保存。

4）数据仓库具有时变性，即有来自不同时间范围的数据快照。有了这些数据快照，用户可将其汇总，生成各历史阶段的数据分析报告。

（3）NewSQL 和 NoSQL

大数据导致数据库并发负载非常高，每秒需要上万次的读写请求，传统的数据库无法承受。从基于应用的构建架构角度出发，可以将数据库归纳为 OldSQL、NoSQL 和 NewSQL 数据库架构。OldSQL 数据库是指传统的关系数据库。NoSQL 是 not only SQL 的英文简写，是不同于传统的关系型数据库的数据库管理系统的统称，是指非结构化数据库。而 NewSQL 是指各种新型的可扩展/高性能数据库，这类数据库不仅具有 NoSQL 对海量数据的存储管理能力，还保持了传统数据库的 ACID 和 SQL 等特性，是介于 OldSQL 和 NoSQL 两者之间的数据库。OldSQL 适用于事务处理应用，NoSQL 适用于互联网应用，NewSQL 适用于数据分析应用。

对于一些复杂的应用场景，单一数据库架构不能完全满足应用场景对大量结构化和非结构化数据的存储管理、复杂分析、关联查询、实时性处理和控制建设成本等多方面的需要，因此，需要构建混合模式的数据库，混合模式主要包括 OldSQL+NewSQL、OldSQL+NoSQL 和 NewSQL+NoSQL 三种。

3. 数据预处理

大数据采集过程中通常有一个或多个数据源，这些数据源包括同构或异构的数据库、文件系统、服务接口等，易受到噪声数据、数据值缺失、数据冲突等的影响，因此需首先对收集到的大数据集合进行预处理，以保证大数据分析与预测结果的准确性与价值性。

大数据的预处理环节主要包括数据清理、数据集成、数据归约与数据转换等内容，可以大大提高大数据的总体质量，是大数据过程质量的体现。数据清理技术包括对数据的不一致检测、噪声数据的识别、数据过滤与修正等方面，有利于提高大数据的一致性、准确性、真实性和可用性等方面的质量。

数据集成则是将多个数据源的数据进行集成，从而形成集中、统一的数据库、数据立方等，这一过程有利于提高大数据的完整性、一致性、安全性和可用性等方面的质量。

数据归约是在不损害分析结果准确性的前提下降低数据集规模，使之简化，包括数据归约、数据抽样等技术，这一过程有利于提高大数据的价值密度，即提高大数据存储的价值性。

数据转换处理包括基于规则或元数据的转换、基于模型与学习的转换等技术，可通过转换实现数据统一，这一过程有利于提高大数据的一致性和可用性。

总之，数据预处理环节有利于提高大数据的一致性、准确性、真实性、可用性、完整性、安全性和价值性等方面的质量，而大数据预处理中的相关技术是影响大数据过程质量的关键因素。

4. 数据分析

（1）数据分析方法

常见数据分析方法包括层次分析法、多元线性回归等。

1）层次分析法是一种定性与定量研究相结合的数据分析方法，多用于研究一些难以直接通过定量方法解决的问题。

层次分析法是一种多目标决策方法，往往通过决策者的经验判断来决定因子的重要程度，并计算出每个决策方案的权重，通过优劣排序得到最优决策。

2）社会经济现象的变化往往受多个因素的影响，因此，一般要进行多元回归分析，把包括两个或两个以上自变量的回归称为多元线性回归。

多元线性回归的基本原理和基本计算过程与一元线性回归相同，但由于自变量个数多，计算相当麻烦，一般在实际中应用时都要借助统计软件。

（2）数据挖掘

数据挖掘就是从大量的、不完全的、有噪声的、模糊的、随机的实际应用数据中，提取隐藏在其中但又有潜在价值的信息和知识的过程。

数据挖掘主要包含以下几层含义：

1）数据源必须是真实的、大量的、含噪声的。

2）发现的是用户感兴趣的知识。

3）发现的知识要可接受、可理解、可运用。

4）并不要求发现放之四海而皆准的知识，仅支持特定的发现问题。

（3）数据分析的概念及目的

数据分析是指从海量的数据中，利用数据挖掘的方法获取有用的、有价值的数据信息。数据分析可以通过软件辅助完成，借助图表等直观的表达方式为决策者提供帮助。

数据分析的目的可大致分为四个层次：描述性数据分析、诊断性数据分析、预测性数据分析以及指令性数据分析。

1）描述性数据分析简要概括即"发生了什么"，通过描述性统计指标反映数据的波动情况和变化趋势，并且通过描述性数据分析可以观察到数据中是否出现了异常情况。

2）诊断性数据分析是在描述性数据分析基础上更深入了一步，即"怎么发生的"。诊断性数据分析通过对数据的分析发现事件的起因与结果。

3）预测性数据分析是综合描述性数据分析和诊断性数据分析的结果，进一步发现数据的走向，预测接下来可能发生的情况，即"可能发生什么"。

4）指令性数据分析是在前三个层次的基础上提出解决方案的过程，即"应该做什么"。

从技术手段上，统计数据分析是最简单且直接的方法，通常支撑数据的描述性分析；基于机器学习的数据分析可以通过数据自动构建解决问题的规则和方法，是支撑后几类分析的关键手段。近年来，深度学习作为机器学习的一种方法在许多应用领域取得了较大的进展，也客观地推动了大数据技术的应用。

5. 数据可视化与交互分析

数据可视化与交互分析是指将数据转化为图形图像，同时提供交互，帮助用户更有效地完成数据的分析、理解等任务的技术手段。数据可视化分析可以迅速有效地简化与提炼数据，帮助人们从大量的数据中寻找新的线索，发现和创造新的理论、技术和方法，从而帮助业务人员而非数据处理专家更好地理解数据分析的结果。对于量大且关联复杂的数据，可视化分析还可以与交互分析结合，从而帮助用户高效地理解和分析数据，探索数据中的规律，并辅助用户做出决策。

4.1.4　大数据在建筑领域的应用场景

在经过多种行业领域的应用实践后，大数据技术的应用优势极为突出，可以为建筑工程质量管理提供全方位的数据信息，并在数量庞大的数据信息中进行快速识别、排查和分析，提取最有效的关键信息，为建筑工程质量管理提供科学的数据信息依据。工程建造本身具有丰富的数据资源，以工程为载体形成工程大数据，可以理解为运用各种软硬件工具实现项目全生命周期各个阶段的数据集成，通过对数据集的处理分析，充分利用数据功能以提供增值服务。因此，在复杂性较高的建筑工程质量管理中，大数据技术可以较大程度地提高管理效率和准确率。

大数据在建筑领域的应用场景比较广阔，本书选取其中三个代表案例，从不同角度进行举例。

1. 应用场景一：大数据在工程造价管理的应用

在工程造价管理过程中，借助大数据技术构建工程造价数据综合管理平台，通过对质量属性的归档，可实现对行业信息交叉繁杂的造价信息集成处理，建立工程造价数据标准的统一，从而实现数据的信息集成。例如，平台可存储上亿条土建材料、装饰材料、安装材料、市政材料等资信，材料价格的分布区间涵盖国内每个省市和地区，而每个信息条又包括产品的国际标准编号、名称、价格、数量和供应商的联系方式等，可供用户进行人工查询。同时，还可将整个建筑工程的施工、设计以及工程监理等单位和各环节都联系在数字化平台上，促进造价信息资源共享，更好地实现造价信息的统一。

2. 应用场景二：大数据在工程项目管理的应用

随着大数据技术的不断发展，当前项目管理工作在实际开展过程中信息量变得愈加庞大且数据类型更加丰富。在这样的背景下要想保障项目管理工作效率，管理人员就应当对那些多样化的数据信息进行有效处理。具体而言，可以通过大数据技术的合理利用，大面积筛选掉一些无效重复性的数据，并且将有效的数据进行汇总及分类，进而使数据处理工作开展效率得到全面提高，准确找到数据信息的内部规律，使项目管理工作进行得更加高效有序，全面提高施工质量，让工程项目在施工完毕后能够更好地满足人们的个性化需求。此外，通过对海量数据的有效处理，还可以让项目管理者在决策过程中拥有更加翔实的数据作为其决策的基础。

3. 应用场景三：大数据在绿色建筑成本管理的应用

通过分析绿色建筑全生命周期成本管理的内容，整合各利益相关方的数据来源，从而消除信息孤岛的影响，搭建绿色建筑大数据平台，实现对数据进行汇集、存储、分析和共享等。实时监测绿色建筑在全生命周期获取的成本管理数据，把收集的海量数据信息，通过归集、整理和分析，便于相关人员发现存在的问题并提出优化措施。另外，由于绿色建筑全生命周期的能源消耗水平与材料、技术、管理等密切相关，可以建立绿色建筑全生命周期能耗数据库，高效地提供成本管理所需的信息。通过大数据与 BIM 技术结合，对能源利用数据进行科学分析，并对绿色建筑全生命周期成本数据进行管控，及时分析成本差异，调整成本管控措施，实现绿色建筑设计目标，使利益相关方都能获得相对的利益最大化，从而提高绿色建筑项目管理的抗风险能力。

4.1.5　大数据在建筑领域的应用特点

建筑领域信息化发展离不开大数据收集、分析和使用，由于建筑行业建设中的数据量爆炸式增长，大数据分析将推动建筑管理从经验治理向科学治理转变，提升管理效能。

大数据在建筑领域的应用特点主要有：

（1）有助于加强信息共享

大数据技术能够促进多专业、多类型信息共享，有助于建设工程项目管控，有效降低工程项目的管理成本。对于工程项目建设这类本身涉及多方协同工作的领域来讲，可以有效降低沟通成本，有助于形成多方协同的工程建设数据管理制度。

（2）有助于建筑能耗管理

通过大数据技术与 BIM、IoT 等技术的结合，建设建筑领域能耗数据库。挖掘各系统数据联系，建立智慧能源网络，实现对数据的清洗、合并、转换，从而建立相关数据模型，实现能耗预测管理，实现对整个运营周期的辅助决策功能。

（3）有助于全过程管控

通过大数据对建设工程从立项、设计、施工、运维全项目周期的数据收集，有助于对项目信息收集和决策。立项阶段可通过数据分析，进行项目预测分析，辅助决策。设计阶段可通过数据对比分析，辅助选出最优方案。施工阶段辅助多专业信息汇总变更，及时为项目提供有效信息，同时可收集项目数据作为样本，形成数据资产，为后续项目提供经验指导。

4.1.6　大数据技术建筑应用架构的建立

建立建筑业大数据技术的架构，能汇集从施工一线到整个建筑行业的市场、企业、项目、从业人员的完整信息数据，可用于建筑全生命周期的管控、分析和决策。建筑业应充分利用大数据价值，其在行业政策制定、态势分析、市场行情动态把握、企业科学决策、投资分析及风险控制等方面均有参考意义。

1. IFC 架构

IFC 是 industry foundation classes（工业基础类）的缩写，是一种中立、开放、面向对象的数据交换标准的表达格式，内容为建筑行业发布的建筑产品数据表达标准。其模型结构分为四个功能层次，即资源层、核心层、交互层和领域层。

1）资源层（resource layer）：作为 IFC 标准的最底层，它包含了时间、空间、材料等二十个方面，都是用来定义最基本的信息，不局限于工程项目，是 IFC 标准的模型信息基础。

2）核心层（core layer）：通过控制拓展、产品拓展、过程拓展以及核心拓展四个组成部分对工程信息进行总结定义，构建工程项目的整体，以此反映工程实物信息。

3）交互层（interoperability layer）：本层主要用于工程项目之间的信息交流协同共享，分为服务、建筑、管理、设备、组成五大方面，通过这五大方面的描述定义，实现工程信息的交流共享。

4）领域层（domain layer）：作为 IFC 标准的最高层，它总结各个领域的核心信息，例如结构领域（structure elements）、建筑构件领域（building elements）等。

2. 大数据技术架构

以 IFC 标准格式组织智能建造大数据技术架构，有关智能建造所有的平台，都是基于此架构来做的，例如智慧工地平台、智慧运维平台、建筑施工安全监控系统等。智能建造大数据技术架构由三层组成：数据来源层、数据处理层和数据应用层。

3. 两者对应关系

IFC 模型结构与智能建造数据二者的层次存在对应关系，如图 4-1 所示，其中，资源层对应数据来源层，核心层对应数据处理层，交互层和领域层对应数据应用层。

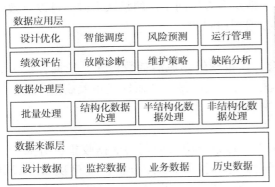
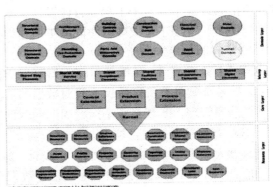

图 4-1　大数据技术架构与 IFC 架构对应关系

每个层次又分为不同的模块，并遵守"重力原则"，即每个层次只能引用同层次和下层的信息资源，而不能引用上层信息资源，以保障信息描述的稳定。

智能建造数据架构将来自多个数据源的数据进行融合，用于知识发现和决策支持，实现系统的自学习能力。一方面，利用机器学习算法对大数据进行挖掘和分析，获得隐藏的知识规则，这将为通过知识推理机制解决工程问题提供参考方案。另一方面，基于案例的推理技术可以从历史项目数据中检索到与当前项目类似的案例，对类似案例的解决方案进行调整和优化。多源融合数据的推理或统计分析结果以可视化的形式提供给用户，支持不同的决策需求，包括设计优化、智能调度、风险预测、性能评估、故障诊断和主动维修策略等。

4.1.7　大数据技术应用平台

大数据平台是一种通过内容共享、资源共用、渠道共建和数据共通等形式来进行服务的网络平台。下面介绍两种大数据平台：

（1）基于 BIM 信息化管理数据平台

平台以建筑基础设施信息为基础，运用 BIM+大数据等技术，实现建筑由粗放式管理向数字化、精细化管理的转型，通过赋予建筑自我"感知、认知、预知"的能力，从而创造更大的经济与社会价值。

对应数据的架构，本平台也分为三层，分别为感知层/服务层、数据中台、应用/展示层。

1）感知层/服务层主要进行数据的采集，并接入数据中台，数据包括两部分：现场设备采集的数据以及 BIM 模型数据。

2）数据中台主要是对数据进行收集、处理，形成数据库。

3）应用/展示层，主要对数据进行应用以及展示。数据可以运用于人员跟踪、能源优化、环境优化等各个方面，通过 BIM 展示端、管理端、移动端对其进行展示，帮助管理人员全方位了解项目实施状况。

结合 BIM 技术的可视化、协调性、可出图性、参数化的特点，可以提升施工效率、建筑产品质量、现场安全保障，降低工期、降低成本。具体应用包括三维平面策划、BIM 审图、方案模拟、提取工程量、多算对比、碰撞检查、可视化交底，价值体现如下：

1）投标阶段全专业建模提取工程量，指导成本预算，可视化模拟方案，直观展现施工部署和关键方案。

2）前期策划阶段全专业建模，碰撞检测出专业间的图样问题，建模发现图样本专业的问题，同时规避施工不合理的设计问题；全专业的模型可以指导项目前期策划，结合场地的条件、周边环境、建筑物的外轮廓和空间关系，优化场地布置、机械设备等方案，安全文明布置深化，从而规避方案不合理的问题。

3）施工过程中项目管理人员可从 BIM 模型提取工程量，指导现场施工；模型结合时间参数，动态演示施工部署，暴露施工过程中的问题，充分考虑资源合理调配；数字工法样板，借助 BIM 技术，根据工艺流程和质量标准，制作工艺工法动画，实现可视化交底；简化管理，各类信息集成于管理平台，指令通过移动端传达至现场，管理更加便捷、准确、高效和精细；降低成本，降低培训成本，工程量、材料计划等资料自动生成，降低人工管理成本。

（2）智能建筑数字孪生平台

平台功能主要体现为建筑内部设施运行、环境监测、空间要素、事件处置等多源多类型数据融合，基于楼宇三维模型的时空全要素可视化管理，楼内资源的一体化部署与指挥调度等。

对应数据的架构，本平台也分为三层，分别为数据中台、业务平台和可视化平台、服务场景，具体如图 4-2 所示。

数据中台主要进行数据的采集，形成数据库，包括空间数据库、基础数据库、业务数据库、IoT 数据库、统计数据库、分析数据库。

业务和可视化平台主要通过对收集的数据进行建模处理，形成可视化的数据，提供对建筑的内部进行日常监控。

服务场景主要是针对建设项目的全周期提供管理服务，包括规划阶段的蓝图展示、建设阶段的动态跟踪、运营阶段的日常管理。

1）数据一点汇聚，构建智能建筑数据资产。数据中台能汇聚建筑内部多源异构的运行数据，并按照统一的数据标准，进行数据加工处理，形成规范化、体系化的数据结构，以数据服务的方式按需提供给运营管理平台和其他垂直系统。数据集成子系统汇集的数据包括二、三维空间数据，建筑基础数据，建筑物联设备的感知数据和垂直系统的业务数据。

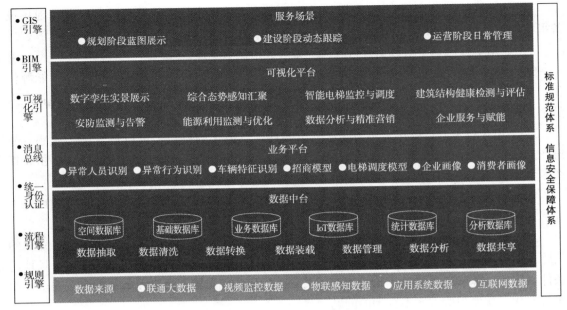

图 4-2 智能建筑数字孪生平台

二、三维空间数据包括建筑 BIM 模型、建筑 CAD 数据等，作为智能运行管理平台的空间底座。基础数据包括建筑内人员、设备、资产等准静态数据，该类数据在一定周期内不变或者发生极少变化。物联感知设备的数据包括摄像头监控视频、烟感、温湿度传感器、智能水电表、门禁、闸机等监测感知数据，数据更新频率高，通信网络包括 5G、4G、NB-IoT 等。垂直系统的数据包括建筑自控、安防监控、空间管理、会议室管理、OA 系统、智能餐厅等业务数据，按照系统业务特征合理设置数据采集对接的周期和方式。

数据集成子系统提供数据接入与汇聚、数据清洗、数据管理、数据共享交换以及数据算法支撑等能力，对建筑各类数据进行抽取、清洗和装载，对多源异构数据按照统一标准进行格式转换，并建立数据关联映射关系；形成空间数据库、基础数据库、业务数据库、IoT 数据库、统计数据库、元数据库等各类主题数据库，支持数据增删改查、检索、导航等管理功能；支持系统间的数据共享交换，提供数据算法能力，支持各类数学分析模型算法，为建筑数据的统计分析和深度挖掘提供技术支撑。

2）业务集成管理，实现建筑跨系统协同联动。平台使各自独立的子系统在平台内形成统一管理，建立集成联动关系。平台根据用户需求，设置各子系统和设备联动控制的应用范围和控制功能，并且能够在同一个管理软件层面实现不同功能的控制需求，实现大融合的集成控制模式，实现各系统联动控制、全场景闭环管理，为建筑运维管理人员提供多场景、多设备、多系统的一体化监测管理方案，提升现场的运营管控及事件响应效率。平台将建筑能耗监测、智能停车、智能设备、监控视频、安防门禁等各个智能化系统和设备进行集成管理，实现资源的优化配置和信息共享，实现对整个智能化系统的全局管理，最大限度地实现各个子系统之间的联动控制。

3）数字孪生精准映射，还原建筑实景。平台使用基于物理特性的实时三维场景渲染技术，实现大范围多实体交互、多级仿真精细度和多源异构数据融合的三维可视化，在虚拟空间中完成与现实情况近乎一致的动态还原，以多元数据多图层叠加的形态为用户提供智慧可视化运管平台，以逼真同步的视觉体验为用户创造高效一致的临场决策信息来源，以直观友好的互动界面为用户实现直观形象的图形化操作界面。支持全局视角和第一人称漫游视角对模型进行浏览。

4.1.8　大数据技术选址实践

1. 选址的概念

选址是一个需要从多因素、多角度、多维度进行分析的复杂问题，涉及人口条件、交通条件、已有设施、坡度条件及环境气候条件等多方面的因素。选址一般涉及两层含义。第一层为选位。该选择什么样的位置，这个选择的范围可以是具体的城市，如西安；或是具有位置特征的区域，如沿海、内地等。在全球经济趋于一体化的当今社会，国外也应该被纳入考虑范围。第二层为定址，当选择区域定了后，要具体考虑在什么位置进行定址，一个区域或许会有很多块土地符合选址要求，要从中选取最优的地址。选址所涉及的选址对象范围很广泛，可以扩大到国防建设等方面，也可以缩小到商店、饭店等这些与人们的生活密切相关的方面。

2. 选址的意义

合理布局相应的选址位置，一方面使得政府部门充分利用土地空间资源择优选择，节约资金，减少成本；另一方面，对社会的发展和人类的利益而言，会对交通和出行的方便程度带来益处。相反，未能合理布局选址位置，在一定程度上会给项目建设带来巨大的损失与不便，甚至有可能带来棘手的问题，影响城市的建设。

3. 选址的原则

在"多规合一"大背景下，针对城市新进项目的选址问题关系到城市生态发展。在建设新项目过程中往往需要大规模地拆毁周边原有建筑，随之带来资源损失、生态破坏等问题。所以在对城市现有的地理空间布局有总体把握的前提下，在考虑建设项目选址的过程中，应该先对选址原则进行深度的分析。选址原则一般有目的性原则、经济节约化原则、协调性原则、科学严谨性原则等。

（1）目的性原则

城市新进项目是为了带动城市发展，项目各种各样，其中包括缓解生态压力的城市绿化项目（城市人工湖、公园、绿化等）、带有污染性质的重工业项目（水泥厂、钢铁厂等）、带给市民方便卫生的医疗项目（医院、药店等）、缓解交通压力的项目（公路、枢纽站等）。不同的城市项目选址要能为城市居民带来便利，同时又能带动区域经济发展。

（2）经济节约化原则

在新建城市项目选址过程中，城市布局可能会发生小范围的变化，并会产生一些费用，如道路改造、住宅拆迁等；或者是项目能够服务的区域，需要考虑到选址目的地的经济性原则，有必要将最低成本和最大服务范围作为关键的考量标准。选址的最终目标，是在有限资金投入范围内，选择一个方便广大居民的生活和最有利于城市发展的地址。

（3）协调性原则

协调性原则在几个原则中是最重要的，它主要是指项目建设是否符合当地经济建设、生态建设、地理格局等各个方面的发展。项目建设不能以单一的服务或经济为目标，应该在项目选址前期做好充分的调查，考虑到方方面面。

（4）科学严谨性原则

城市建设中应该依据科学的指标进行选址，分析选址过程需采用科学的理论模型，还应在建设实例中学习其先进的选址理论和技术，而不是进行主观意识选址。选址必须科学合理、有理有据，这样才能利于城市的健康发展。

4. 选址案例

目前很多建筑都采用大数据选址，如商铺、配送站点、铁路、工厂等。下面以医疗机构为例进行说明：

本案例位于北京市，在选址过程中，采用 GIS 结合大数据技术，提出了医疗机构的选址方案。

本案例通过 GIS 技术以及大数据技术，根据数据采集、数据处理、数据分析、数据可视化与交互分析等步骤进行选址。

本案例以居民点为起点，以主要道路为路线，以现有医疗机构为目的地，计算得到每个居民到最近医疗设施的路径距离，确定医疗机构的大致范围。随后采集现有医疗机构空间分布、人口密度、交通区位、地形因素、空气条件等方面的数据。然后将收集过来的数据，采用层次分析法，进行综合分析，计算各个数据影响下的权重情况，最后通过将所得结果进行排序，确定选址（图 4-3、图 4-4）。

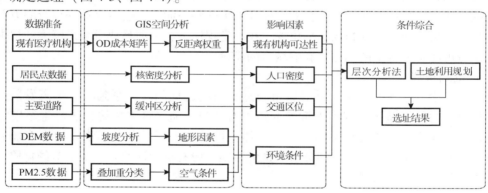

图 4-3　选址步骤

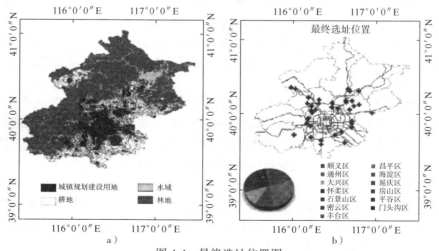

a）　　　　　　　　　　　b）

图 4-4　最终选址位置图

4.1.9 大数据技术建造过程实践

1. 基础建模数据和专业模型数据

基础模型数据见表 4-1。

表 4-1 基础模型数据

板块	组成	数据类型
共享构件	梁	名称，几何信息（如长、宽、高、截面），定位（如轴线、标高），材料（如材料强度、密度），工程量（如体积、重量）
	柱	名称，几何信息（如长、宽、高、截面），定位（如轴线、标高），材料（如材料强度、密度），工程量（如体积、重量）
	板	名称，几何信息（如长、宽、厚度），定位（如轴线、标高），材料（如材料强度、密度），工程量（如体积、重量）
	墙	名称，几何信息（如长、厚度），定位（轴线、标高），材料（如材料强度、密度、导热系数、材料层），工程量（如体积、重量、表面积、涂料面积）
	孔口	名称，几何信息（如几何实体索引），定位（如轴线、标高）
		管件名称，几何信息（如三维模型），定位（如轴线、标高），类型（如 L 弯头、T 弯头），材料（如材料内外涂层），工程量（如重量）
	管道	名称，几何信息（如管径、长度、截面），定位（如轴线、标高），类型（如软管、管束），材料（如材料内外涂层），工程量（如重量）
	临时储存设备（如水箱）	名称，几何信息（如长、宽、高），定位（如轴线、标高），材料（如材料密度），工程量（如体积、重量）
	管线终端（如卫浴终端）	名称，几何信息（如长、宽、高），定位（如轴线、标高），材料（如材料密度），工程量信息，成本
空间结构	建筑空间	位置信息（空间位置），用途，关联构件
	楼层	位置信息（标高），用途，关联构件
	场地	位置信息（经纬度、标高、地址），用途，关联构件
属性	属性定义	名称，类型
	属性集	名称，属性列表
过程	事件	名称，内容，发生时间，事件状态（准时、推迟、提前）
	过程	前置事件（开始条件），后继事件（为其开始条件）
任务	任务	任务事件信息（开始、结束、持续时长等），紧前紧后关系，父/子任务
控制	工作日历	工作起始时间，工作结束时间，重复（每天、周一到周五、本周、仅一日等）
	工作计划方案	名称，关联项目，关联进度计划（销售计划、施工计划），关联任务
	工作进度计划	名称，关联项目，关联进度计划（某施工层、施工段进度计划），关联任务
	许可(审批、审核)	状态，描述，申请者，批准/否决者
	性能参数记录	所处生命期，机器或人工收集的数据（可以是模拟、预测或实际数据）
	成本项（如清单、定额项目）	成本值，工程量，关联任务
	成本计划	关联时间，关联成本项

（续）

板块	组成	数据类型
关系	"分配"关联关系	关联元素索引，关联类型，关联信息（注：可以将元素分配到参与者、控制、组、过程、产品以及资源等元素上）
	"信息"关联关系	关联元素索引，关联类型，关联信息（注：可以将许可、分类、约束、文档、材料等信息附加到元素上）
	"连接"关联关系	关联元素索引，关联类型，关联信息（注：可以将构件、结构荷载响应、结构分析、空间归属、所在序列等信息连接到元素上）
	"声明"关联关系	关联上下文，关联定义（注：声明工作计划方案、单位等）
	"分解"关联关系	关联元素索引，关联类型，关联信息（注：表达组合、依附、凸出物、开洞等关联关系）
	"定义"关联关系	关联元素索引，关联类型，关联信息（注：用于定义元素的类型、定义构件的属性集、定义属性集模板）

2. 专业模型数据

专业模型数据是指任务特有的模型数据及属性信息。

专业模型数据应包括所引用的相关基础模型数据的专业信息，详细数据见表4-2。

表4-2　专业模型数据

专业	组成	数据类型
建筑专业	引用的基础模型数据	基础模型数据的索引信息（包括墙、梁、柱、板、建筑空间、楼层、场地、属性定义、属性集等）
	门	名称，几何信息（如长、宽、厚度），定位（轴线、标高），类型（如双扇门、单扇门、推拉门、折叠门、卷帘门），材料（如材料层、密度、导热系数），工程量（如体积、重量、表面积、涂料面积）
	窗	名称，几何信息（如长、宽、厚度），定位（轴线、标高），类型（如平开窗、推拉窗、百叶窗），材料（如材料层、密度、导热系数），工程量（如体积、重量、表面积、涂料面积）
	台阶	名称，几何信息（如台阶长、宽、高度，凸缘长度），定位（轴线、标高），材料（如材料强度、密度），工程量（如体积、重量、表面积）
	扶手	几何信息（如长度、高度，样式），定位（轴线、标高），材料（如材料层、密度），关联构件
	面层	几何信息（如厚度、覆盖面域），材料（如材料层、密度、导热系数），工程量（如体积、重量、表面积、涂料面积），关联构件
	幕墙	几何信息（如厚度、覆盖面域），材料（如材料层、密度、导热系数），工程量（如体积、重量、表面积、涂料面积），关联构件
结构专业	引用的基础模型数据	基础模型数据的索引信息（包括墙、梁、柱、板、建筑空间、楼层、场地、属性定义、属性集等）
	结构构件（梁、柱、墙、板）	名称，计算尺寸（如长、宽、高），材料力学性能（如弹性模量、泊松比、型号等），结构分析信息（如约束条件、边界条件等）

（续）

专业	组成		数据类型
结构专业	基础		名称，几何信息（如长、宽、高），定位（轴线、标高），工程量（如体积），计算尺寸，材料力学性能（如弹性模量、泊松比、型号等），结构分析信息（如约束条件、边界条件等）
	桩		名称，几何信息（如长、宽、高），定位（轴线、标高），计算尺寸，材料力学性能（如弹性模量、泊松比、型号等），结构分析信息（如约束条件、边界条件等）
	钢筋		编号，计算尺寸（如规格、长度、截面面积），材料力学性能（如钢材型号、等级），工程量（如根数、总长度、总重量），关联构件
	其他加劲构件		名称，几何信息（如长、直径、面积），定位（轴线、标高），计算尺寸（如长、直径、面积），材料力学性能（如材料型号、等级），结构分析信息，工程量，关联构件
	荷载		自重系数，加载位置，关联构件
	荷载组合		预定义模型，荷载类型，加载位置，组合系数与公式，关联构件
	结构响应		是否施加，关联构件，关联荷载或荷载组合，计算结果
岩土专业	引用的基础模型数据		名称，几何信息（如长、宽、高），定位（轴线、标高），计算尺寸，结构分析信息（如约束条件、边界条件等）
暖通专业	引用的基础模型数据		基础模型数据的索引信息（包括墙、板、建筑空间、楼层、场地、属性定义、属性集等）
	空调设备	锅炉、火炉	名称，几何信息（主要是指尺寸大小），定位（轴线、标高），工程量（如体积、重量），类型（如型号、用途、输入电压、功率）
		制冷设备（如冷水机、冷却塔、蒸发式冷气机等）	名称，几何信息（主要是指尺寸大小），定位（轴线、标高），工程量（如体积、重量），类型信息（如型号、输入电压、功率、制冷范围）
		湿度调节器	名称，几何信息（主要是指尺寸大小），定位（轴线、标高），工程量（如体积、重量），类型信息（如型号、调节范围）
	通风设备	空气压缩机	名称，几何信息（主要是指尺寸大小），定位（轴线、标高），工程量（如体积、重量），类型信息（如型号、用途、输入电压、功率）
		风扇、风机	名称，几何信息（主要是指尺寸大小），定位（轴线、标高），工程量（如体积、重量），类型信息（如型号、用途、输入电压、功率）
	集水设备	水箱	名称，几何信息（主要是指尺寸大小），定位（轴线、标高），工程量（如体积、重量），类型信息（如型号、用途）
	管道	风管	几何信息（如截面），定位（如轴线、标高），类型（如排风管、供风管、回风管、新风管、换风管），材料（如材料及内外涂层），工程量（如重量）
		冷却水管	几何信息（如截面），定位（如轴线、标高），类型（如供水管、回水管、排水管），材料（如材料及内外涂层），工程量（如重量）
		管道支架与托架	几何信息（如几何实体索引），定位（如轴线、标高），类型（如型钢类型、管夹类型），材料（如材料及内外涂层），工程量（如重量），结构分析信息（如抗拉、抗弯）
		管件（连接件）	几何信息（如几何实体索引），定位（如轴线、标高），类型（如L弯头、T弯头），材料（如材料及内外涂层），工程量信息（如重量），结构分析信息（如抗拉、抗弯）

（续）

专业	组成		数据类型
暖通专业	过滤设备	空气过滤器、通风调节器、扩散器	名称，几何信息（主要是指尺寸大小），定位（轴线、标高），工程量（如体积、重量），类型（如型号、调节范围）
	分布控制设备	二氧化碳传感器、一氧化碳传感器	几何信息（主要是指尺寸大小），定位（轴线、标高），工程量（如体积、重量），类型信息（如型号、敏感度）
	其他部件	减振器、隔振器、阻尼器	几何信息（主要是指尺寸大小），定位（轴线、标高），工程量（如体积、重量），类型信息（如型号、隔振能力）
		风管消声装置	几何信息（主要是指尺寸大小），定位（轴线、标高），工程量（如体积、重量），类型信息（如型号、分贝范围）
给水排水专业	引用的基础模型数据		基础模型数据的索引信息（包括墙、板、建筑空间、楼层、场地、属性定义、属性集等）
	管道	供水系统管道	几何信息（如截面），定位（如轴线、标高），类型（如型号），材料（如材料及内外涂层），工程量信息（如重量）
		排水系统管道	
		回水系统管道	
		管道支架与托架	几何信息（如几何实体索引），定位（如轴线、标高），类型（如型钢类型、管夹类型），材料（如材料及内外涂层），工程量（如重量），结构分析信息（如抗拉、抗弯）
		管件（连接件）	几何信息（如几何实体索引），定位（如轴线、标高），类型（如L弯头、T弯头），材料（如材料及内外涂层），工程量（如重量），结构分析信息（如抗拉、抗弯）
	泵送设备	泵	名称，几何信息（主要是指尺寸大小），定位（轴线、标高），工程量（体积、重量），类型信息（如型号、用途、输入电压、功率）
	控制设备	分布控制箱和分布控制传感器	几何信息（主要是指尺寸大小），定位（轴线、标高），工程量（如体积、重量），类型信息（如型号、敏感度）
	集水设备	储水装置、压力容器	几何信息（主要是指尺寸大小），定位（轴线、标高），工程量（如体积、重量），类型（如型号、用途）
	水处理设备	隔油池、截砂池	几何信息（主要是指尺寸大小），定位（轴线、标高），工程量（如体积、重量），类型信息（如型号、调节范围）
		集水和污水池	
电气专业	引用的基础模型数据		基础模型数据的索引信息（包括墙、板、建筑空间、楼层、场地、属性定义、属性集等）
	管线	电缆接线盒	几何信息（主要是指尺寸大小），定位（轴线、标高），工程量（如体积、重量），类型信息（如型号、接头数量）
		电缆	几何信息（如截面），定位（如轴线、标高），类型（如型号、功率、电流与电压限值），材料，工程量信息（如重量）
		管道支架与托架	几何信息（如几何实体索引），定位（如轴线、标高），类型（如型钢类型、管夹类型），材料，工程量（如重量），结构分析信息（如抗拉、抗弯）

（续）

专业	组成		数据类型
电气 专业	管线	管件	几何信息（如几何实体索引），定位（如轴线、标高），类型（如 L 弯头、T 弯头），材料信息（如材料及内外涂层），工程量（如重量），结构分析信息（如抗拉、抗弯）
		配电箱	几何信息（主要是指尺寸大小），定位（轴线、标高），工程量（如体积、重量），类型信息（如型号）
		安全装置	几何信息（主要是指尺寸大小），定位（轴线、标高），工程量（如体积、重量），类型（如型号、跳闸限值）
	储电 设备	不间断电源	名称，几何信息（主要是指尺寸大小），定位（轴线、标高），工程量（如体积、重量），类型信息（如型号、容量）
	机电 设备	发电机	名称，几何信息（主要是指尺寸大小），定位（轴线、标高），工程量（如体积、重量），类型（如型号、用途、输入功率、输出功率、额定电压）
		电动机	名称，几何信息（主要是指尺寸大小），定位（轴线、标高），工程量（如体积、重量），类型（如型号、用途、输入电压、功率）
		电气连接	几何信息（主要是指尺寸大小），定位（轴线、标高），工程量（如体积、重量），类型信息（如型号、连接方式）
		太阳能设备	名称，几何信息（主要是指尺寸大小），定位（轴线、标高），工程量（如面积、重量），类型（如型号、功率）
		变压器	名称，几何信息（主要是指尺寸大小），定位（轴线、标高），类型（如型号、用途、输入电压、输出电压）
	终端	多媒体设备	几何信息（主要是指尺寸大小），定位（轴线、标高），类型（如型号、功率）
		灯	几何信息（主要是指尺寸大小），定位（轴线、标高），类型（如型号、功率）
		灯具	几何信息（主要是指尺寸大小），定位（轴线、标高），类型（如型号）
		电源插座	几何信息（主要是指尺寸大小），定位（轴线、标高），类型（如型号、插座形式、插头数量）
		普通开关	几何信息（主要是指尺寸大小），定位（轴线、标高），类型（如型号）

3. 施工监控数据

项目施工监控是一项复杂的多方位的监控，将这些数据归类汇总进行处理，用处理的数据重新配置生产要素，支持项目管理及辅助决策，能帮助项目更好地实施。

（1）质量监管数据

材料检测、工程结构实体检测等检测记录、检验批质量验收记录、分项工程质量验收记录、分部工程质量验收记录、单位工程竣工验收记录、施工组织方案、质量抽查记录、整改通知、工程整改报告、工程质量监督报告、行政处罚数据等。

（2）安全监管数据

机械设备运行安全监管数据、危险性较大的分部分项工程安全监管数据、安全防护相关设施设备安全监管数据、施工现场安全管理行为监管数据等；安全教育、专项安全施工方案等资料。数据内容宜包括检查、考评、验收、反馈记录表及照片视频等。

（3）环境监管数据

工地扬尘监测数据、现场环境噪声监测数据、工地小气候气象监测数据等。

（4）从业人员实名制监管数据

从业人员基本信息与务工合同信息、项目实名制备案与用工花名册信息、企业工资支付专用账户信息、项目工资支付保证金信息、项目出勤计量信息、从业人员工资支付信息、从业人员务工行为评价信息等。

（5）其他数据

1）业务数据：建设主管部门检查记录、监理单位检查记录、建设单位自查记录、施工单位自查记录、公众举报数据和业务管理数据等。

2）系统运行支撑数据：系统机构定义、人员角色定义、业务定义、工作流程定义、业务表单定义、地图参数定义、统计报表定义和安全监管日志等。

4. 施工项目管理数据

（1）项目基本数据

项目编号、项目名称、项目分类、项目所在地、建设规模、单体建筑数量、主要结构类型、建设单位名称、建设单位统一社会信用代码、工程总承包单位名称、工程总承包单位统一社会信用代码、工程总承包单位项目负责人姓名、工程总承包单位项目负责人证件类型、工程总承包单位项目负责人证件号码等。

（2）企业基本数据

单位统一社会信用代码、单位名称、单位类型、法人代表姓名、法人代表证件类型、法人代表证件号码、安全生产许可证编号、许可范围、安全生产许可证有效期、安全生产许可证状态、联系方式。

（3）工程勘察数据

勘察单位统一社会信用代码、勘察单位名称、勘察单位项目负责人姓名、勘察单位项目负责人证件类型、勘察单位项目负责人证件号码、工程勘察结论。

（4）施工图审查数据

设计单位统一社会信用代码、设计单位名称、施工图审查单位统一社会信用代码、施工图审查单位名称、施工图审查单位项目负责人姓名、施工图审查单位项目负责人证件类型、施工图审查单位项目负责人证件号码、施工图审查结论。

（5）投标中标数据

招标单位统一社会信用代码、中标单位统一社会信用代码、开标时间、开标地点、中标日期、中标金额、中标内容。

（6）合同备案数据

委托方统一社会信用代码、受托方统一社会信用代码、合同编号、合同额、签订日期、合同备案日期、对合同实施备案的单位统一社会信用代码、合同备案号、合同备案日期。

（7）施工许可数据

建设单位统一社会信用代码、建设单位名称、建设地址、建设规模、有效期开始日期、有效期结束日期、是否延期、延期天数、延期次数、延期理由、证书状态。

（8）施工策划

项目建筑信息模型，可提取工程量、几何尺寸、空间结构关系、构件重量等；传感器，可提取自然环境信息（风速、温度、湿度）、应力、应变、耗电量、用水量等；项目信息管理系统，可提取施工进度、劳动力、材料库存、成本等。

（9）人员

人员姓名、入职时间、工种信息、资格证书类别、资格证书编号、发证机关、有效期、证书状态、培训信息、考勤信息、职业资格信息、社保信息、在场工种人数统计、劳务人员工时考勤、工人现场分布等。

（10）进度

项目总体进度计划、单位工程名称、分部分项工程名称、工序（名称、内容、时间参数）、控制性工序、实体工程量统计表、资金计划、劳动力计划、物资需求计划、计划负责人证件类型、计划负责人证件号码等。

（11）施工机械数据

1）机械设备数据：设备备案编号、备案管理部门名称、设备类别、备案日期、出厂编号、规格型号、生产厂家、产权单位、使用年限、出厂日期、采购流程制度、合同管理、预计使用日期、预计使用天数。

2）设备现场：设备管理信息、起重运输机械信息、安全操作流程、临时用电控制、人员管理、维修保养计划、常见故障信息等。

（12）塔式起重机实时运行数据

重量、高度、幅度、回转传感器、主控单元、显示器、继电器、群塔防碰撞模块等实时运行数据；吊重、安全吊重、回转、风速、倾角、X坐标、Y坐标、障碍物编号、禁行区报警状态、障碍物碰撞报警状态、塔机碰撞报警状态、倾斜报警状态、风速报警状态、硬件故障报警状态、超重报警状态、限位报警状态、旋转超速报警状态、区域报警。

状态、前限位限制、后限位限制、上限位限制、下限位限制、左限位限制、右限位限制、驾驶员序号、风速防拆除状态、倾角防拆除状态、重量防拆除状态、高度防拆除状态、幅度防拆除状态、防断电状态。

（13）物料

物料库、供应商库、价格库、物料分类、材料采购、到货检验、入库、领用、盘点的全过程信息；物料编码、名称、规格型号、材质、计量单位等信息；钢筋数据库、物料入库、出库、使用信息、检测单位等。

（14）成本

定额标准、工程量信息、计价信息、构件计算规则、扣减规则、清单及定额规则；工程量审核申报信息、进度款审核申请信息、投资偏差、费用组成方法；项目本身价格数据积累、材价信息网站数据等。

（15）质量

建筑信息模型、质量管理的内容、规范要求、验收信息、工程结构实体检测等检测记录、检验批的划分、材料台账、设计要求、技术标准数据等。

（16）安全

施工方案、工人属性信息、工人位置信息、安全装备佩戴信息、施工现场安全管理行为监管数据、机械位置信息、不安全因素信息、设备信息、使用量、品种、规格、维修方法、安全隐患、特种设备、水文地质信息、监测信息、地面沉降、扣件、顶杆、整体倾覆信息、工程概况、编制依据、施工计划、工艺技术、安全保证措施、劳动力计划、图样和计算书、安全生产许可证编号、危险性较大的分部分项工程编码、危险性较大的分部分项工程名称、是否编制专项施工方案、危险性较大的分部分项工程类型、是否超过一定规模、是否论证、论证日期、论证结论等。

(17) 高支模监测信息

采集时间、构件名称、监测类型、监测值。

(18) 深基坑监测信息

水平位移监测、竖向位移监测、倾斜监测、裂缝监测、土压力监测、空隙水压力监测、地下水位监测、锚杆拉力监测、采集时间、采集频率、是否报警。

(19) 绿色施工管理

生产用水、生活用水、雨水排放、喷淋养护、降尘洒水、绿化灌溉、建筑信息模型、钢筋自动翻样、半自动加工、全自动加工、噪声、粉尘、风速、风向、温度、湿度、污水排放、大体积混凝土测温、能耗监测、垃圾出场申报、分类识别、自动计量、动态跟踪、结算、数据统计查询等。

(20) 项目协同

施工图、建筑信息模型、文件类别、归档要求等。

(21) 工程诚信评价数据

企业市场行为、质量安全状况、履约情况、其他数据等。

(22) 竣工验收备案信息

申请竣工验收日期、竣工验收小组负责人姓名、竣工验收小组负责人证件类型、竣工验收小组负责人证件号码、是否验收通过、是否有遗留问题、遗留问题描述、整改期限、整改后验收结论。

(23) 其他相关数据

1) 规划数据：区域范围内的规划专题数据，如总规、控规、详细规划、项目红线、地形数据等。

2) 视频数据：监控设备实时获取的视频监测数据等。

3) 文档资料：与项目相关的文档、图片、视频等文档资料。

5. 运维数据

运维数据能帮助小区物业公司更好地管理小区情况，为小区业主提供更加优质的服务。运维数据包括：

(1) 居住业主信息数据

业主姓名、性别、房屋编号、入住时间、家庭情况、房屋情况。

(2) 管理员信息数据

管理员姓名、性别、物业编号、入职时间、物品号、物品名。

(3) 设施设备运维数据

VRV 空调、中央空调运行状态，智能照明系统的工作状态，建筑内电梯运行状态、维保，排污泵、恒压供水泵运行、压力、流量、能耗，变电所（配电房）数据、报警系统、变电所（配电房）负载情况，车位、机动车道闸、充电桩、车流量信息、车位信息、费用线上收缴，火灾报警、应急预案、安全疏散系统设施运行，周界防护、视频监控门禁（道闸）、室内防护。

（4）环境监测数据

空气、水质、气象等环境数据、环境质量数据。

（5）能耗监管数据

能耗数据（如水费、电费等）。

（6）物业管理数据

楼层分布、使用经营户、面积、建筑空间分布情况、使用情况、日常租赁、各类费用的线上收缴、入驻企业、服务商。

（7）投诉信息、费用信息数据

截止日期、资源使用情况、费用数量。

4.1.10 大数据技术建筑管理实践

建筑管理数据是伴随建筑全生命周期产生的数据，通常涉及管理人员、施工人员、建筑环境等主体，可包括文件管理、质量管理、成本管理等信息。

1. 文件管理

施工过程中会产生海量的文档资料，传统的人力整理方式效率低下且准确度不高，更容易受到工作者个人经验的影响。利用大数据技术对施工文档资料进行处理利用，不仅能更加高效地管理施工文档，还能进一步挖掘人工难以发现的知识或信息。早在 21 世纪初，随着机器学习算法的发展，已经有专家和学者开始利用大数据技术进行施工文档的自动分类。由于施工文档种类丰富，蕴含的信息多样，不同种类信息所能解决的实际问题自然也不同，如通过索赔文件中蕴含的原因信息进行索赔种类分析；快速检索和使用施工合同中的创新性知识；根据任务组织层次结构自动进行工作分配；利用质量检测记录、事故报告等分析事故原因，识别风险因素等。

2. 质量管理

在大数据时代发展背景下，建设工程质量监督管理工作想要得到更好的落实，就要将创建大数据质量监督管理平台作为一项重点工作。一方面，技术专家在工程质量监管工作落实中，能够获取自身想要的数据信息，通过数据分析能够对工程建设期间质量监管中存在的不同问题有正确的认识，根据施工经验、建设要求及规章制度等，做好各项施工标准调整工作。与此同时，对于施工工艺、施工管理相关内容，工作人员也能有正确的认识，推动后续工作有序开展。大数据专家需要做好平台数据收集与数据处理工作，结合上级领导的具体要求，将收集到的数据信息及时反馈给施工部门，确保施工人员能够对整个工程项目的实际运行情况有正确的认识，在数据分析期间，能够提供数据保障，并根据施工建设理论知识完善施工质量监管工作。

另一方面，施工现场检测人员通过监管系统和大数据智能平台实现对数据信息的有效分析，掌握当前工程项目具体施工情况，为动态监管工作的落实打下良好的基础。具体而言，主要分析工程项目施工中是否存在质量问题，若存在问题，就要明确问题出现的原因，并给出解决措施与预防措施，确保在未来工程项目施工中避免相同问题再次出现。而质量监督管理人员需要做好施工现场监管工作，并对数据信息进行收集、反馈。在监管工作落实中，工作人员要对施工进度情况、施工效率及施工事故等进行全面记录，并将记录内容及时上传系统平台，这样就可以对施工现场具体情况进行动态监督。一旦在监管过程中发现其中存在问题，就可以及时联系负责人，实现问题的更好解决。

3. 成本管理

运用大数据采集行业标准值、历史数据值，对标公司的数据，为数据填报提供很大的参考意义。大的建筑企业可以建立本企业的数据库，对同一类项目成本、资金等数据可以比对，充分挖掘数据潜在价值，形成预算标准值。其次，结合战略目标，选择合理的预算编制方法，运用大数据准确制定目标。针对新变化的指标可以采用零基预算法、固定预算法；针对已有数据指标可采用滚动预算法、弹性预算法，避免"一刀切"。最后，用大数据技术对不确定性因素做好有效的预测，如人工、材料等价格上涨，环保政策限制等，做好成本测算、施工预算，确保各项指标合理。

运用大数据技术，实时跟踪审批各个环节，确保透明、严谨。实时采取定性和定量的分析方法，对预算执行的情况进行分析和报告。通过设置各主要预算项目和关键业绩指标并观察其偏离预算目标值的异常程度（波动性）及变动趋势，对预算进行监测、预报，向管理层推送，使管理者警觉并采取相应措施。对预算完成偏离度比较大的单位，进行专题分析，必要时对相关单位主要领导进行专项约谈，明确下一步的管控措施。

4. 进度管理

结合大数据内的工程档案以及档案资料，将施工进度划分成不同的施工阶段，每个施工阶段分配不同的施工内容。在施工中对施工人员进行远程监控，了解施工技术是否符合规定的标准，如果出现进度落后等问题，结合监控数据分析原因，并利用数据库内的信息调整工期。此外，进度管理人员还可以利用数据库中的数据预测未来实际施工中进度关键节点，为各方及时提供精确的参考数据，这便于后期处理与追溯，进而提高管理水平。

5. 组织管理

建筑工程施工技术中使用大数据技术能够对施工中的数据进行有效控制。建筑施工涉及范围较广，在施工时会产生大量的数据信息，传统的施工数据管理主要依靠纸质文件对数据信息进行传递与分析，这种方式不仅容易出现数据丢失、传递速度慢等问题，还不能有效地使用数据信息，降低了数据的使用效率。大数据技术可以将施工过程中的数据信息存储到计算机内，包括施工中的管理信息、机械设备的使用信息、各项文件的批条、建筑质量检测文件等各项内容，并且实现信息共享。各部门可以从数据库内找出自己需要的数据信息，并且根据数据信息调整管理方案。人力资源管理部门根据数据库内的人员信息、施工信息制订明确的责任制，每个施工环节配置不同的负责人，能够有效地落实责任制；结合施工中的实际情况制订详细的奖惩制度，激发施工人员的工作积极性。

6. 合同管理

大数据可以通过对投标前非结构化文本进行挖掘来自动检测合同中的风险条款，并自动识别风险以支持建筑公司的合同管理，而且利用大数据技术从施工质量验收规范中进行要求信息的提取，有助于项目各方明确自己的义务。

7. 风险预测

利用大数据技术可以模拟建筑工程施工全过程。施工是个动态性的过程，不同施工阶段需要使用的施工方法，包括施工步骤、施工工序以及施工环节，使用信息技术进行数据分析模拟，可以在计算机内模拟出建筑工程施工的全过程，找出施工中可能存在的技术问题。大数据在未来发展的过程中可以为模拟施工提供更加精确的数据信息，发现施工方案中存在技术问题后，结合同类型的建筑工程项目为施工人员提供可参考的数据信息，帮助技术人员调整施工方案，提高施工方案的科学性。在施工中面对不可控的自然因素，大数据能够收集不同气象站的天气数据信息，面对施工中可能存在的结构变形、能源损耗等问题，给出相关的预防方案，增加施工的安全性。

4.1.11　大数据与云计算和物联网的关系

　　云计算、大数据和物联网代表了 IT 领域最新的技术发展趋势，三者既有区别又有联系。云计算最初主要包含了两类含义：一类是以谷歌的 GFS 和 MapReduce 为代表的大规模分布式并行计算技术；另一类是以亚马逊的虚拟机和对象存储为代表的"按需租用"的商业模式。但是，随着大数据概念的提出，云计算中的分布式计算技术开始更多地被列入大数据技术，而人们提到云计算时，更多指的是底层基础 IT 资源的整合优化以及以服务的方式提供 IT 资源的商业模式（如 Iaas、PaaS、SaaS）。从云计算和大数据概念的诞生到现在，二者之间的关系非常微妙，既密不可分，又千差万别。因此，不能把云计算和大数据割裂开来，作为截然不同的两类技术来看待。此外，物联网也是和云计算、大数据相伴相生的技术。下面总结一下三者的联系与区别：

　　（1）大数据、云计算和物联网的区别

　　大数据侧重于对海量数据的存储、处理与分析，从海量数据中发现价值，服务于生产和生活；云计算本质上旨在整合和优化各种 IT 资源，并通过网络以服务的方式廉价地提供给用户；物联网的发展目标是实现物物相连，应用创新是物联网发展的核心。

　　（2）大数据、云计算和物联网的联系

　　从整体上看，大数据、云计算和物联网这三者是相辅相成的。大数据根植于云计算，大数据分析的很多技术来自于云计算，云计算的分布式数据存储和管理系统（包括分布式文件系统和分布式数据库系统）提供了海量数据的存储和管理能力，分布式并行处理框架 MapReduce 提供了海量数据分析能力，没有这些云计算技术作为支撑，大数据分析就无从谈起。反之，大数据为云计算提供了"用武之地"，没有大数据这个"练兵场"，云计算技术再先进，也不能发挥它的价值。物联网的传感器源源不断地产生的大量数据，构成了大数据的重要数据来源，没有物联网的飞速发展，就不会带来数据产生方式的变革，即由人工产生阶段转向自动产生阶段，大数据时代也不会这么快就到来。同时，物联网需要借助于云计算和大数据技术，实现物联网大数据的存储、分析和处理。可以说，云计算、大数据和物联网三者已经彼此渗透、相互融合，在很多应用场合都可以同时看到三者的身影。在未来，三者会继续相互促进、相互影响，更好地服务于社会生产和生活的各个领域（图4-5）。

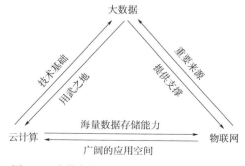

图4-5　大数据与云计算和物联网的关系

4.2 GIS 技术智慧建筑应用

4.2.1 关于 GIS 技术

1. GIS 简介

地理信息系统（Geographic Information System，GIS）是采集、存储、管理、显示和分析整个或部分地球表面与空间和地理分布有关的数据的计算机系统。

地理信息系统是一门综合性学科，涵盖了其他较多学科内容，主要涉及遥感技术、计算机科学、地图学、地理学四个学科，如图 4-6 所示，其中计算机科学还包括软件工程、数据库技术等。GIS 已经广泛地应用在不同的领域，是用于输入、存储、查询、分析和显示地理数据的计算机系统。随着 GIS 的发展，也有称 GIS 为地理信息科学，近年来，也有称 GIS 为地理信息服务。

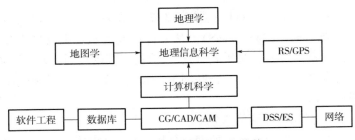

图 4-6　地理信息系统涵盖学科

GIS 是一种基于计算机的工具，它可以对空间信息进行分析和处理（简而言之，是对地球上存在的现象和发生的事件进行成图和分析）。GIS 技术把地图这种独特的视觉化效果和地理分析功能与一般的数据库操作（例如查询和统计分析等）集成在一起。

2. GIS 技术发展阶段

（1）GIS 在国际上的发展

国际上 GIS 的发展可以归纳为以下五个阶段。

1）20 世纪 50~60 年代的 GIS 开拓期。

20 世纪 50 年代，由于计算机技术的发展与应用，测绘工作者和地理工作者逐渐利用计算机汇总各种来源的数据，借助计算机处理和分析这些数据，最后通过计算机输出一系列结果，作为决策过程的有用信息。

2）20 世纪 70 年代的 GIS 发展期。

进入 20 世纪 70 年代以后，国际 GIS 发展的特点是：技术发展没有新的突破，系统应用与技术开发多限于某几个机构，专家影响减弱，政府影响增强。

3）20 世纪 80 年代的 GIS 普及和推广应用期。

20 世纪 80 年代是 GIS 普及和推广应用的阶段。随着计算机技术的发展，推出了图形工作站和微机等性价比大为提高的新一代计算机，为 GIS 的普及和推广应用提供了硬件基础。这个时期国际 GIS 发展的特点是：GIS 开始注重空间决策支持分析；GIS 的应用领域迅速扩大，从资源管理、环境规划到应急反应，从商业区域划分到政治选举分区等。

4）20 世纪 90 年代逐渐步入网络 GIS 时代。

进入 20 世纪 90 年代，随着微机和 Windows 的迅速发展，以及图形工作站性价比的进一步提高，计算机在全世界迅速普及。一些基于 Windows 的桌面 GIS，如 MapInfo、ArcView、GeoMedia 等软件以其界面友好、易学好用的独特风格，将 GIS 带入各行各业。

5）21 世纪的 GIS 逐步进入大众化应用时代。

21 世纪之前的 GIS 主要在政府和公共事业等部门应用，随着计算机软、硬件技术的高速发展，特别是 Internet 和移动通信技术的发展，GIS 由专业应用系统发展到社会化的、面向大众的信息服务系统。

（2）我国 GIS 的发展概况

我国地理信息系统起步稍晚，但发展势头相当迅猛，大体上可分为四个阶段。

1）20 世纪 70 年代的起步阶段。

20 世纪 70 年代初期，我国开始推广电子计算机在测量、制图和遥感领域中的应用，其间第一张由计算机输出的全要素地图、各种学术讨论会等都为 G1S 的研制和应用提供了技术上的准备。

2）20 世纪 80 年代的试验阶段。

进入 20 世纪 80 年代之后，我国执行"六五""七五"计划，国民经济全面发展，很快对"信息革命"做出热烈响应。在大力开展遥感应用的同时，GIS 也全面进入试验阶段。

3）20 世纪 90 年代的全面发展阶段。

20 世纪 80 年代末至 90 年代，我国的 GIS 进入全面发展阶段。GIS 用于城市规划、土地管理、交通、电力及各种基础设施管理的城市信息系统在我国许多城市相继建立。

4）21 世纪向着集成化、产业化和社会化方向迈进。

进入 21 世纪，我国的 GIS 在国际舞台占有重要地位，国内有 200 多所高校开设了 GIS 专业，形成了从本科到硕士、博士、博士后完整的人才培养体系。我国 21 世纪的 GIS 正朝着集成化、产业化和社会化的发展方向迈进。

4.2.2　GIS 技术系统构成

GIS 技术系统由五部分构成：

（1）人员

人员是 GIS 中最重要的组成部分。开发人员必须定义 GIS 中被执行的各种任务，开发处理程序。熟练的操作人员通常可以克服 GIS 软件功能的不足，但是相反的情况就不成立，最好的软件也无法弥补操作人员对 GIS 的一无所知所带来的副作用。

（2）数据

精确的可用的数据可以影响到查询和分析的结果。

（3）硬件

硬件的性能影响到软件对数据的处理速度、使用是否方便及可能的输出方式。

（4）软件

不仅包含 GIS 软件，还包括各种数据库、绘图、统计、影像处理及其他程序。

（5）过程

GIS 要求明确定义，用一致的方法来生成正确的可验证的结果。

GIS 属于信息系统的一类，不同之处在于它能运作和处理地理参照数据。地理参照数据描述地球表面（包括大气层和较浅的地表下空间）空间要素的位置和属性。在 GIS 中有两种地理数据成分：空间数据，与空间要素几何特性有关；属性数据，提供空间要素的信息。

4.2.3　GIS 技术的特点

GIS 具有以下基本特点：

1）GIS 是以计算机系统为支撑的。GIS 是建立在计算机系统架构上的信息系统，由若干个相互关联的子系统构成，包括数据采集子系统、数据处理子系统、数据管理子系统、数据分析子系统、数据产品输出子系统等。

2）GIS 的操作对象是空间数据。空间数据的最根本特点是每一个数据都按统一的地理坐标进行编码，实现对其定位、定性和定量描述。在 GIS 中实现了空间数据的空间位置、属性特征和时态特征三种基本特征的统一。

3）GIS 具有对地理空间数据进行空间分析、评价、可视化和模拟的综合利用优势，具有分析与辅助决策支持的作用。GIS 具备对多源、多类型、多格式空间数据进行整合、融合和标准化管理的能力，可以为数据的综合分析利用提供技术支撑。通过综合数据分析，可以获得常规方法或普通信息系统难以得到的重要空间信息，实现对地理空间对象和过程的演化、预测、决策和管理能力。

4）GIS 具有分布特性。GIS 的分布特性是由其计算机系统的分布性和地理信息自身的分布性共同决定的。计算机系统的分布性决定了地理信息系统的框架是分布式的。地理要素的空间分布性决定了地理数据的获取、存储、管理和地理分析应用具有地域上的针对性。

5）地理信息系统的成功应用强调组织体系和人的因素的作用。

4.2.4　GIS 技术系统的功能

GIS 的基本功能如图 4-7 所示。

1. 数据采集与编辑

数据的采集与编辑是 GIS 最基本的功能，主要用于获取地理数据信息，保证地理信息系统数据库中的数据在内容上的充实性、数值上的正确性、逻辑上的一致性、空间上的完整性等。地理信息系统的操作对象是地理数据，它具体描述地理实体的空间特征、属性特征和时间特征。

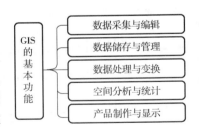

图 4-7　GIS 的基本功能

1）空间特征：地理实体的空间位置及相互关系。

2）属性特征：地理实体的名称、类型和数量等。

3）时间特征：实体随时间而发生的相关变化。

2. 数据存储与管理

伴随着 GIS 技术的发展，其数据存储技术也在快速发展。一方面是从单节点存储转向多节点的分布式存储；另一方面是提供 NoSQL（非关系型的数据库）和 NewSQL（对各种新的可扩展/高性能数据库的简称）数据库，通过缩减关系型数据库中非必需的 ACID［ACID 是指数据库管理系统（DBMS）在写入或更新资料的过程中，为保证事务（transaction）是正确可靠的，所必须具备的四个特性：原子性（Atomicity，或称不可分割性）、一致性（Consistency）、隔离性（Isolation，又称独立性）、持久性（Durability）]部分特性，换取增强在其他方面的能力，来大幅度提升对于海量、多源、异构、实时等数据的存储能力。

3. 数据处理与变换

ArcMap（图 4-8）是一个用户桌面组件，由三个用户桌面组件组成，即 ArcMap、Arc-Catalog、ArcToolbox。可用于数据输入、编辑、查询、分析等功能的应用程序，具有基于地图的所有功能，实现如地图制图、地图编辑、地图分析、空间分析、空间数据建库等功能。ArcMap 包含一个复杂的专业制图和编辑系统，它既是一个面向对象的编辑器，又是一个数据表生成器，是美国环境系统研究所（Environment System Research Institute，ESRI）于 1978 年开发的 GIS 系统。

图 4-8　ArcMap

ArcMap 提供两种类型的地图视图：数据视图和布局视图。

在数据视图（图 4-9）中，用户可以对地理图层进行符号化显示、分析和编辑 GIS 数据集。数据视图是任何一个数据集在选定的一个区域内的显示窗口。

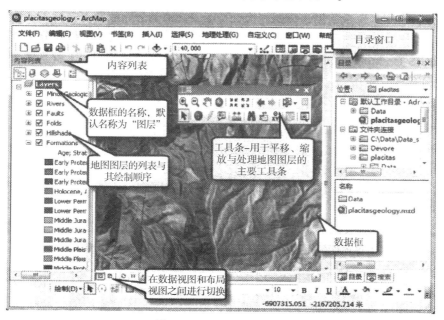

图 4-9　ArcMap 数据视图

在布局视图（图 4-10）中，用户可以处理地图的页面，包括地理数据视图和其他数据元素，比如图例、比例尺、指北针等。

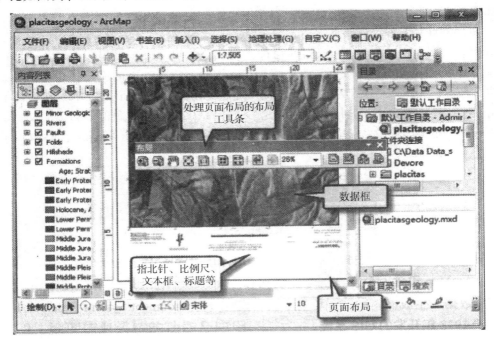

图 4-10　ArcMap 布局视图

数据变换、数据重构、数据抽取均在 ArcMap 软件中进行，本书不做详细介绍。

4. 空间分析与统计

统计分析常用来探索数据，例如，检查特定属性值的分布或者查找异常值（极高值或极低值）。此类信息非常适用于在地图上定义分类和范围、对数据进行重分类或查找数据错误。ArcGIS Desktop 中的统计分析功能不是属于非空间分析（图表）就是属于空间分析（含有位置）（图 4-11）。

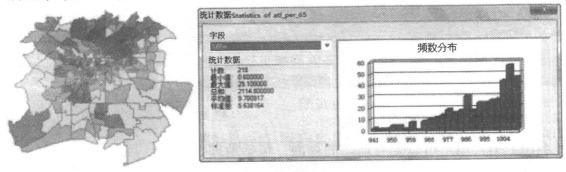

图 4-11　数据频数分布

统计分析的另一个用途是汇总数据。通常按照类别进行汇总，如在图 4-12 中将计算每种土地列用类别的汇总统计数据，以便显示该类中宗地的数量、最小和最大宗地的大小、平均宗地大小以及该类的总面积。

Landuse	Cnt_Land	Min_AREA	Max_AREA	Ave_AREA	Sum_AREA
	6	1315.1	6499.3	3007.7	18046.1
AGRI	1	37243.5	37243.5	37243.5	37243.5
COMM	210	37.1	29780.0	1679.9	352776.9
FC	1	9861.1	9861.1	9861.1	9861.1
HDR	270	45.5	11343.4	522.3	141030.8
LDR	668	0.2	11195.1	758.1	506386.9
LI	30	300.1	18031.1	2728.6	81857.6
LMDR	361	5.0	1740.1	598.5	216069.7
MDR	329	0.4	17182.8	519.7	170972.8
OFF	92	74.8	12843.7	1388.6	127755.7

图 4-12　统计数据汇总

统计分析也可用于识别和确认空间模式，如一组要素的中心、方向趋势或者要素是否会聚集在一起。虽然在地图中，模式非常清晰，但试图通过地图得出结论仍然非常困难，因为人们对数据进行分类和符号化的方式将使模式变得模糊不清或过分夸大。统计功能可对基础数据进行分析，然后给出用以确认模式的存在和强度的测量值。

下面一个有关分析的示例显示出一系列盗窃活动的平均中心以及一组驼鹿出现位置的标准差椭圆（显示出方向趋势）（图 4-13）。

 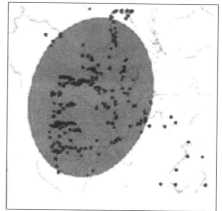

图 4-13　统计数据所显示出的空间模式

5. 产品制作与显示

地图的制作是 GIS 基本功能应用的最好例证。GIS 是在计算机辅助制图（CAD）基础上发展起来的一门学科，是电子地图（矢量化地图）制作的重要工具。因此，对空间数据进行各种渲染，高效、高性能、高度自动化处理是 GIS 制作地图的重要特点。采用 GIS 可以将数据矢量化，从而使与空间有关的各种数据（信息）迭加到电子地图上。

地图制作是将用户查询的结果或是数据分析的结果以文本、图形、多媒体、虚拟现实等形式输出，是 GIS 问题求解过程的最后一道工序。输出形式通常有两种：在计算机屏幕上显示或通过绘图仪输出。在一些对输出精度要求较高的应用领域，高质量的地图输出功能对 GIS 来说是必不可少的。这方面的技术主要包括数据校正、编辑、图形修饰、误差消除、坐标变换和出版印刷等。

地理信息系统功能遍历数据采集—分析—决策应用全部过程，并能回答和解决以下五类问题：

1）位置。即在某个地方有什么问题。

2）条件。符合某些条件的实体在哪里。

3）趋势。某个地方发生某个事件及其随时间的变化过程。

4）模式。某个地方存在的空间实体的分布模式。

5）模拟。某个地方如果具备某种条件会发生什么。

4.2.5 GIS 技术系统架构及软件

1. GIS 的架构

同样以 IFC 的架构来对应 GIS 的架构，资源层对应数据采集与编辑、数据存储与管理功能，核心层对应数据处理与变换、空间分析与统计，交互层和领域层对应产品制作与显示，具体如图 4-14 所示。

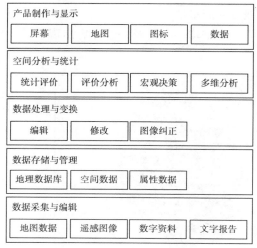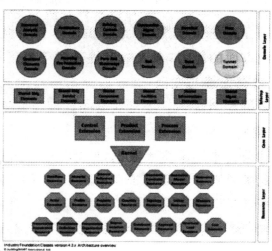

图 4-14　GIS 架构与 IFC 架构对应关系

2. GIS 软件

ArcGIS 是一个功能强大的 GIS，可以满足多种 GIS 应用需求，包括地图制作、数据分析、数据可视化、空间数据分析、网络分析、影像分析等，可以从多个角度探索空间数据，为用户提供更多的 GIS 应用方案。

ArcGIS 的基本功能和用途如下：

（1）地图制作

使用 ArcGIS 可以制作出漂亮的地图，例如街道地图、政区地图、地形图等。

（2）空间数据分析

使用 ArcGIS 可以进行空间数据分析，包括空间关系分析、空间统计分析、空间法则分析等。

（3）数据可视化

ArcGIS 提供了一系列的数据可视化工具，可以将空间数据转换为图像，以便更好地理解数据。

（4）地理信息系统（GIS）

ArcGIS 是一个功能强大的 GIS，可以收集、管理、分析和展示空间数据。

（5）网络分析

ArcGIS 可以进行网络分析，包括路径分析、流量分析等。

（6）影像分析

ArcGIS 可以进行影像分析，可以从影像中提取出空间信息，例如地物分类、景观分析等。

4.2.6　GIS 技术建筑应用及案例

1. GIS 技术建筑工程规划

（1）倾斜摄影形成三维的 GIS 模型

倾斜摄影技术是近些年测绘领域发展起来的一门新技术，是指通过搭载高像素摄像头的无人机，同时从垂直、倾斜等不同角度采集地物影像，其采得的倾斜摄影数据能够准确地反映地物信息，并且带有准确的定位信息。倾斜摄影数据采集完成之后，通过 PC 端实景建模软件将倾斜摄影数据处理成三维的实景模型，这样就省去了大量的 BIM 建模工作，直接构建成真实的场景。生成的三维实景模型可以直接被 GIS 平台识别，这样就在地图里形成了直观的三维 GIS 模型。

（2）轻量化的 BIM 模型置换 GIS 模型

BIM 模型包含工程所有的信息，这些信息并不是在模型建立之初便存在的，而是随着项目在全生命周期过程中动态增长而变化的。在建筑工程规划阶段，将拟建建筑的 BIM 模型进行轻量化处理导入 GIS 平台中，即 IFC 和 CityGML（两者是一种用于虚拟三维城市模型数据交换与存储的格式，是用以表达三维城市模板的通用数据模型）数据格式之间的兼容。在实景模型中将对应部分替换，填写 GIS 模型中所没有的项目属性信息，如层高、建筑出入口、构件属性等信息，实现宏观数据与微观数据的整合。

（3）划分并且区分信息

建筑施工涉及的内容数量多而且繁杂，如果人工整合这些数据并且进行分析，工程量非常大而且困难重重。所以使用 BIM 技术一方面能够整合施工过程中的信息，另一方面它可以传递这些信息到 GIS 技术中，GIS 通过分析这些获取的信息，判断建筑施工中存在的问题。在对数据进行整合以及分析的过程中，BIM 与 GIS 技术会对信息进行分类。一种是外部信息，另一种是内部信息。其中外部信息包括和建筑施工有关的国家政策、施工材料和人工的市场价格及施工周边的环境等内容。而内部环境针对的是建筑施工管理公司本身，包括施工设计、施工工期、施工成本等内容。建筑供应流程中和外部信息的交换是单一的方式，但是和内部的交换比较繁杂。在这种信息交换比较多，而且复杂的情况下，利用 BIM-GIS 技术能够让管理者清晰掌握建筑施工的信息，通过有效监控，把控施工材料以及人员发挥正确的作用，以此保证工程的质量和进度。

（4）控制建筑施工的工期

BIM-GIS 技术的优势是既可以检测动态的施工情况，又可以根据实际情况调整施工的进度，而且也可以监控施工情况。这个过程中 BIM 技术获取施工中的材料、成本以及人力等内容，从而形成以 BIM 技术为条件的虚拟施工模型。完成虚拟模型，将它和实际施工情况做对比，分析偏差值，然后对工期做出评价。通常施工的建筑方案和实际的施工会出现差异，构建的虚拟化模型能够检测出实际施工情况和设计方案之间的差距，根据结果分析并且调整，提高施工流程的准确性。而 BIM-GIS 技术则实时监控建筑工程的施工，如果中间出现问题可以及时告知管理者，促使管理者调整进度，保证顺利完工。

（5）监控管理施工成本

通常建筑企业都会制订"控制成本的情况下实现经济效益"这一战略目标，所以成本控制是建筑施工管理的重要内容，将 BIM 与 GIS 技术运用于建筑施工可视化模型中，则可以实现成本的有效监控，保证管理者把握施工中的成本。它是将建筑施工中的成本信息通过虚拟的三维环境体现出来，直观反映相关的材料、库存、造价等成本数据，管理者通过这些成本信息可以科学规划成本，从而达到增值效益。此外，BIM-GIS 对成本的控制也可以应用在建筑施工方案的设计中。通过 BIM-GIS 构建的施工模型，结合制图的软件能够透明化反映出施工的外部环境，在较快的时间里呈现一个外部空间状态，分析出使用的难易程度、施工周期以及相关的投资成本，通过多角度评估影响建筑成本的因素，从而优化建筑施工的设计方案。

（6）在 GIS 平台中查看项目信息

在 BIM 模型导入 GIS 平台之后，可以通过 GIS 规划管理，信息是动态变化的：一方面，在规划阶段，BIM 模型多是概念模型，即只包含项目的位置朝向、尺寸等项目概念信息，模型中的信息远没有达到项目建设的需要，可以在 BIM 模型中不断增加信息以满足规划管理的需求。另一方面，在规划阶段对模型的应用所产生的信息（如光照分析等数据）可以附加到 BIM 模型当中传递到项目下一阶段，最后用于项目的运维。

（7）日照采光模拟分析

在建筑工程规划管理中，关于日照采光的分析尤为重要。在 GIS 平台中给予 BIM 模型以准确的定位，这就具备了进行日照采光模拟分析的基础，通过设置具体时间段的形式，可以真实地模拟项目在建设地点某一具体时间段的光照变化，生成模拟视频，并给出分析报告。

（8）可视域分析

可视域分析也是建筑工程规划管理中不可或缺的一环，在 GIS 平台可以基于 BIM 模型的任意一点做此点对周边的可视分析。通过可视域分析可以合理安排监控位置，减少监控的盲区，实现对项目的全面监控。

（9）建筑高度及建筑间距控制

建筑高度和建筑间距是影响建筑形态控制的重要指标，其对建筑采光、房屋通风、安全以及居住者隐私有着重要的影响，因而在建筑工程规划过程中控制好建筑高度和建筑间距尤为重要。在 GIS 平台中，可以实现多角度查看建筑间距和高度情况，并可以进行实时的精确测量。

（10）新建建筑物的出入口规划控制

建筑工程出入口的设置对人员车辆进出的便捷性和对周边道路的交通情况有着极为重要的影响，合理的建筑出入口设置对城市科学规划和使用者的使用体验有积极的促进作用。在项目规划之初，便可以通过 GIS 平台观察分析新建建筑物周围的道路情况，并结合建筑的项目规模、使用性质、人员车辆进出率等因素确定新建建筑物的出入口。

2. GIS 在未来的发展规划

在智能建造发展的过程中，GIS 技术提供了很大帮助，但要想全面发挥其功能优势，必须将其与物联网、传感器等有效融合。GIS 技术的发展应用需要信息技术的支持和帮助，两者是相互依存的关系，GIS 技术是智能建造的前提条件，同时智能建造的发展也会促进 GIS 技术功能的完善。

（1）为智能建造的规划设计提供工具

GIS 技术能统一管理空间、属性等方面的数据，具备完善科学的规划设计功能，并且空间分析模块能有效地辅助模拟，科学选取评估方案，然后根据实际需要优化方案，保证空间数据、属性数据分析的准确性，是非常有效的规划工具。

存储、管理和规划数据，GIS 技术可以有效存储、管理海量的数据，还能有效查询、规划各类空间数据信息。因此，以 GIS 技术为基础构建的智慧地球城市规划数据库能更科学、有效地管理城市各类信息数据。

（2）科学规划、管控动态城市发展

在智能建造规划过程中，GIS 技术的应用可以科学规划、管控动态城市发展，能及时更新各类数据信息，科学分析空间数据。利用 GIS 技术的功能优势，能更高效地监测、管控城市信息化建设，并根据监测、管控结果解决其中存在的问题。在城市整体结构布局过程中，三维地理信息系统是依据城市的有关特征采用相应的技术手段，然后在此前提下做出调整，更高效地完成城市的规划工作。

在智能建造发展中要想最大限度地发挥 GIS 技术的功能优势，必须重视 GIS 技术三维可视化的应用。利用三维 GIS 技术可以更直观、具体地展现空间数据信息，便于用户更有效地规划智能城市发展。GIS 技术因自身特有的功能被广大技术人员所青睐，便于他们更科学地做出决策。

在当今信息技术飞速发展的时代，跨学科、跨领域的现象已经屡见不鲜，BIM 与 GIS 技术的集成融合便是其中之一。BIM+GIS 的集成应用，必将引起工程项目规划管理的变革，推动工程规划管理向着更加绿色、节能、便民的方向发展。然而，基于 BIM+GIS 的建筑工程规划管理只是智慧城建设中的一部分，BIM 与 GIS 集成融合所产生的价值也绝不会仅仅局限于规划领域，其必将在其他相关领域大放异彩，产生不可估量的价值。

3. GIS+BIM 在工程管理中的应用

基于 GIS 和 BIM 的工程进度管理平台可打造智慧建筑、智慧园区、智慧城市信息集成管理平台系统，集信息技术、软件开发应用于建筑工程项目，如图 4-15、图 4-16 所示。

图 4-15　某智慧园区

图 4-16　某智慧建筑楼群模版

　　同时，GIS+BIM 可以为智慧建筑、智慧园区、智慧城市提供全生命周期的突破与创新的管理方式，即以 BIM 技术作为信息化、数字化的战略工具，将云平台（CLOUD）、地理空间信息（GIS）、物联技术、大数据、节能技术、3D 打印、VR（AR）和其他互联网+技术整合到基于 BIM 的智慧建筑、智慧园区、智慧城市的集成管控平台上，让各类建筑、园区、城市等真正具有"智慧"的运营管理中枢系统。

　　如智慧建筑、智慧园区、智慧城市集成管理平台开发一体化：GIS＋BIM＋FM＋IBMS＋CLOUD。就是基于 GIS 和 BIM 的工程进度管理平台融合 BIM+GIS 等互联网+技术，以适用于各类大型建筑群（综合体）、大型园区等项目工程的动态管理，该系统能够准确反映工程的全貌、建设进度、工程进度的 4D 模拟、剩余工作量、与工程计划的差异等重要工程信息，可为工程管理者提供可视化、数字化、即时的进度管理协同系统。

　　从经济和社会效益方面考虑，基于 GIS 和 BIM 的工程管理平台，可以：

　　1）提供数字化、可视化、可量化的管理工具，让项目的每个参与者都能够第一时间掌握项目的动态，及时做出准确的响应。

　　2）推动工程管理从传统的微观且分散性管理方式向现代化、智能化、集约化管理方式迈进，大大提升管理效率，提高工程管理的针对性和有效性。

　　3）实现信息的互联互通和数据的交互共享，多条线间、跨部门协作和动态化管理。

　　4. BIM+GIS 技术建筑运营信息化管理

　　基于 BIM+GIS 的建筑运营管理是升级版的信息化管理，将可形成建筑运营管理新模式。通过信息的集成、智慧化应用，降低运营管理的人力成本，同时提升管理效率，为建筑用户提供更优质的运营服务，如图 4-17 所示。

　　GIS 技术可实现对管控区域的公共信息、管理信息进行直观展示，并结合流程、实时监测信息等业务数据，实现直观高效的信息化管理。

　　GIS 应用于建筑管理工作的优点在于其能够将建筑的地理分布如实直观反映，并通过矢量信息对建筑的各类管理元素进行展现，通过矢量地理信息与业务信息的融合及交互，实现建筑的信息化管理。

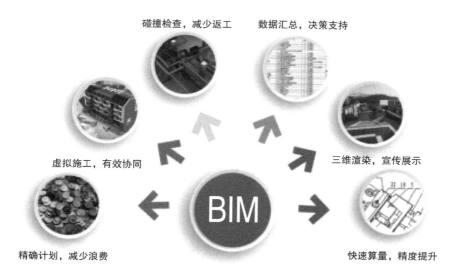

碰撞检查，减少返工　　数据汇总，决策支持

虚拟施工，有效协同　　三维渲染，宣传展示

精确计划，减少浪费　　快速算量，精度提升

图 4-17　BIM 技术在建筑设计、施工阶段的应用

传统 GIS 应用以二维形式为主，通过二维地图展示各类元素，包括建筑、道路、绿地、水体、各类设施设备等。其优点是技术已形成多年，较为成熟，各类应用已趋于完善，且加载负担较小，缺点是相对于实际缺少了高度维度，无法体现建筑的真实面貌，在多楼层的建筑内进行设备管理、空间管理等方面的劣势尤为明显。展示效果方面，随着技术的不断发展，二维向三维转化已是必然的趋势，三维模型在展示效果上大大优于二维地图，可优化用户体验。在机电设备管理方面，传统基于 GIS 的建筑管理系统缺少建筑内部机电管线、设备的信息。

BIM 技术目前已广泛应用建筑设计、建筑施工阶段，但在建筑运营阶段仍处于起步状态，部分高端建筑项目（如上海中心大厦等）通过 BIM 实现了运营数据的集成，并基于 BIM 建立资产管理、能源管理、环境管理、安全管理、应急管理、设备监控管理、设备维护管理等运营管理应用，为运营管理者提供了更直观高效的管理方式。不过基于 BIM 的运营管理应用尚未在建筑行业大面积推广，且 BIM 在运营阶段的价值也尚未完全开发，亟待更深入的研究探索。

运营阶段，将 GIS 技术与 BIM 技术结合，可覆盖建筑管理中各类管控对象，通过三维直观可视化的形式真正实现建筑的信息化管理，全方位保障建筑运营。

BIM+GIS 可在建筑的设施设备信息管理、空间管理、应急响应、建筑运营服务等方面提供完善的信息化支撑和直观高效的管理手段。下面将详细阐述各应用点的具体应用模式。

（1）设施设备信息管理

设施设备是建筑的主要资产，也是运营管理的重点关注对象，因此设施设备的信息管理在运营管理中占据重要的地位。传统建筑运营信息化管理中，一般只包含设施设备自身的固有属性信息及维修更换等过程信息的管理及维护。BIM+GIS 技术可以为建筑提供完整的设施设备信息化管理元素，以此为载体，叠加诸如设备智能化监测信息、设备巡检信息等各类与设施设备相关的数据，并可基于数据对应实现各类信息的联动分析，实现便捷、准确的设施管理。

例如，在设备出现故障时，可通过 GIS 技术快速定位设备，通过设备 BIM 模型一键调取设备的各类相关运营管理信息，如查询设备近期监测参数走势，分析问题原因，并可查询设备的维修记录，查看是否为重复出现的问题或由前期处理造成的问题。如需供应商解决，则可查找设备的资产信息台账，从中获取设备供应商信息；如需更换备品、备件，则可查询相关备品、备件的库存数量。故障处理完成后，还能将本次处理过程在设备模型上进行在线记录，为后续的设备维护提供信息参考。

另外，BIM 还可反映设施设备运行逻辑，从而更深入帮助管理人员解决问题，例如通过设备的上下游关系快速定位相关阀门，指导管理人员操作，通过设备与空间的对应关系，了解设备故障的影响范围，协助范围内空间做好应对措施。基于 BIM+GIS 技术，可发掘众多设施设备信息管理方面的应用点，大大提升管理效率，实现精细化运营。

（2）空间管理

空间管理可理解为与建筑空间相关的各类管理工作，包括空间信息管理、租赁管理、活动会议管理等。GIS 与 BIM 技术本身就是与空间直接相关的信息化技术，可为空间管理提供直观的载体，并通过空间基本信息、租赁信息、活动会议等信息的关联，形成更为便捷的空间管理可视化工具。

另外，GIS 技术在商业选址空间分析方面具备优势，通过对人口、客流、交通、市场竞争等方面商业数据与空间位置叠加进行分析，形成选址决策参考，可通过可视化的手段为建筑空间业态分布规划、招商管理等建筑运营提供决策支持。

（3）应急响应

BIM+GIS 技术在应急响应中也可起到重要作用。应急响应是建筑运营管理的重中之重，发生重大事故时，建筑的应急响应效率将极大地影响营救结果。应急响应涉及应急信息获取、应急疏散等。在应急信息获取方面，BIM 可直观展示事故发生的具体定位，还可通过 GIS 技术的空间距离分析，获取事故地点最近的若干个监控摄像头、烟感、温感等设备，在人员到位前通过视频及监测参数初步了解事故情况，同时还可通过 BIM 模型展示相关应急设备（消火栓等）的分布，协助应急处置；在应急疏散方面，通过 GIS 的路径分析技术，为各个区域的人员疏散路线提供参考。

（4）建筑运营服务

除了上述针对建筑运营管理人员的需求以外，BIM+GIS 技术还可向建筑内部的用户提供多种便利服务。例如，在超高层、园区、商圈等相对复杂的建筑中，通过空间展示提供各空间的公司信息、商铺信息等，并通过 GIS 的路径分析，为用户提供导航服务；在空间交付给租户时，可以通过 BIM 的空间与设备的关联逻辑，向租户提供该空间内包含的设备清单，并通过 BIM 模型向租户展示原始空间的具体情况，包括隐蔽工程等，为租户二次装修提供参考，同时也可通过 BIM 模型记录租户的二次装修情况；租户空间出现故障时，可通过 BIM 定位问题位置，与故障信息一并发送给物业管理人员，形成高效的线上物业报修机制，如图 4-18 所示。

此外，BIM+GIS 技术还可在建筑运营能源管理、安全管理、环境管理等方面发挥其三维可视化、数据逻辑、空间分析等技术优势，提升运营管理效率与质量。

基于 BIM+GIS 的建筑运营管理是升级版的信息化管理，如全面应用，将形成建筑运营管理新模式。通过信息的集成、智慧化应用，降低运营管理的人力成本，同时提升管理效率，为建筑用户提供更优质的运营服务。

图 4-18　基于 BIM 的空间管理

当前，BIM+GIS 技术已在建筑运营领域起步，在一些项目中完成运营应用的试点，但仍存在建设成本高、建设工作量大、推广难度大等问题。未来，BIM+GIS 可在建筑运营管理中着眼两个方向重点突破：一是逐步实现 BIM+GIS 建筑运营数据处理自动化，运营应用模块化，降低建设成本与工作量，解决行业推广问题；二是深挖 BIM+GIS 技术在建筑运营中可发挥的作用，不断深化基于 BIM+GIS 的运营管理应用，并尝试与人工智能等前沿技术结合，持续提升建筑运营管理能力。

5. BIM+GIS 技术建筑应用案例

某工程项目为响应建设方提出的"打造新时代生态智慧水利工程"的总体目标，从智慧设计、智慧施工与智慧运维的工程全生命周期出发，采用物联网、互联网、云平台、BIM+GIS 等技术手段，开展"智慧工地"建设，实现本项目管理高效化、数字化、精细化、智慧化，如图 4-19 所示。

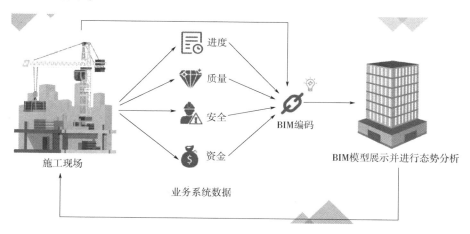

图 4-19　BIM+GIS 场景与施工数据的融合

（1）技术路线与目标

1）通过参数化建模和倾斜摄影形成 BIM+GIS 基础模型，基于模型轻量化技术和 C/S 架构研发 BIM+GIS 支撑平台，作为可视化应用和多源施工信息的载体。

2）通过 UBW、自动化监测、高清视频监控等物联网技术手段布置智慧工地监控系统，实现对施工数据的自动采集与传输。

3）通过编码体系将施工数据、管理行为与 BIM 模型进行关联与融合，搭建基于 BIM+GIS 的智慧工地集成平台，实现施工全过程可视化动态监管。

（2）应用成果

1）编码体系。为保证施工过程中的项目管理行为和智慧工地系统自动采集数据与 BIM 模型一一对应、自动关联，项目 BIM 团队制订了一套涵盖进度、质量、安全、成本的项目管理全要素信息编码库。

如图 4-20 所示，BIM 模型编码以模型构件为对象，按不同专业归类，同时考虑施工区段和流水作业划分，细分到单元工程，为构件级的精细化管理奠定基础。

序号	编号	名称	类型	验收标准	标段	责任单位	主要	BIM 编号
1	ZSJGCA4	珠江三角洲水资源配置工程A4标			土建施工A4标	中国水利水电第八工程局有限公司	否	A4
2	ZSJGCA4-01	LG05#(SD05#)、LG06#(SD06#)顶管区间	单位工程		土建施工A4标	中国水利水电第八工程局有限公司	否	
3	ZSJGCA4-01-01	LG06#(SD06#)工作井	分部工程		土建施工A4标	中国水利水电第八工程局有限公司	否	A4BA060A01CS
4	ZSJGCA4-01-01-01	☆地下连续墙（共24个单元工程）	单元工程类别		土建施工A4标	中国水利水电第八工程局有限公司	是	A4BA060A01CSAMK
5	ZSJGCA4-01-01-01-00	☆地下连续墙1#	单元工程		土建施工A4标	中国水利水电第八工程局有限公司	是	A4BA060A01CSAMK001
6	ZSJGCA4-01-01-01-00	地下连续墙2#	单元工程		土建施工A4标	中国水利水电第八工程局有限公司	否	A4BA060A01CSAMK002
7	ZSJGCA4-01-01-01-00	地下连续墙3#	单元工程		土建施工A4标	中国水利水电第八工程局有限公司	否	A4BA060A01CSAMK003
8	ZSJGCA4-01-01-01-00	地下连续墙4#	单元工程		土建施工A4标	中国水利水电第八工程局有限公司	否	A4BA060A01CSAMK004
9	ZSJGCA4-01-01-01-00	地下连续墙5#	单元工程		土建施工A4标	中国水利水电第八工程局有限公司	否	A4BA060A01CSAMK005
10	ZSJGCA4-01-01-01-00	地下连续墙6#	单元工程		土建施工A4标	中国水利水电第八工程局有限公司	否	A4BA060A01CSAMK007
11	ZSJGCA4-01-01-01-00	地下连续墙7#	单元工程		土建施工A4标	中国水利水电第八工程局有限公司	否	A4BA060A01CSAMK008
12	ZSJGCA4-01-01-01-01	地下连续墙8#	单元工程		土建施工A4标	中国水利水电第八工程局有限公司	否	A4BA060A01CSAMK009
13	ZSJGCA4-01-01-01-01	地下连续墙10#	单元工程		土建施工A4标	中国水利水电第八工程局有限公司	否	A4BA060A01CSAMK010
14	ZSJGCA4-01-01-01-01	地下连续墙11#	单元工程		土建施工A4标	中国水利水电第八工程局有限公司	否	A4BA060A01CSAMK011
15	ZSJGCA4-01-01-01-01	地下连续墙12#	单元工程		土建施工A4标	中国水利水电第八工程局有限公司	否	A4BA060A01CSAMK012
16	ZSJGCA4-01-01-01-01	地下连续墙13#	单元工程		土建施工A4标	中国水利水电第八工程局有限公司	否	A4BA060A01CSAMK013
17	ZSJGCA4-01-01-01-01	地下连续墙14#	单元工程		土建施工A4标	中国水利水电第八工程局有限公司	否	A4BA060A01CSAMK014
18	ZSJGCA4-01-01-01-01	地下连续墙15#	单元工程		土建施工A4标	中国水利水电第八工程局有限公司	否	A4BA060A01CSAMK015
19	ZSJGCA4-01-01-01-01	地下连续墙16#	单元工程		土建施工A4标	中国水利水电第八工程局有限公司	否	A4BA060A01CSAMK016
20	ZSJGCA4-01-01-01-01	地下连续墙17#	单元工程		土建施工A4标	中国水利水电第八工程局有限公司	否	A4BA060A01CSAMK017
21	ZSJGCA4-01-01-01-01	地下连续墙18#	单元工程		土建施工A4标	中国水利水电第八工程局有限公司	否	A4BA060A01CSAMK018
22	ZSJGCA4-01-01-01-01	地下连续墙19#	单元工程		土建施工A4标	中国水利水电第八工程局有限公司	否	A4BA060A01CSAMK019
23	ZSJGCA4-01-01-01-01	地下连续墙20#	单元工程		土建施工A4标	中国水利水电第八工程局有限公司	否	A4BA060A01CSAMK020
24	ZSJGCA4-01-01-02	地下连续墙20#	单元工程		土建施工A4标	中国水利水电第八工程局有限公司	否	A4BA060A01CSAMK020

图 4-20　工作井地连墙单元模型编码

2）BIM+GIS 基础模型。如图 4-21 所示为实现不同专业间的协作，提高操作效率，BIM 团队首先确定建模规则，统一建模基准，设置共享参数。然后根据建模规则与统一编码体系建立构件属性信息完备的土建工程、机电工程、预埋件和场地布置 BIM 模型。

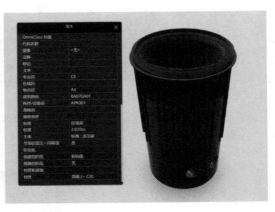

图 4-21　工作井 BIM 模型

如图 4-22 所示，同时收集地理信息，附加施工区域外扩 200m 倾斜摄影数据，形成输水工程全线 GIS 模型，每半年更新一次。

3）BIM+GIS 支撑平台。通过 BIM 轻量化、移动互联等核心技术，基于 C/S 架构，研发 BIM+GIS 支撑平台，实现 BIM 模型和 GIS 数据的在线轻量化。同时实现工程全线模型的整合，为全景浏览和信息集成提供三维场景支持和数据库支撑，如图 4-23 所示。

图 4-22　工作井周边倾斜摄影数据

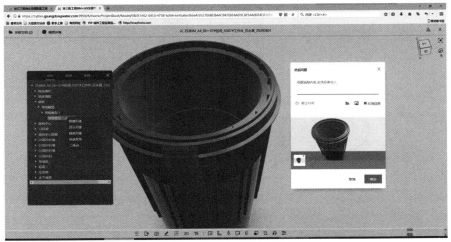

图 4-23　BIM+GIS 平台—全景浏览

4）智慧工地物联网系统。针对工程特点，部署物联网系统，包括监控中心、空间人员定位、智能门禁、全景视频监控、施工智能用电监测、环境监测、盾构监控、龙门式起重机监控、搅拌站监测、车辆进出管理、运输车辆监测管理、试验室监控等子系统，对施工全过程进行全方位的监控与信息采集。

①监控中心。为满足智慧工地系统的日常运行及实时监控，建立监控中心，如图 4-24 所示。

图 4-24　监控中心内部

②人员定位系统。如图 4-25 所示，建设工程洞内及室外一体化无线网络定位系统，地面工程采用智能安全帽做人员区域定位，地下隧洞工程（暂定关键线路区段）采用 UWB 精准定位，实时精准定位、管理。

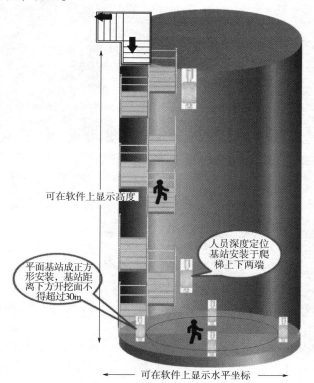

图 4-25　隧洞内人员定位安装效果图

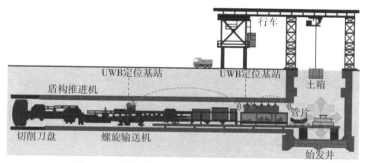

图 4-25　隧洞内人员定位安装效果图（续）

③运输车辆监测。如图 4-26 所示，用 GPS 系统定位指定的车辆，集成实时数据到智慧工地系统，实现车辆运输与车辆进出联合监管。

④搅拌站监测系统。智慧工地系统中的搅拌站监测系统接入搅拌站本体监控设备，同步获取搅拌站相关的运行状态信息和材料配合比参数，实时监控，如图4-27、图4-28所示。

⑤基于 BIM＋GIS 的智慧工地信息门户。在三维全景电子地图工作平台上制作标段三维全景电子模型，实现三维线路导览、整体面貌

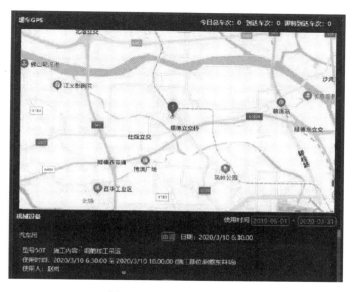

图 4-26　运输车辆监测

把控、关键指标查询、施工资源清点等功能，对施工全过程态势进行分析和预警，如图 4-29 所示。

图 4-27　搅拌站运行阶段视频监控

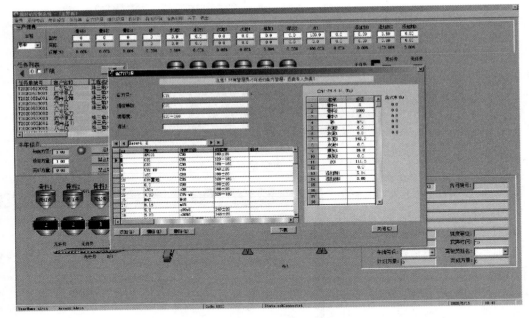

图 4-28　搅拌站配料监测

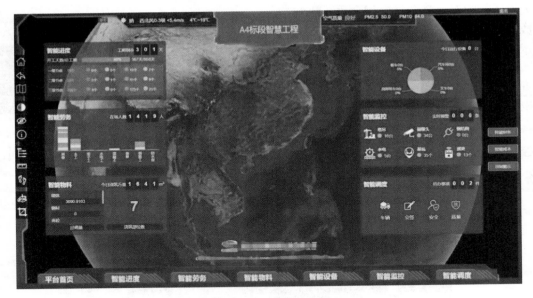

图 4-29　智慧工地信息门户

　　本工程正处于建设高峰期，基于 BIM+GIS 的智慧工地全流程应用全面铺开，已完成编码体系建立、精准建模、BIM+GIS 支撑平台的研发及上线、智慧工地物联网系统的部署，智慧工地信息门户也已研发并上线。目前已实现施工数据的自动化收集、施工过程全要素管理，获得了业主和监理的认可。项目 BIM 团队将在已有成果的基础上，继续开展数据挖掘、施工态势分析、智能预警等工作，为打造新时代生态智慧水利工程赋能。

第5章　智慧建筑之机器人及其他智能设备

5.1　建筑智能设备

5.1.1　智能传感器及安戴设备

1. 智能传感器

智能传感器是具有信息处理功能的传感器，能将检测到的各种物理量储存起来，并按照指令处理这些数据，从而创造出新数据。智能传感器可以更准确、更自动化地收集环境数据，并在准确记录的信息中减少错误噪声。

（1）光电传感器

光电传感器是指将光信号转化为电信号的一种器件。光电效应是指光照射在某些物质上时，物质的电子吸收光子的能量而发生了相应的电效应现象。下面介绍光电传感器的应用：

1）条形码扫描笔。当扫描笔头在条形码上移动时，若遇到黑色线条，发光二极管的光线将被黑线吸收，光敏三极管接收不到反射光，呈高阻抗，处于截止状态。当遇到白色间隔时，发光二极管所发出的光线，被反射到光敏三极管的基极，光敏三极管产生光电流而导通。整个条形码被扫描过之后，光敏三极管将条形码变成一个个电脉冲信号，该信号经放大、整形后便形成脉冲列，再经计算机处理，从而完成对条形码信息的识别。

2）产品计数器。产品在传送带上运行时，不断地遮挡光源到光电传感器的光路，使光电脉冲电路产生一个个电脉冲信号。产品每遮光一次，光电传感器电路便产生一个脉冲信号，因此，输出的脉冲数即代表产品的数目，该脉冲经计数电路计数并由显示电路显示出来。

3）光电式烟雾报警器。没有烟雾时，发光二极管发出的光线直线传播，光电三极管没有接收信号，没有输出。有烟雾时，发光二极管发出的光线被烟雾颗粒折射，使光电三极管接收到光线，有信号输出，从而发出报警。

（2）接近传感器

接近传感器是一种具有感知物体接近能力的器件，它利用位移传感器对接近的物体具有敏感特性来识别物体的接近，并输出相应开关信号。

接近传感器主要用于检测物体的位移，在航空、航天技术以及工业生产中都有广泛的应用。在房屋建筑中，如宾馆、饭店、车库的自动门、自动热风机上都有应用；在建筑测量技术中，可进行长度、位置的测量。

（3）光纤传感器

光纤传感器是指将来自光源的光经过光纤送入调制器，待测参数与进入调制区的光相互作用后，导致光的光学性质发生变化，成为被调制的信号光，再经过光纤送入光探测器，经解调后，获得被测参数。

光纤传感器的应用范围很广，几乎涉及国民经济和国防上所有重要领域和人们的日常生活，尤其可以安全有效地在恶劣环境中使用，解决了许多行业多年来一直存在的技术难题，具有很大的市场需求。主要表现在以下几个方面的应用：

1）城市建设中桥梁、大坝、油田等的干涉陀螺仪和光栅压力传感器的应用。光纤传感器可预埋在混凝土、碳纤维增强塑料及各种复合材料中，用于测试应力松弛、施工应力和动荷载应力，从而评估桥梁短期施工阶段和长期营运状态的结构性能。

2）在电力系统，需要测定温度、电流等参数，如对高压变压器和大型电动机的定子、转子内的温度检测等，由于电类传感器易受电磁场的干扰，无法在这类场合中使用，只能用光纤传感器。分布式光纤温度传感器是近几年发展起来的一种用于实时测量空间温度场分布的高新技术，该系统不仅具有普通光纤传感器的优点，还具有对光纤沿线各点的温度的分布传感能力，利用这种特点可以连续实时测量光纤沿线几公里内各点温度，定位精度可达米的量级，测量精度可达1℃的水平，非常适用于大范围多点测温的应用场合。

3）光纤传感器还可以应用于铁路监控、火箭推进系统以及油井检测等方面。

（4）位移传感器

位移是和物体的位置在运动过程中的移动有关的量，位移的测量方式所涉及的范围是相当广泛的。下面介绍位移传感器的应用：

1）检测产品的厚度和宽度。确认连接器的嵌合，通过反射型传感器不易受颜色和背景的影响，从而识别厚度和宽度的差异，同时还可以检测片材厚度。

2）检测高度。检测产品的顶面位置，测量高度。产品的基准面不确定时，也可使用2台传感器，求出差异来进行测量。如图5-1所示，可以检测建筑材料是否存在缺口。

3）检测翘曲。可以通过检测3个点的高度，运算其测量值，以求出翘曲量。

（5）霍尔传感器

霍尔传感器是根据霍尔效应制作的一种磁场传感器。霍尔传感器在工程技术中主要有以下应用：

1）测量电流强度。将霍尔器件的输出（必要时可进行放大）送到经校准的显示器上，即可由霍尔输出电压的数值直接得出被测电流值。这种方

图 5-1　检测建筑材料缺口

式的优点是结构简单，测量结果的精度和线性度都较高。可测直流、交流和各种波形的电流。在现在的工业现场，霍尔电流传感器是电流检测的最常用产品。

2）测量微小位移。若令霍尔元件的工作电流保持不变，而使其在一个均匀梯度磁场中移动，它输出的霍尔电压 U_H 值只由它在该磁场中的位移量来决定。产生梯度磁场的磁系统及其与霍尔器件组成的位移传感器，固定在被测系统上，可构成霍尔微位移传感器。用霍尔元件测量位移具有灵敏度高、惯性小、频响快、工作可靠、寿命长等优点，但工作距离较小。以微位移检测为基础，可以构成应力、应变、机械振动、加速度、称重等霍尔传感器。

3）压力传感器。霍尔压力传感器由弹性元件、磁系统和霍尔元件等部分组成，加上压力后，磁系统和霍尔元件间产生相对位移，改变作用到霍尔元件上的磁场，从而改变它的输出电压 U_H。由事先校准的 P-f（U_H）曲线即可得到被测压力 P 的值。

4）车用传感器。车用传感器是电子控制系统的主要组成部分，在实现车辆电子化中占有举足轻重的地位。一辆电子控制系统比较完整的豪华轿车中，几乎可以有 $20\sim30$ 个霍尔传感器用于汽车工作状态的测量和控制。另外，霍尔传感器还可用于车用导航系统、变速器控制、汽车生产线自动控制，以及公路挠性路面的检测等。

2. 智能安戴

（1）智能安全帽

安全帽是进入施工工地必不可少的装备，智能安全帽就是在传统防护安全帽/头盔的基础上，添加了无线摄像头、对讲机、定位器等智能电子网络电路板部件，相当于给工人头顶随时随地佩戴了一个监测器，实现了一定程度的监管功能，使得劳务实名制和精细化用工管理成为可能，可在一定程度上杜绝、减少违规行为的发生，对于安全生产具有积极意义。下面介绍三种智能安全帽：智能定位安全帽、智能记录安全帽、4G 智能可视安全帽。

1）智能定位安全帽。智能定位安全帽功能以定位为主。定位方法主要是 GPS 和 RFID 两种，GPS/北斗的方案主要是用于室外较大区域范围的人、物定位；RFID 定位目前被应用得相对较多，缺点是 RFID 需要定位辅助设备，即需要网络和供电才能实现。

智能定位安全帽可以实时统计巡检人员到达各巡检点的具体时间及停留时间，做到对巡视时间和巡视到位率可知和可控，保证线路巡视工作的质量。对于野外输电线路，可以获悉人员、车辆的当前位置，以便进行有效调度和指挥，保障设备运行的安全以及防止设备事故的升级和扩大。

2）智能记录安全帽。智能记录安全帽主要起记录、储存的作用，主要是实时录像录音功能，可以进行现场数据采集。

智能记录安全帽能够解放巡检员双手，其高清影像模块，拍摄采集、回传存档一应俱全。可以将建筑施工情况以图片或者视频的形式实时回传到指挥中心，发现缺陷与隐患及时上报，为指挥中心提供最及时、最翔实的一线资料。如当巡检员发现电力设备出现紧急情况时，可触发智能安全帽上的紧急报警按钮，指挥中心迅速锁定报警提示点的位置信息，安排最近的巡检人员、抢修装备实现就近增援，真正做到及时处理，让巡检工作更加放心。

3）4G 智能可视安全帽。4G 智能可视安全帽集成了视频采集、音频采集、音频输出、编码、通信（4G/WiFi）、存储、LED 灯等模块，是一款高集成度的可视穿戴物联网设备。除了定位和记录存储之外，还具备视频实时直播、通话对讲、广播喊话、夜视照明等功能，具备后台管理，实现平台+前端设备一体的工作模式。

4G 智能可视安全帽可以通过视频监控系统及时了解工地现场施工实时情况、施工动态和进度、防范措施是否到位，特别是对于场面比较大的工地。对重点项目企业领导需要远程监管，监管建筑工地现场的建筑材料和建筑设备的财产安全，避免物品的丢失或失窃给企业造成损失；将施工实况展现于客户面前，向客户展现工地的建设规划和形象进度，达到宣传效果；防范外来人员翻墙、越界、闯入、入侵危险区及仓库等场所，保证工地的财产和人身安全。

4G 智能可视安全帽也可以在开机时自动播放安全警示、工作安排、工作内容等信息，落实作业安全制度，强化作业执行过程，保护作业人员，危险预告，功能强大且不失安全性。此外，管理人员还可以通过安全帽上安装的摄像头监督施工现场的工作情况，及时发现和纠正工人的违规行为。

（2）可穿戴外骨骼机器人

可穿戴外骨骼机器人是一种人与机器人相互协作，将人的智慧和机器人的力量、速度、精确性和耐久性相结合的辅助性机器人。可穿戴外骨骼机器人包括关节外骨骼、上肢外骨骼、下肢外骨骼以及全身外骨骼机器人，它们不仅可以成为保护工人身体的盔甲，也可以起到增强工人身体力量的作用。可穿戴外骨骼机器人结合脑机融合感知技术，直接建立人脑和外骨骼机器人控制端之间的信号连接和信息交换，从而使工人更加直接、快速、灵活地控制外骨骼。

5.1.2　建筑机器人

建造过程对建筑机器人需求量最多，也是目前开展机器人应用较多的环节。机器人建造分为工厂和现场两个方向。复杂而难以预测的施工现场是建筑机器人面临的最大挑战。为了机器人能在施工现场充分发挥作用，它们必须能感知和灵活适应周围环境，这对机器人的柔性、视觉和控制方式有了更高的要求。

运维方面涉及管道检测、安防、清洁、管理等众多场景，也是建筑机器人的持久应用领域。大型建筑的破拆、资源再利用等将是未来巨量建筑的一个难题，机器人在这个方向将大有作为。

1. 国内外建筑机器人

首先来看看 3D 打印与预制机器人，这也是最为公众熟知的建筑机器人。3D 打印机器人可以按需建造大型建筑物。移动机器人用手臂控制 3D 打印机，并且通过一组预编程指令 3D 打印结构安全的建筑物。3D 打印技术也开始用于建造桥梁，例如在荷兰建造了第一座 3D 打印桥（由 MX3D 建造）。3D 打印和预制机器人组合是建筑行业中最有前途的自动化技术之一。

（1）突破性 3D 打印机器人 MX3D

MX3D 是一家位于荷兰的公司，它开发了突破性的机器人增材制造技术，可以 3D 打印几乎任何尺寸和形状的各种金属合金。MX3D 利用 4 台 3D 打印机器人进行联合作业，经过 6 个月的奋战，终于成功打印出一座 12.5m×6.3m 的异型钢桥，桥体重 4.5kg，并接受了载荷测试，以检验其结构完整性。

（2）砌筑、绑扎与安装机器人

砌筑、钢筋绑扎与饰面安装机器人大大提高了施工工作的速度和质量。一旦设置好，这些机器人可以连续工作，能比人类工作者更快地完成任务，而无须休息或回家。机器人不会因举起砖块，或不断弯腰以绑扎钢筋而感到疲倦。当然在这些例子中，仍然需要人类来完成一些工作，比如需要工人设置机器人并让它们启动。对于砌砖机器人，需要一个技术人员来监督工作，确保砖块正确放置并在砂浆固定后进行清理。钢筋绑扎机器人则要求人预先正确放置钢筋和间隔钢筋。

（3）砌体机器人 SAM

纽约的 Victor 公司 SAM100 砌体机器人的最新版本 SAM100 OS2.0 每小时可以放置 350 块砖，而且只需要一位输入任务说明的技术人员的协助即可完成任务。目前，SAM 已经用于华盛顿特区的实验室学校等著名项目上，并与克拉克建筑集团和 Wasco 等主要承包和砌筑公司建立合作。

（4）室内涂装机器人 Transforma

Transforma Robotics 是新加坡南洋理工大学（NTU）的衍生公司，其生产的机器人的专长是室内墙面涂装和施工质量评估。

说到机器人，日本是必须关注的国家。日本国家工业科学技术研究所（AIST）正在研制一种能够执行简单施工任务的仿生机器人。HRP-5P 可以轻松（尽管缓慢）地自行安装石膏板。前面已经介绍了机器人砌砖，未来机器人将在更多领域得到广泛应用。

（5）钢筋绑扎机器人 Tybot

如图 5-2 所示，先进机器人公司（Advanced Constrution Robotics）开发的 Tybot 机器人已经开始在桥梁项目上绑扎钢筋。

图 5-2　钢筋绑扎机器人

（6）AI+无人机监控机器人 Doxel

越来越多的无人机已开始在工地上空盘旋。将导航定位和高性能成像系统结合，无人机可提高测量的效率和准确性，也可监控工地现场的进度。而配备了高清摄像头和传感器的自动漫游机器人，则可以跟随工人在地上的脚步，帮工人运输重物，减轻其肩上的重担。

Doxel 正在使用机器人和人工智能（AI）通过实时、可操作的数据监控作业现场进度。该技术使用配备高清摄像机和激光雷达的自主无人机和漫游车。无人机和漫游车每天可以精确地拍摄和扫描施工现场。然后，它们使用 AI 将这些扫描结果与 BIM 模型、施工计划进行比较，以检查所执行工作的质量并确定每天取得的真实进度，如图 5-3 所示。

图 5-3　无人机监控机器人作业

（7）Volvo无人驾驶工程车

无人驾驶是一个引人注目的领域，目前正在日常出行、物流干线、港口货运等领域热火朝天地路测中，而在工程车作业领域同样可以由无人驾驶带来施工效率和安全性的跃升。下面分别是由沃尔沃生产的自动推土机和自动翻斗车，后者甚至采用的是电池动力，更加绿色环保，如图5-4所示。

图5-4　自动推土机和自动翻斗车

（8）自动漫游机器人Gita

Piaggio Fast Forward公司专注于移动性设计，由其研制的重达22 lb（大约10kg）的机器人Gita，可跟随施工人员，帮助他们携带货物，并在跟随途中绘制周围的环境，以便它可以在必要时独立返回，如图5-5所示。

（9）自动拆除机器人

可以想象，这个方向的机器人都是巨无霸。它们的存在可大大降低拆除建筑物的混凝土和结构构件的安全风险。

图5-5　自动漫游机器人

Husqvarna DXR系列遥控拆除机器人如图5-6所示，Husqvarna DXR系列遥控拆除机器人堪称拆除机器人中的战斗机，具有功率大、重量轻、功能设计全面等特点，可执行多种拆除任务，并支持工人远程操控。

图5-6　遥控拆除机器人Husqvarna DXR系列

拆除机器人 Brokk 如图 5-7 所示。美国 Brokk 公司从事拆除机器人生产研发 40 余年，其生产的 Brokk 系列拆除机器人，可以适应不同场景和环境的建筑拆除需求。

图 5-7　自动拆除机器人 Brokk

（10）可穿戴机器人 EksoZeroG

如图 5-8 所示，可穿戴设备也正在走入建筑公司的视线。Ekso Bionics 公司位于旧金山地区，专门从事可穿戴机器人领域的研究。EksoZeroG 是该公司针对建筑领域研发的可穿戴机器人，目的是为工人赋能，帮助他们轻松应对高强度、高负荷的施工操作，降低受伤害的风险。与传统的可穿戴设备相比，这款新型机器人更加轻便，赋能效果更好。

图 5-8　建筑工人可穿戴设备

（11）国产大界机器人

如图 5-9 所示，大界是中国领先的建筑机器人产品公司，致力于开发建筑领域的智能化工业机器人系统。大界研发团队深耕建筑机器人控制系统、智能算法与人机交互等核心技术，为全球建筑智能制造行业赋能。大界自主研发了国内第一款模块化的建筑机器人算法平台，可以动态识别建筑三维信息，快速生成工业机器人运动仿真，满足建筑行业智能建造与柔性生产的需求。

图 5-9　国产大界机器人

2. 生产类建筑机器人应用

生产类机器人主要用于施工前的构件生产工作，这一类机器人可以代替许多的体力劳动者，比起传统的操作节约了大量的人力与时间，也可以使构件更加精密，减少制造中工人操作所带来的误差。

（1）拆/布模机器人

拆/布模机器人通过计算机的控制可以一键拆模、一键布模，极大地提高工作效率。同时可依靠计算机的精密性提高产品的品质，因为机器操作的简单节省了劳动力，降低了生产的成本。

（2）钢筋弯箍机

由于混凝土中所配置的钢筋样式五花八门，有着各种形状，直接生产出的钢筋大多数都是直筋，这就需要人工将钢筋改变成各种所需要的形状，不仅耗费了巨大的劳动力，而且工人将钢筋改变的形状与规范的形状相比难免存在一定的偏差。钢筋弯箍机可以节省劳动力，避免钢筋形状出现偏差。

钢筋弯箍机主要由机械部分和控制部分组成。机械部分由钢筋送入机构、钢筋弯曲机构、钢筋夹断机构组成；控制系统主要由可编程控制器、触点继电器、开关电源组成。

（3）钢筋笼自动绑扎/焊接机器人

钢筋笼自动绑扎/焊接机器人是指可按照导入的 CAD 网片规格进行全过程自动完成钢筋加工的智能设备。

该机器人焊接或者绑扎的钢筋直径范围广，质量可靠；钢筋网络尺寸精确度高，可达到 ±10mm 范围内；能根据预埋件、窗户、门洞尺寸，自动预留尺寸开孔；兼有互联网和通信接口，可方便技术人员通过互联网远程诊断、排除故障。

（4）摆模机器人

摆模机器人是工业机器人在 PC 构件生产制造行业的应用，包括机械结构、传动系统和控制系统三大部分。摆模机器人具有高度开放、兼容和易移植的控制系统及高效便捷的人机互动界面，其配合专用模具，自动化实现 PC 生产线模具放置、固定、拆卸和回收等工作。

摆模机器人具有良好的控制精度，摆模精度控制在±2mm 之内，相对于人工，大大提高了摆模的精度。

（5）移动式制砖机

移动式制砖机（图 5-10）利用建筑固废为原材料，可以生产各种规格的园林景观砖、海绵城市透水砖、路缘砖、护坡砖、水工砌块、连锁砖等多种砖。

图 5-10　移动式制砖机

（6）预制木结构加工机器人

大型木结构建筑构件由于加工难度较大，规范要求严格，通常采用工厂预制的方式进行加工。现在，预制木结构自动淋胶、数控胶合多功能加工中心机器人等种类很多，包含了不同的增材与减材制造工艺。木结构机器人加工中心主要包括胶合、切割、铣削、检测、装配等多种类型。

木结构加工机器人能处理尺寸超过 450mm×900mm 的木板或木梁，通过一次性加工大型构件进一步节省材料；机器人生产线在同样的加工时间内约等于 3 个熟练工人，提高了工厂的产能。

（7）钢结构焊接机器人

钢结构焊接机器人是一种能够自动完成钢结构焊接的机器人设备，它采用先进的控制技术、传感器技术和热能控制技术，能够实现高效、稳定、安全的焊接过程。钢结构焊接机器人稳定性好，运行中很少产生故障；采用起弧机制优化设计，起弧时间仅需 400ms；且运行节拍快，速度提升 30%，大幅提高了工作效率。

3. 施工机器人

施工机器人是指与建筑施工作业密切相关的机器人设备，通常是一个在建筑施工工艺中执行某个具体建造任务的装备系统。在执行施工任务的过程中，施工机器人不但能够辅助人类进行施工作业，甚至可以完全替代人类劳动，并超越传统人工的施工能力。

（1）实测实量机器人

如图 5-11 所示，建筑测量机器人，能做到一户一验、实行快速自动测量。机器人采用四轮四驱底盘技术以及智能测头，可实现无人自主建筑测量及报告输出。同时，通过自主研发的智能测头模块，可实现包括墙面平整度、墙面垂直度、开间进深、墙面阴阳角、门窗及柱面尺寸、层高等项目的测量。整机体积小、机动灵活、操作简单、测量精度高。

该机器人 20s 可完成单个测量项，同步完成数据存储和上传，其点云精度达到 0.1mm，高于测量标准 1 个数量级，能节省人工成本 90%以上。

（2）挖掘机器人

挖掘机器人主要是利用机械臂与桶灵活搭配，通过遥控或自主控制完成各种岩石的挖掘作业。REX 机器人挖掘机，可通过测绘挖掘地点、规划挖掘操作和控制挖掘设备来挖掘埋在地下的公共设施管道。

图 5-11　实测实量机器人

它的主要优点是能够减轻人工开采石材的重负荷，增加生产效率，缩短采掘周期，可减少由于爆炸引起的人员伤亡和财产损失，而且还有可能降低成本，提高公共设施挖掘的生产能力。

（3）搬运机器人

搬运机器人是近代自动控制领域出现的一项高新技术。搬运机器人可安装不同的末端执行器以完成各种不同形状和状态的工件搬运工作，大大降低人力成本。其设计施工效率可达人工的 3 倍，配合智能升降机可以 24h 连续作业。

（4）四轮激光整平机器人

建筑地面结构施工的建筑机器人，可用于地下室底板、顶板、地坪混凝土浇筑阶段。机器人采用智能激光找平算法以及线控底盘技术，实现无人自主运动及高精施工。整机体积小、机动灵活、操作简单，施工地面平整度高、地面密实均匀。

该机器人施工效率可达 400~600m²/h，能替代 3~5 个人工作业，其激光探测精度可缩小至 2mm，测量高差控制在 5mm 以内，节省人工成本 60%以上，6 万~8 万 m² 施工面积即可收回成本，如图 5-12 所示。

（5）组装/安装机器人

组装/安装机器人是建筑施工过程中用于施工现场进行构件装配的一类建筑施工机器人。它可以将构件送到需要的地方，依照所需要的安装方式自动进行安装，而人只需要对其进行监督与检查即可，

图 5-12　四轮激光整平机器人

这样的机器人精度高，大大节约了劳动力成本，也确保了施工的安全性。

（6）智能砌筑机器人

智能砌筑机器人主要应用于二次结构墙体砌筑工序，适用于医院、学校、商业、办公等各类公建项目的非承重墙墙体室内砌筑施工，可使用目前国内各种主流砌块材料，材料适应范围广。砌筑效率是传统人工的 2 倍以上。

（7）四盘式抹光机器人

地面抹光施工的建筑机器人，主要用于混凝土地坪收光作业，机器人采用非轮式底盘技

术以及智能运动算法，可实现无人自主运动及高精度施工。整机体积小、机动灵活、操作简单、施工抹光度高。

该机器人刀盘直径达到 770mm，施工效率可达 300~500m²/h，其施工宽度达 1.4m，平整度偏差可控制在 5mm 以内，能节省人工成本 60% 以上，6 万~8 万 m² 施工面积即可收回成本。

（8）履带式抹平机器人

建筑地面提浆收面施工的建筑机器人，用于地下室、地坪混凝土阶段抹平作业，机器人采用履带底盘巡航技术以及智能摆臂算法，实现无人自主运动及高精施工。整机体积小、机动灵活、操作简单，施工地面平整度高、地面密实均匀。

该机器人抹盘直径达 880mm，施工效率可达 200~400m²/h，其施工宽度可达 2m，平整度偏差控制在 5mm 以内，能省人工成本 60% 以上，6 万~8 万 m² 施工面积即可收回成本。

（9）墙面打磨机器人

建筑内墙面打磨建筑机器人，可用于地下室、上部结构粗装阶段腻子打磨作业。机器人融合环境感知、柔性控制等技术，集成导航底盘及带有力反馈功能的打磨机构，可实现无人自主墙面打磨作业。同时，通过无人控制软件平台，实现机器人对内墙面腻子+乳胶漆等墙面的自主打磨，具备施工效率高、施工质量佳等特点，同时通过一人多机的模式，最大限度地发挥机器人施工的优势。

（10）抹灰机器人

机器人抹灰主要分供料设备、送料管、抹灰机器人三大部分。通过 BIM 建模，完成 3D 环境提取；经数据输入、程序交互，实现机器人离线学习、路径规划；最终，机器人可根据设定的程序，自主移动，通过提前布放的定位激光线，实现机器抹灰。设计施工效率是人工的 5 倍。供料充足情况下可连续作业。

抹灰机器人较传统人工抹灰每平方米节约 10 元，按综合工效 300m²/d，全年施工 300d，每年每台设备可创造 90 万元，且工效可达到人工抹灰的 5~8 倍，极大地提高了施工效率。其完成面空鼓率只有人工抹灰的 1/30，垂平合格率 ≥95%。施工质量不受作业人员影响，质量一致性好。此外，抹灰机器人仅需机操手输入命令即可自主运行，可免搭施工脚手架、避免人工高处作业，减低作业风险，如图 5-13 所示。

图 5-13 抹灰机器人

（11）铺贴机器人

一款用于室内地砖铺贴的自动化机器人，通过激光导航技术、视觉识别技术、标高定位系统，实现自动行走、精准移动、自主铺贴，可完成瓷砖胶铺设、地砖运输、地砖铺设施工一体化作业。

该机器人施工效率是人工的 2 倍，施工质量优于人工，且施工成本低于人工，精准度更是远远优于人工操作，并且在高危、高污染的环境下工作可大大减少人体损害，保障人的健康安全。

（12）腻子打磨机器人

用于建筑内墙和顶棚腻子打磨作业的机器人，具有高度自动化设计和友好的人机交互性，可完美替代传统人工打磨且能高效、低尘、长时间地进行施工作业，最大打磨效率可达到 $50m^2/h$，相比传统人工的 $25m^2/h$，约为传统人工效率的 2 倍。

（13）内墙喷涂机器人

建筑内墙喷涂机器人，可用于地下室、上部结构粗装阶段喷涂腻子和乳胶漆。机器人融合环境感知、柔性控制等技术，集成自然导航底盘及自主升降喷涂机构，可实现无人自主室内喷涂作业。与此同时，通过自主研发的无人控制软件平台，实现机器人对墙面、顶棚、阴阳角、门窗等的自主喷涂，具备施工效率高、施工质量佳等特点，同时通过一人多机的模式，最大限度地发挥机器人施工的优势。

该机器人喷涂效率为 $200\sim400m^2/h$，是人工辊涂的 5 倍以上，喷涂均匀，无斑点、色差，能节省人工成本 90% 以上，10 万 m^2 施工面积即可收回成本。

（14）腻子涂敷机器人

腻子找平智能涂敷机器人，可用于住宅室内的墙面、飘窗、顶棚的两遍腻子全自动涂敷。其显著特点是高质量、高效率和高覆盖率，实现机器人在不需要人工参与下，根据规划路径自动行驶并完成涂敷作业，最大喷涂效率能达到 $35m^2/h$（两遍综合），相比传统人工的 $12m^2/h$，约为传统人工效率的 3 倍。

（15）外墙喷涂机器人

外墙喷涂机器人由数控吊篮系统、与外墙真空吸附的吊篮稳定系统、轻型六轴机器臂、工业视觉相机和喷涂设备组成。数控吊篮系统可以将设备整体送至工位处；四个真空吸盘可以将设备固定于工位上，使机器人与喷涂面的相对位置保持稳定；机器臂携带工业相机对喷涂工作面进行扫描，从而识别喷涂面和回避面，然后进行路径规划。该系统可减少喷涂工作 50% 以上的人力需求，大大减少了工作的危险性，降低了对喷涂施工人员的作业要求。

（16）空中造楼机

空中造楼机是一种套在建筑物外围、可自动升降的大型钢结构框架，高度集成了具备各种起重、运输、安装功能的机械部件及多道施工作业平台，通过格构式钢管升降柱与多道桁架式水平附墙稳定支撑，组合成为一台模拟"移动式造楼工厂"的大型特种机械装备。其依靠设置在地下室的液压顶升+机械丝杆双保险传动机组强大的液压驱动能力，以及沿建筑主体结构剪力墙敷设的型钢轨道，强制造楼机升降柱标准节自主升降，构建自动化升降的现浇标准作业工序，运用人工智能、5G 工业互联网技术，可实现远程控制下的自动化绿色建造。

4. 打印-扫描机器人

（1）3D 打印机器人

3D（three dimensions）打印的学术名称是"增材制造"，其中，"增材"是指通过将原材料沉积或粘合成材料层来构成三维立体的一种打印方法；"制造"则是指 3D 打印机依据可测量、可重复及系统性的过程制造材料层。3D 打印是以数字模型文件作为基础，通过用粉末状塑料或金属等可粘合材料进行逐层添加制造三维物体的技术，它将材料、生物、信息和控制等一系列技术相互融合渗透，在一定程度上完成了向智能化演进的具有变革性的发展历程。

因此，该技术大大地简化了工艺流程，不仅省时省材，也提高了工作效率，典型代表如 3D 打印 AI 机器人。该机器人由英国伦敦 AI Build 创业公司研发，集 3D 打印、AI 算法和工业机器人于一体。为了避免该机器人盲目地执行计算机的指令，在它原有控制系统中添加了基于 AI 算法的视觉控制技术，这样可将现实环境和数字环境构成一个有效反馈回路，实现机器人自动监测打印过程中出现的各种问题并进行自我调整。经测试，该机器人用 15d 时间即完成了长 5m、宽 5m、高 4.5m 的代达罗斯馆的打印，大大提高了 3D 打印效率。

（2）3D 激光扫描仪

3D 激光扫描仪是一种新型的测绘仪器，在边坡变形监测、立体模型建立等方面均有应用。3D 激光扫描仪能够在更短的时间内，高精度地测得传统测绘方式难测甚至测不到的复杂建筑及地形表面的几何图形。如果将建筑的沉降数据与 3D 图形相结合，还能够更加直观地反映出基坑的沉降，便于对基坑沉降进行分析。

3D 激光扫描技术的技术要点主要体现在以下几方面：首先，3D 激光扫描技术在对物体测量上，测量时间能够有效缩短，同时还能够有效降低对周围环境所造成的影响；其次，3D 激光扫描技术在进行扫描过程中，与人体动作不同，整个扫描工作一般在一秒钟之内完成，且测量数据的精确性并不会受任何影响；此外，3D 激光扫描技术在扫描过程中并不需要光照，即使是在夜晚，也能够对物体进行扫描。

5. 无人机

多年来，无人机在建筑行业的应用一直在上升，这主要是因为其应用广泛且成本低廉。它们的空中优势和数据收集能力（通过 GPS、摄像头、热或红外传感器或 AI 软件）使无人机成为一种多功能技术，其用途可以从安全到实时监控。目前应用最广的用途有：

（1）测绘和土地测量

无人机可以监控任何工地并更快地收集数据，以构建可转换为 3D 模型或数字的详细航空地图。这使承包商能够在规划阶段识别、分析和纠正潜在问题，从而确保预算更准确，并减少在现场开发、检查和长期执行方面花费的时间和成本。

（2）监控和审查施工进度

无人机可以收集有关施工过程的实时数据，帮助承包商了解现场情况、跟踪进度，甚至识别可能发生的错误。无人机可以更无缝、更高效地进行这些检查。

（3）安保和安全监控

无人机可以利用其空中有利位置定位设备和工人，监控现场安全并检查结构的稳定性。这项技术不仅可以降低设备被盗或丢失的风险，更重要的是可以降低工人伤亡的风险。

在短期内，无人机可能会执行许多其他活动，例如将材料从一个地方运送到另一个地方，或者能够指挥和引导自动驾驶车辆。然而，在许多地方禁止使用它们的规定和隐私问题是需要克服的一些不利因素。此外，需要对操作员进行远程控制无人机的专业培训以及环境限制（尤其是风、污垢或灰尘）阻碍了其大规模的应用。但是随着技术的进步，无人机的使用将继续增长，并将成为每个建筑工地的重要生产辅助工具。

6. 仿生群体机器人

仿生群体机器人结合仿生学和机器人技术，充分利用群体优势，表现出高组织性。单独的个体功能和群体进行协作，便能完成高度复杂的任务，具有较高的鲁棒性和灵活性，且成本相对较低。仿生群体机器人的发展不仅注重多个机器人的协同配合，同时也在不断增强单个机器人承担不同工作的能力，即机器人变胞技术理念。该理念旨在让机器人的结构在瞬间发生变化，从而适应不同的任务场景。

仿生群体机器人的最大特点是能通过"迭代学习"适应复杂多变的施工环境和作业类型，提升自主学习和适应环境的能力，保证各个个体的专业度和可靠性。美国哈佛大学韦斯研究所的工程师研发了 Termes 小型群体建造机器人，它们可以感知周围环境，沿规定好的栅格搬砖移动。整个系统不会因一个机器人发生故障而瘫痪，并且如果工程规模扩大，只需要对机器人的数量进行增加即可。

7. 检测类机器人

检测类机器人可以帮助现场管理人员检验建筑的成果是否符合要求，使建筑物检测水平得到大幅的提升，下面介绍两种机器人。

（1）管道检测机器人

管道检测机器人可以自主巡检城市下水道、给水管道、燃气管道等管网，检测管道内部是否存在堵塞、漏水、老化等问题。这一举措将有助于提高城市基础设施的安全性和可靠性。

管道检测机器人具有以下特点：一是智能化程度高，可以根据管道的大小和形状自主选择适当的巡检路线和方式，避免盲区和遗漏；二是检测精度高，可以准确检测管道内的各种问题，并在实时显示屏上反馈结果；三是操作简便，人员只需远程操控机器人，即可完成管道巡检工作。这些特点使得机器人在城市管网巡检中具有很高的效率和可靠性。

（2）智能巡检机器人

智能巡检机器人可代替人工在高温、高湿、高辐射、含毒害气体、需长距离监控的高危环境中，对生产设施设备、市政设施设备、人员作业行为等进行自主巡检及监测，并通过智能化数据分析手段进行自主报警和应急联动。其通过搭载的高清图像机器视觉技术、红外成像测温技术、声音频谱分析技术、气体浓度测量、温湿度测量等监测手段，可以在解放巡检人员的同时，降低安全隐患，减少安全事故的发生。

8. 其他机器人应用

（1）机器人智能装备库

机器人智能装备库是指通过采用机器人充电站、机器人清洗站用于机器人清洗、检修、维护以及为机器人充电等功能，保障机器人的使用效率，同时对机器人进行科学化管理。

（2）智能建筑机器人管理平台

智能建筑机器人管理平台是系统化、数字化的机器人设备管理及数据平台，可以进行远程运维，确保工艺的高可靠性，并对多种建筑特种机器人进行实时监控、协同调度。

以机器人 RaaS 平台为例：

机器人 RaaS 数据驾驶舱：主要应用于机器人产权方对已经购买、租赁的机器人、隶属领航员的管理工作，可以对机器人和领航员进行作业排班，掌握机器人在项目施工中的进度情况，查询已实施项目的历史数据，方便产权方、项目方对机器人和领航员的实施情况进行统计。

机器人 RaaS 管理后台及 APP 小程序：主要分为平台概览、机器人中心、项目中心、培训中心、领航员中心、订单管理中心、报警中心、安全中心、新闻中心和系统管理平台这10 个部分。该平台已经研发完成投入使用，已经交付或实施的机器人数据已经对接完成，

APP 小程序已投入使用。

智能施工是建筑业发展的必然趋势，在前期可通过无人机实现智能测绘；在施工阶段，可利用建筑机器人替代或协助建筑人员完成如砌墙、搬运、顶棚安装、喷漆等建筑施工工序，提高施工效率和施工质量、保障工作人员安全及降低工程建筑成本。建筑机器人作为一个具有极大发展潜力的新兴技术，有望实现更安全、更高效、更绿色、更智能的信息化建造，实现整个建筑业的跨越式发展。

5.2 建筑机器人仿真（以 Process Simulate 软件为例）

5.2.1 仿真软件简介

1. 打开软件

Process Simulate 软件一共有 3 种，分别是 Process Simulate ON TC，Process Simulate ON em-Server 以及 Process Simulate Standalone。其中，前两者均需要和 Oracle 数据库相连接。而 Process Simulate Standalone 则不需要连接 Oracle 数据库，可以直接以单机版的形式在 PC 端运行使用。

可通过 3 种方式启动 Process Simulate 软件。

1）使用 Microsoft Windows 资源管理器，浏览到包含一个 *.psz 格式的文件并双击它。

2）双击桌面上的 Process Simulate。

3）选择"开始"菜单→Tecnomatix→Process Simulate Standalone。

在打开 Process Simulate 软件后，默认会出现页面 Welcome Page。

接下来进行以下操作。

1）打开或新建一个 Study。

2）选择最近使用的文件。

3）观看新功能的描述及视频。

4）设置 Process Simulate 选项。

5）进入链接，浏览 Process Simulate 相关实用信息的网页。

6）设置系统根目录。

打开右上角的×按钮退出欢迎页面，通过图 5-14 所示的方式再次打开它。

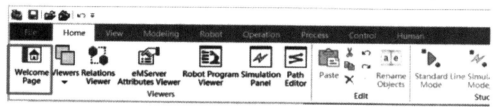

图 5-14　再次打开 Process Simulate 的欢迎页面

单击 File→Options，可以对 Process Simulate 软件进行一些基本的设置，如图 5-15 所示。进入 Options 页面后，可以根据需要进行 Process Simulate 软件的基本设置，例如，如果需要对视图窗口的背景颜色进行设置，可以单击 Appearance，展开 Graphic Viewer 进入 Background，然后根据需要设置背景颜色，如图 5-16 所示。

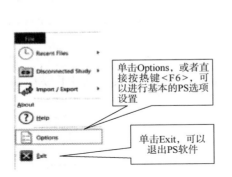
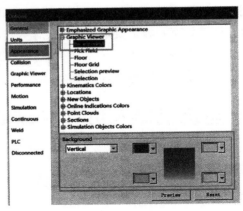

图 5-15　Process Simulate 中的 Options 选项设置　图 5-16　在 Options 中设置视图窗口的背景颜色

5.2.2　建筑机器人控制器

1）操作机器人，需要使用机器人控制器。Process Simulate 中提供了基于多种不同品牌型号机器人的控制器 Robotcontroller，见表 5-1。

表 5-1　不同品牌型号的机器人控制器

类别	机器人品牌	控制器语言	类别	机器人品牌	控制器语言
1	ABB	RAPID	11	KUKA	KRC
2	CLOOS	CAROLA	12	NACHI	SLIM
3	COMAU	PDL	13	NCCODE MACHINING/RIVETING	G CODE
4	DENSO	PACSCRIPT			
5	DUERR	ECOTALK	14	PANASONIC	CSR
6	EProcess SimulateON	SPEL	15	REIS	ROBSTAR
7	FANUCF100IA	F100IA	16	STAUBLI	VAL
8	FANUC	RJ3，RJ3IB，R30IA（RJ13IC）	17	（ABB）TRALLFA	ROBTALK
9	IGM	K4	18	UNIVERSAL	URSCRIPT
10	KAWASAKI	AS	19	YASKAWA/MOTOMAN	INFORM

2）用户可以在 Process Simulate 中安装多种机器人控制器，机器人控制器中包括了示教面板和相关 RCS（Robot Controller System）的接口。RCS 的软件和授权都是由各机器人制造厂商提供的，用户可以在 Process Simulate 中同时安装机器人控制器和相应的 RCS，以便获得更高的仿真精度。如果没有相应的 RCS 软件和授权，也可以只安装机器人控制器，完全不会影响仿真软件的使用。用户也可以不安装任何机器人控制器，Process Simulate 中也提供了默认的控制器，能达到 80% 以上的仿真精度。Process Simulate 中的机器人控制器结合示教面板是用户和真实机器人之间的接口。用户并不需要真正的来自机器人制造商提供的机器人和示教器。

3）如图 5-17 所示，单击 Robot 选项卡→Setup→Controller Settings，可以对机器人的控制器进行设置。

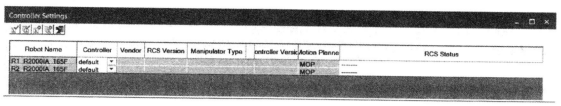

图 5-17　Controller Settings 页面

4）在 Robot Name 列中，列出了当前 Study 中的所有机器人。

5）在 Controller Settings 对话框的工具栏中各图标按钮功能如下：

①单击可以根据当前表中选择的机器人的参数验证 RCS 参数并初始化 RCS 模块（有 RCS 授权）。系统将显示一条消息，~指示 RCS 模块是否已初始化。

②单击验证所有 RCS 参数，并根据参数初始化表中所有机器人的 RCS 模块（有 RCS 授权）。系统显示一条消息，指示哪些 RCS 模块已初始化。

③单击终止 RCS 模块。该图标仅在 RCS 模块初始化后才有效。

④单击已打开所选机器人的设置对话框。

6）用户可以设置以下内容：

①控制器 Controller：从下拉列表中选择所需的机器人控制器，该列表显示系统中当前安装的所有控制器，包括 RRS1 控制器。Vendor 显示所选控制器的厂商名称。

②RCS 版本：选择所需的 RCS 版本。

③机械手类型 Manipulator Type：选择合适的机械手类型。

④控制器版本：选择机器人控制器所需的版本。

7）单击"关闭"按钮保存机器人的设置。这些文件会存储在 XML 配置文件中，并保留用于以后的仿真应用。灰色字段表示此功能不适用于此控制器。列表中显示的控制器取决于用户在启动 Process Simulate 软件之前，事先已经安装好的那些机器人控制器。

5.2.3　机器人喷涂仿真

1）在 Process Simulate 标准模式下，打开教学资源包第 10 章 PaintingDemo. psz 文件。

2）在对象树或者图形查看器中，选择 paint_gun1。单击 Home 选项卡→Edit→copy。在 Resources 文件夹中，选择 Painting Demo；单击 Home 选项卡→Edit→Paste，然后删除对象树中的 paint_gun1，将 paint_gun1_1 重命名为 Demo Paint gun。

3）将 Demo Paint Gun 设置为建模模式，在枪炳底部的中心，新建一个坐标系作为 Mounted Tool 的坐标系，并命名为 mnt fr，删除原有的两个圆锥体 cone1 和 cone2，如图 5-18 所示。

4）将 Demo Paint Gun 安装到机器人 fanuc-p200e121 的工具端。

5）单击 Modeling 选项卡→Geometry→Solids→

图 5-18　创建坐标系

cone Creation→Create a Cone，在选中的 Create Cone dialog 对话框中，在 Name 栏输入 SprayPattern1；在 Lower Radius 栏中，输入 31.25mm。在 Upper Radius 栏中，输入 0。在 Height 栏中，输入 250mm。单击按钮展开对话框，取消勾选 Maintain Orientation 复选框。在 Locate at 栏中，选择红色的 TCP 坐标系。

6）将 Pick Level 设置成 Entity。在图形查看器中，右击上一步创建的 SprayPattern1，选择 Placement Manipulator 命令，在 Placement Manipulator 对话框中，单击 Z，输入−50mm，完成后单击 OK 按钮。

7）在对象树中，选择 SprayPattern1，单击 Modeling 选项卡→Entity Level→set Preserved Object，可以看到 SprayPattern1 前添加了一个钥匙的图标，这样在结束对 Demo Paint Gun 建模后，仍然可以选中 SprayPattern1 圆锥。

8）选择机器人 Fanuc_p200e121，选择 Process 选项卡→Paint and Coverage→Paint Brush Editor，在弹出的 Paint Brush Editor 对话框中，单击 Create Brush，如图 5-19 所示。

9）将 Pick Level 设置成 Entity，在 Create Brush 对话框中，在 Solid 栏中选择之前创建的 SprayPattern1 圆锥。在 Origin Frame 栏中，选择枪嘴处的黄色坐标系 paint_gun_tip。完成后关闭对话框。

10）如图 5-20 所示，选中对象树中的 FRONT_whitehouse_weldpart 打开。单击 Process 选项卡→Paint and Coverage→Create Mesh，在弹出的对话框中，可以看到当前所选的零件并没有创建网格，将对话框中的 Distance 值设置成 20mm，单击 OK 按钮，完成网格的创建。

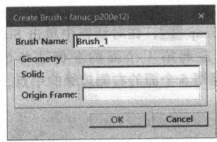

图 5-19　Create Brush 对话框

11）选中 Process 选项卡→Continuous→Continuous Process Generator，在弹出的 Continuous Process Generator 对话框中，Process 栏中选择 Coverage Pattern。在 Faces 栏中，选择 FRONT_whitehouse_weldpart 上的 5 个面。

12）如图 5-21 所示，将 Pick Intent 设置成 Snap，在对话框中单击 Start Point，在图形查看器中，单击 FRONT_whitehouse_weldpart 左起第 1 个面的左侧边缘的中点。单击 End Point，单击 FRONT_whitehouse_weldpart 左起第 5 个面的右侧边缘的中点。

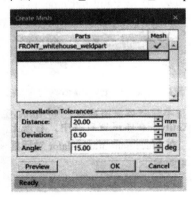

图 5-20　Create Mesh 对话框

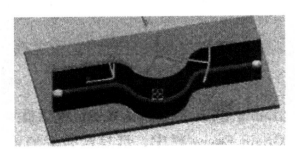

图 5-21　选择铆接的起点和终点

13）在 Continuous Process Generator 对话框中，在 Spacing 栏中输入 50mm，在 StrokesBefore 和 Strokes After 栏中，都输入 1mm。

14）打开 Operation 部分，在 Robot 栏和 Tool 栏中分别选择 fanuc_ p200e121 和 Demo Paint Gun，在 Scope 栏中选择 Painting Demo。

15）如图 5-22 所示，打开 Continuous Process Generator 对话框中的 Projection Parameters 部分。在 Location orientation 中，选择 Tangent ZigZag，设置 Maximal tolerance 为 0.50mm，取消勾选 Optimize locations creation for arc and line segments 复选框。

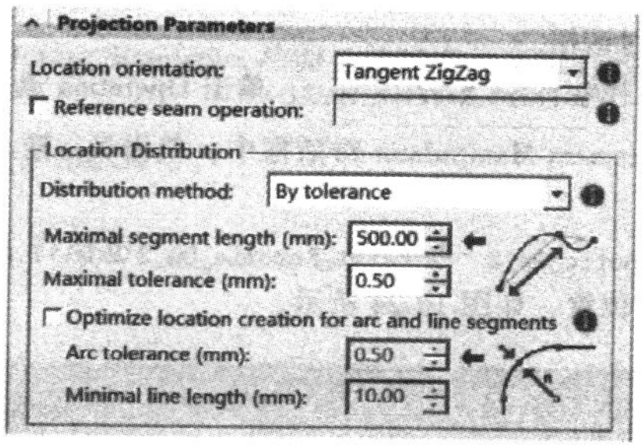

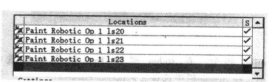

图 5-22　Projection Parameters 区域

16）单击 OK 按钮，在 Mfg Viewer 中就可看到刚刚创建的 Continuous Manufacturing Feature。

17）在操作树中，选中上一步所创建的 Paint_ Robotic_ Op，在图形查看器的工具栏中单击 Location Manipulator，可以在 Multiple Location Manipulation 的对话框中看到，S 列显示的路径可达，但是路径方向不可达，如图 5-23 所示。

18）取消勾选 Settings 区域中的 Limit locations manipulation according to options 选项，如图 5-24 所示。

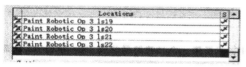

图 5-23　路径可达与路径方向不可达的显示

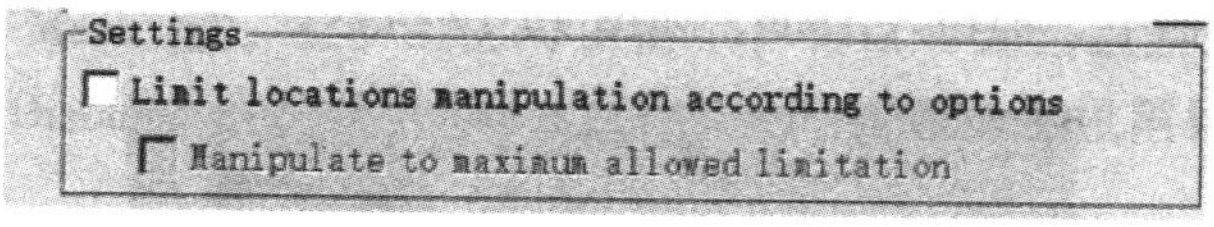

图 5-24　取消勾选选项

19）单击 Muhiple Location Manipulation 对话框中 Location 区域中的任意一个路径位置，单击 Follow Mode，再单击 Rz，使得所有的路径位置绕 Z 轴旋转 180°，可以看到所有的路径都显示为可达标识的绿色√，如图 5-25 所示。

图 5-25　显示路径可达

20）在操作树中，选择 Paint_ Robotic_ Op_ 1，单击 Operation 选项卡→Add Location→Add Location Before，在 Placement Manipulator 对话框中，单击 X，输入 -50mm，然后关闭 Placement Manipulator 对话框。

21）在操作树中，选择 Paint_ Robotic Op_ 1，单击 Operation 选项卡→Add Location→Add Location After，在 Placement Manipulator 对话框中，单击 X，输入 50mm，然后关闭 Placement Manipulator 对话框。

22）如图 5-26 所示，对于 Paint_ Robotic_ Op_ 2、Paint_ Robotic_ Op_ 3 也执行上两步类似的操作，为它们各自添加两个过渡路径位置。

23）在操作树中，选择第一个过渡路径位置

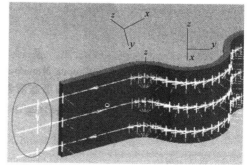

图 5-26　添加两个过渡路径位置

Via，单击 Robot 选项卡→OLP→Teach Pendant，单击 Add，选择 Standard commands→Paint→OpenPaintGun；再次单击 Add，选择 Standard Commands→Paint→ChangeBrush，在 Change-Brush 对话框中，在 Brush Name 栏中输入 Brush_1，单击 OK 按钮。

24）单击 Teach Pendant→Browse to Last Location，单击 Add，选择 Standard Commands→Paint→ClosePaintGun，完成后关闭 Teach Pendant 对话框。

25）如图 5-27 所示，选中 Process 选项卡→Paint and Coverage→Cover During Simulation，将操作树中的 Paint_Roboti_Op 设置为当前操作。将序列编辑器中的 Simulation Time Interval 设置为 0.01s，将仿真速度条移动至中点，以便以正常速度播放运行仿真。

图 5-27　仿真速度条的设置

26）选中 Process 选项卡→Paint and Coverage→Paint and Coverage Settings，可以在对话框中看到零件上的喷涂颜色和它的对应关系。每种颜色表示零件上的一个工艺进程（Stoke）。

27）单击序列编辑器上的 Play Simulation Forward，播放运行仿真，可以看到很多颜色被喷涂在零件上。单击 Process 选项卡→Paint and Coverage→Delete Coverage，删除当前 Study 中零件上的喷涂操作。再次单击 Process 选项卡→Paint and Coverage→Cover During Simulation，关闭 Cover During Simulation 功能，这样在仿真运行过程中，就不会有颜色被喷涂在零件上。

28）保存 Study 文件。

5.2.4　机器人弧焊仿真

1. 连续焊

机器人在进行弧焊工艺操作的时候，在其工具端安装的弧焊焊枪称为焊炬（Welding Torch）。在进行弧焊工艺仿真时，弧焊焊缝路径在机器人焊炬的 TCPF 上生成。

如图 5-28 所示，在弧焊仿真操作中，焊缝位置的方向是非常重要的。通常有一个轴垂直于被焊接零件的表面，这个轴默认设置为 Z 轴。另外一个轴表示焊缝向量的移动方向，这个轴的默认设置为 X 轴。可以在 Options→Continuous 中更改这两个默认设置，也可以根据需要对连续焊的其他一些工艺参数进行设置。

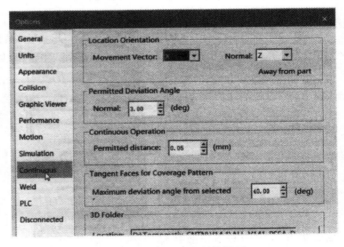

图 5-28　连续焊工艺参数设置

2. 弧焊焊缝投影

在进行弧焊仿真操作时，首先需要创建并投影弧焊焊缝。在 Process Simulate 的 Process 选项卡→Continuous 组中提供了创建和投影焊缝的工具，如图 5-29 所示。

图 5-29　Continuous 命令组

使用 Continuous Process Generator 命令，可以在没有连续制造特征的情况下创建连续焊仿真操作。这种方式可以快速为两个零件之间创建制造特征，尤其适合弧焊工艺仿真。

在 Continuous Process Generator 的参数设置对话框中，首先在 Process 下拉列表中选择 Arc 或者 Coverage pattern 中的一种，不同的选择对应的参数设置选项会略有不同。

如图 5-30 所示，是基于弧焊仿真的连续焊工艺仿真，在 Process 下拉列表中选择 Arc，在 Base set 栏和 Side set 栏中分别选择被焊零件上的一个或者多个面，在图形查看器中看到所选的面会以深褐色显示，要创建的焊缝会以蓝色显示预览，焊缝的起终点以绿色和橙色的球体显示。

图 5-30　在图形查看器中的焊缝显示

在 Base set 栏和 Side set 栏中所有选定的面必须具有精确的几何图形，无法选择几何图形的近似图形。如果不希望使用面和面之间的整个接缝进行弧焊操作，可以将绿色或橙色球体拖动到所需的起始位置。

Start Point 数值框出现在图形查看器中，显示的数值是绿色球体与接缝开始处的距离。同样，End Point 数值框显示的是橙色球体与接缝结束处的距离。

展开参数设置对话框中的 Operation 栏，可以看到系统为生成连续制造特征创建的连续焊工艺仿真操作，在 Operation name 栏中，系统自动创建的操作名为 Arc_Robotic_Op，用户可以根据自己的需要修改操作的名称。在 Robot 栏的下拉列表中，可以选择当前 Study 中的一个机器人来进行弧焊仿真操作，如果机器人工具端安装了弧焊焊枪，那么 Tool 栏中也会自动选择相应的焊枪，如图 5-31 所示。

在生成了连续制造特征后，用户可以在 Mfg Viewer 中找到它，使用 Process 选项卡→Arc→Project Arc Seam 命令来投影连续制造特征，如图 5-32 所示。

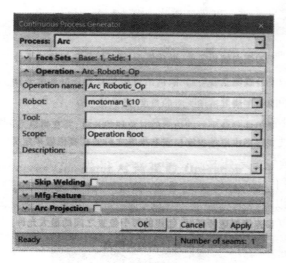

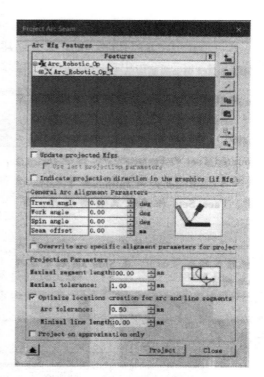

图 5-31　展开 Operation 栏　　　图 5-32　投影连续制造特征设置对话框

通过 General Arc Alignment Parameters "常规圆弧对齐参数"，可对焊缝对齐的一般参数进行设置，见表 5-2。

表 5-2　对齐参数设置描述

对齐参数	描述
Travelangle	焊炬的侧向倾斜角度，默认值为 0（弧焊枪正好接近平分线上的接缝）
Workangle	沿平分线测量接近角，默认值为 0（弧焊枪正好接近平分线上的接缝）
Spinangle	弧焊枪围绕其法向矢量的角度，默认值为 0
Seamoffset	接缝偏移是该平行四边形的对角线的长度，其在操纵之后连接原始投影位置和接缝位置。平行四边形由原始投影位置和操纵之后的接缝位置来定义

用户可以使用 Projection Parameters "投影参数" 来设置和微调投影参数，见表 5-3。

表 5-3　投影参数相关设置描述

投影参数	描述
Maximal segment length	投影连续制造特征时，创建的两个位置之间的最大允许距离
Maximal tolerance	焊缝和几何曲线之间允许的最大距离
Optimize locations creation for arc and line segments	选择此选项可以优化制造特征投影，使得制造特征中的所有位置都符合定义的弧公差 Arctolerance 和最小线条长度 Minimum line length。系统使用两个位置为直线创建投影、使用三个位置为圆弧创建投影、使用五个位置为圆创建投影
Project on approximation only	投影制造特征在零件的近似面上。使用此选项可节省计算资源并实现快速计算结果

【实例】 创建并投影弧焊焊缝

1）在 Process Simulate 标准模式下，打开教学资源包第 9 章 Arcweldingdemo. psz 文件。

2）将弧焊焊枪（arc_ gun1）安装到机器人（motoman_ k10）工具端。确认 Pick Level 设置为 Component。在 Mounted Tool 的 Frame 栏中，选择 fr1。

3）单击 Process 选项卡→Continuous→Continuous Process Generator，在 Continuous Process Generator 对话框中，Face Sets 相关设置自动展开，并且 Pick Level 自动转换成 Face。

4）在 Continuous Process Generator 对话框的 Process 中选择 Arc。在 Base set 栏中，选择零件凹槽的后边缘（远离机器人的那个面），在 Side set 栏中选择零件凹槽的前边缘（靠近机器人的那个面）。

5）在图形查看器中看到所创建的焊缝的预览效果，如图 5-33 所示。

6）单击焊缝中间的蓝色箭头，改变焊缝的方向。拖动起始点的绿色球体，在数值框中输入 100mm，按 <Enter>键，拖动终点的橙色球体，在数值框中输入 90mm，再按<Enter>键。

图 5-33　焊缝的预览效果

7）展开 Continuous Process Generator 对话框的 Operation 设置部分，看到其中的 Operation name、Robot、Tool 和 Scope 都已经自动生成或填充了相应的内容，将 Scope 选项改为 arc welding demo，单击 OK 按钮，完成焊缝的创建。

8）单击 Process 选项卡 → Continuous → Emphasize Continuous Mfg On/Off，激活并着重显示连续制造特征模式。可以设置以高亮颜色显示的方式在图形查看器中突出显示弧焊焊缝。如图 5-34 所示的设置对话框中有两个下拉菜单选项，可以分别设置着重显示焊缝的像素和显示颜色。

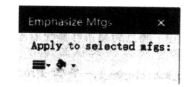

图 5-34　设置着重显示焊缝的像素和显示颜色

9）在 Options→Continuous 选项设置中，将 Permitted Deviation Angle 设置为 360°。在操作树中选择所创建的 Arc_ Robotic_ Op 操作，单击 Process 选项卡→Arc→Project Arc Seam，在弹出的对话框中单击 Project，可以在操作树中看到 Arc_ Robotic_ Op 操作中创建成功的弧焊焊缝路径位置。观察图形查看器中的各个焊缝路径位置，如果在焊缝终点处有两个非常接近的路径位置，将其中 1 个删除，一共保留 4 个路径位置。还可以在 Mfg Viewer 中看到连续制造特征投影成功的显示标识 "√"，如图 5-35 所示。

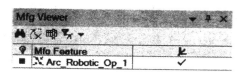

图 5-35　连接制造特征投影创建成功

10）完成后关闭焊缝投影对话框，保存 Study 文件，以便在后面的实例中继续使用它。

5.2.5　弧焊仿真创建

在完成了焊缝投影之后，下面进行弧焊仿真。

【实例】创建弧焊仿真操作

1）在操作树中选择 Arc_Robotic_Op 操作，将其添加到路径编辑器中。

2）在路径编辑器中展开焊缝 Arc_Robotic_Op_1，单击路径编辑器上的 Customize Columns，将 Speed、Zone 和 Motion Type 三列显示在路径编辑器中，如图 5-36 所示。

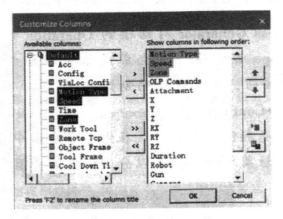

图 5-36　将三列显示在路径编辑器中

3）如图 5-37 所示，在操作树中选择焊缝 Arc_Robotic_Op_1，单击 Process 选项卡→Arc→Torch Alignment，在弹出的 Torch Alignment 对话框中，单击 Follow Mode，以激活它，单击 Next Location，依次让焊枪接近焊缝的 4 个路径位置。可以在图形查看器中看到，如果该位置可达，机器人和焊枪将跳到该位置；如果不可达，只能在该位置放置一个隐形的弧焊枪。

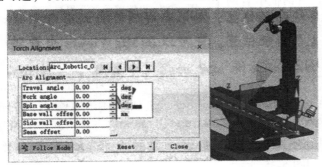

图 5-37　在图形查看器中显示弧焊枪的位置

4）可以看到所创建的 4 个焊缝路径位置并非全部可达，将通过添加外部轴的方式来解决这个问题。

5）在操作树中选择弧焊操作 Arc_Robotic_Op，单击 Operation 选项卡→Templates→Apply Path Template（只有当用户设置了相关的 XML 文件后才可以使用这个命令）。在该软件教学资源包第 9 章根目录 Sample Default Path Template 文件夹中，可找到供本实例使用的 Robotsim.xml 文件。

6）在 Apply Path Template 对话框中单击 Select，选择 Arc-weld Templates→Apply All，单击 OK 按钮，可以看到图 5-38 所示的信息。

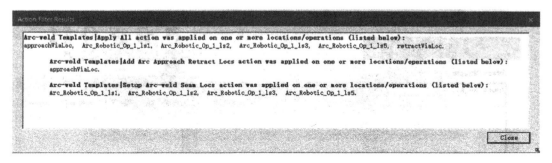

图 5-38　显示信息页面

7）如图 5-39 所示，在路径编辑器中，可以看到焊缝路径位置中添加了过渡位置。

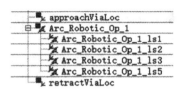

图 5-39　在路径编辑器中添加过渡位置

8）完成后，保存 Study 文件。

5.2.6　机器人点焊仿真

1. 点焊仿真简介

在 Process Simulate 中机器人点焊仿真的基本工作流程如下：

1）创建或者打开一个 Study 文件，确认 Study 中的机器人和焊枪的运动学定义正确，确认 Study 中的 Part 和 Resource 均已被正确加载。

2）创建或者导入焊点。焊点应该连接至少两层零件板材，不建议多于三层零件板材。四层板材零件的焊接会存在焊点失效的风险，更多层板材零件的焊接是不符合焊接标准的。

3）创建焊接操作。在焊接操作中定义了每个焊接机器人具体需要焊接的焊点。

4）投影焊点创建机器人焊接路径。通过焊点投影，可以定义焊接机器人在到达每个焊点时，在相关零件上的路径位置。

5）使用 Process Simulate 中相关的功能来编辑和优化机器人焊接路径。

焊点的位置必须落在零件的表面，并且有一个轴必须垂直于零件表面，另外两个轴相切于零件的表面。

如图 5-40 所示，通过选择 Options→Weld，对点焊仿真中的相关选项进行设置。

在 Weld Location Orientation 区域中：

1）Approach Vector：指示焊枪的接近（焊点的）方向。默认设置为 X 轴（方向）。

2）Perpendicular：为了创造高质量和高效率的焊接，焊点坐标系位置中必须要有一个轴垂直于零件表面，此处设置的默认值是 Z 轴。

在 Weld Point Projection 区域中：

1）Permitted gap between parts：使用户能够指定包含在同一组中的零件之间的最小距离间隙。焊接点不能投射或翻转到超出允许间隙的零件上。这个默认值为 0.2mm。

2）Consider weld point orientation：如果勾选此项，则系统将应用焊枪方向到新的焊点投射方向，包括平移和旋转。

3）Projection direction：使用户可以选择焊点，按以下两种方式中的一种来进行焊点投影：

Away from the part：将焊接点投射到远离零件的位置（这是默认设置，用于对齐）。

Toward the part：将焊点向零件内部投射。

在 Spot weld Permitted Deviation 中"焊点允许偏移的角度"angle 用于设置焊点的切面（一

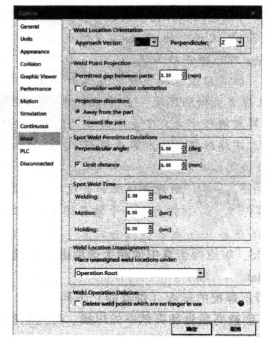

图 5-40　点焊仿真中的相关选项设置页面

般是指 X、Y 轴所在的平面）允许偏离正切的 Z 轴的角度。可以设置具体的允许偏移的角度，默认值是 3°。

在 Spot Weld Time 中，设置进行点焊仿真时，焊点的焊接时间、保压时间和动作时间。这一般和用户所遵循的焊接标准等有关。

5.2.7　焊点仿真投影

1）如图 5-41 所示，进行点焊仿真的前提条件是焊点，在 Process Simulate 中提供了导入和创建焊点的功能，打开 Process 选项卡→Planning 组。

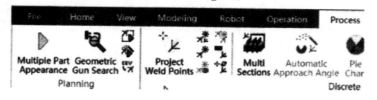

图 5-41　启用导入和创建焊点的功能

2）在 Process Simulate 中，焊点、焊缝和铆接点等都属于制造特征 Mfg，可以在 Mfg Viewer 中查找到当前 Study 中的所有焊点。每一个焊点都包含有坐标位置。焊点的方向取决于它们在被导入时，在原始的 CAD 软件中的方向。在创建焊点时，也可以定义焊点的坐标系方向。

3）单击 Import Mfgs From File，可以导入在其他 CAD 软件中生成的焊点文件。文件的格式是 *.CSV，焊点文件中会包含焊点在原始的 CAD 软件中的信息，其中焊点名和焊点位置是必须要有的信息，CSV 文件可以使用 Excel 软件打开并查看修改，如图 5-42 所示是一个 CSV 文件中所包含的内容。

	A	B	C	D	E	F	G	H	I	J	K	L
1	class	ExternalID	name	location	rotation	cycle	diameter	length	sealant	stackmax	stackmin	type
2	Spot	rib2_ls33user76	rib2_ls33	912.81,-686.92,1074		D88	4.5	6.5	A23	6.5	6	J56
3	Spot	rib2_ls34user76	rib2_ls34	790.83,-824.42,1074		D88	4.5	6.5	A23	6.5	6	J55
4	Spot	rib2_ls35user76	rib2_ls35	648.39,-940.57,1074		D66	4.5	6.5	A77	6.5	6	J55
5	Spot	rib2_ls36user76	rib2_ls36	489.16,-1032.38,1074		D66	4.5	6.5	A77	6.5	6	J56

图 5-42　用 Excel 打开 CSV 文件显示的信息

①Create Weld Point by Coordinates：通过坐标系位置创建焊点，可以使用 Create Frame 的方式，先确定要创建的焊点的具体坐标系位置，然后在弹出对话框中使用所创建的坐标系来确定焊点的位置，并指定焊点关联的零件，如图 5-43 所示。

②Create Weld Point by Pick：通过鼠标直接在图形查看器中单击来创建焊点。

③Create Weld Point on TCPF：直接在焊枪的 TCPF 上创建焊点。

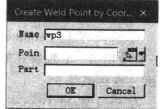

图 5-43　使用坐标系位置
创建焊点页面

在 Study 中导入或者创建了焊点以后，就可以在 Mfg Vicwer 中查看当前 Study 中已有的焊点。在进行点焊前，必须要对焊点进行投影，以确保焊点落在相关零件的表面，下面通过实例来练习焊点的投影。

【实例】焊点投影

1）在 Process Simulate 标准模式下，打开 spot Weld station demo. psz 文件。

2）如图 5-44 所示，展开操作树中的两个焊接操作，可以看到它们下面分别包含了 8 个和 3 个焊点。因为这些焊点还没有被投射，所以它们各自名称前面的图标是以淡粉色显示的，也可以在 Mfg Viewer 中看到这些焊点的信息。但是在 Mfg Viewer 中并不显示焊点是否被投射的信息。

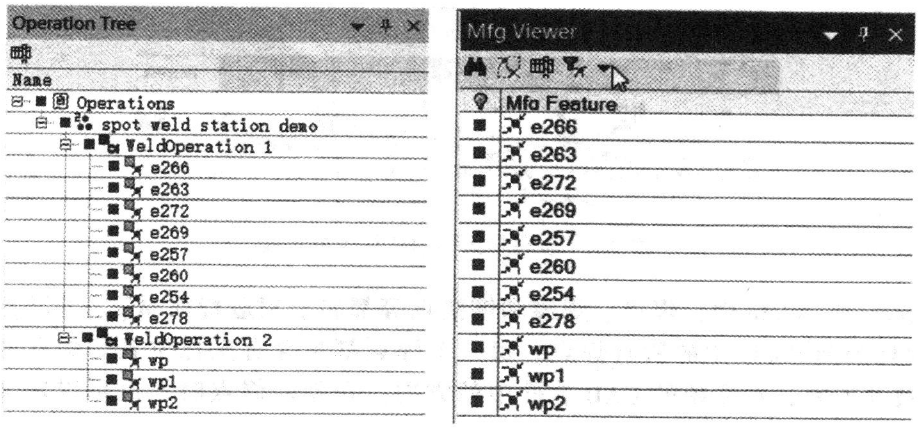

图 5-44　Operation Tree 和 Mfg Viewer 中显示的焊点信息

3）单击 Process 选项卡→Discrete→Project Weld Points，弹出如图 5-45 所示对话框，在 Weld Points 列表中，选择对象树中的两个焊接操作，它们所包含的 11 个焊点将会出现在列表中。

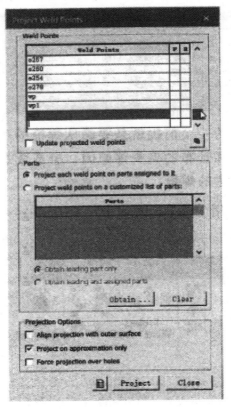

图 5-45　Project Weld Points 对话框

4）勾选 Align projection with outer surface "将投影与外表面对齐" 选项，使得焊点位置对齐到更易于焊枪接近的外表面位置。

5）如果精确的几何图形不可用，默认勾选 Project on approximation only "仅近似投影" 选项。只有 XTBRep 格式的 JT 文件支持将焊点投射到精确的几何图形上。如果 JT 文件中没有零件精确几何图形，系统会询问用户是基于近似投影还是跳过未能精确投影的焊点。

6）勾选 Force projection over holes "强制在孔上投影" 选项时，系统将忽略面的边界，该选项仅支持零件表面平面。

7）如图 5-46 所示，完成相关设置后，单击 Project，可以看到所选的 11 个焊点完成了投影，它们在对象树中的各自名称前的图标也都变成了深粉色，这表明焊点投射成功。完成后，保存 Study 文件，将在后面的练习中继续使用它。

5.2.8　焊枪仿真

1）在 Process Simulate 标准模式下，打开教学资源包第 8 章 handle the part and weld with pedestal gun. psz 文件。

2）使用 Point to Point Distance 测量工具，测量机器人工具端 endspacer 在 X 轴向的长度，如图 5-47 所示，测量得出 dx 长度为 95.5mm。

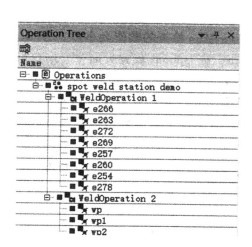

图 5-46　焊点投影成功显示页面

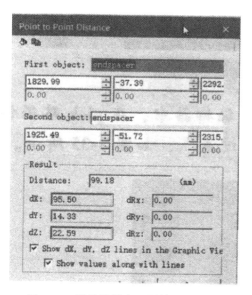

图 5-47　测量机器人工具端 endspacer
在 X 轴向的长度

3）如图 5-48 所示，将 Gripper 安装到机器人工具端，在 Mount Tool 对话框中，Mounted Tool 区域的 Frame 选择 fr4，在 Mounting Tool 区域的 Frame 中，选择远离机器人 X 向 95.5mm 处的位置坐标系（1830mm+95.5mm＝1925.5mm）。

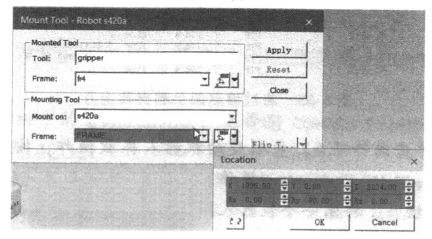

图 5-48　Mount Tool 设置对话框

4）在对象树或者图形查看器中，选择 endspacer，单击 Home 选项卡→Tools→Attachment→Attach，将 endspacer 加到 Gripper 上。在弹出的 Attach 对话框中，在 To Object 栏中，选择 gripper，在 Store attachment 栏中，选择 Local（In current study）。

5）在操作树中，选择 pedestal welding station，按住<Ctrl>键，在图形查看器中选择机器人 s420a，松开<Ctrl>键，单击 Operation 选项卡→Create Operation→New Operation→New Pick and Place Operation，在对话框中，Pick pose 处选择 st41_clse，Placepose 处选择 st41_pick_opn，在 Pick 和 Place 的 Frame 处，都选择夹具上的坐标系 f2。

6）如图 5-49 所示，单击 OK 按钮完成创建操作。将操作添加到路径编辑器中，在 pick 路径位置之前和 place 路径位置之后各添加一个位于夹具上方任意位置的过渡点。

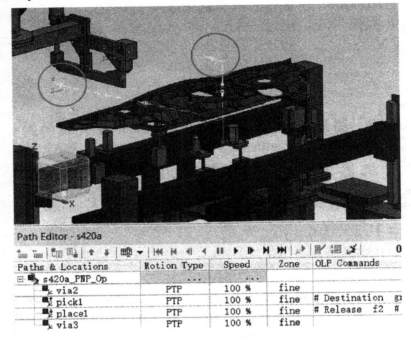

图 5-49　将过渡点添加到夹具上方

7）按下 <Ctrl+C> 键，单击操作树中的 pedestal welding station 操作，按下 <Ctrl+V> 键，可以看到操作树中出现了两个相同的机器人抓放操作，将第一个机器人抓放操作改名为 pick up，删除其中的 place 路径位置；将第二个机器人抓放操作改名为 drop off，删除其中的 pick 路径位置，如图 5-50 所示。

8）设置 pedestal welding station 为当前操作，在序列编辑器中，按照 1—pick up、2—WeldOperation 和 3—drop off 的顺序将这 3 个操作使用 Link 功能连起来。完成后，右击 pedestal welding station 操作，选择 Reorder by Links。

9）在序列编辑器中，选择 pick up 操作，在其右侧的甘特图区域，右击 Pause Event，按照如图 5-51 所示进行设置。

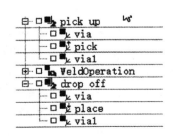

图 5-50　在操作树中命名抓放操作

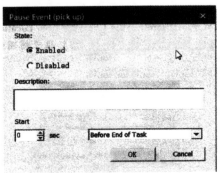

图 5-51　Pause Event（pick up）对话框

10）单击 OK 按钮运行仿真，可以看到在机器人抓取零件以后，仿真就停止在上一步添加 Pause Event 的地方。

11）选择操作树中的 Weldoperation，单击 Process 选项卡→Discrete→Project Weld Points，完成焊点的投影。

12）右击选择操作树中的 Weldoperation，选择 Operation Properties，在对话框的 Process 选项卡中，Robot 栏选择 s420a，Gun 栏选择固定焊枪 sw40d，勾选 External TCP 选项。

13）选择操作树中的 Weldoperation 操作，单击 Robot 选项卡→Reach→Reach Test，观察这 4 个焊点路径的可达性（除了 wp3 外，其余 3 个焊点显示蓝色的按钮即可达）。

14）将 Weldoperation 添加到路径编辑器中，在图形查看器或者对象树中选择 s420a，单击 Robot 选项卡→Reach→Jump to Location，然后在路径编辑器中，依次选择除 wp3 之外的 3 个可达焊点，可以看到图形查看器中，机器人抓住零件移动到固定焊枪的焊接位置处。

15）在操作树中，选择 Weldoperation 中的焊点 wp4，单击图形查看器中快捷工具栏上的 Single or Muhiple Locations Manipulation，在 Location Manipulation 对话框中，确认 Follow Mode 被按下了。移动对话框中的位置调整条，将 wp4 的焊接位置调整至合适的位置。

16）如图 5-52 所示，完成后关闭 Locations Manipulation 对话框。在操作树中，选择 Weldoperation 中的焊点 wp5。单击 Process 选项卡→Discrete→Pie Chart，在 Location Pie Chart 对话框中，向左和向右移动饼图下方的滑块，直到较长的轴（X 轴）位于饼图的蓝色区域（表示到达）。

17）如图 5-53 所示，上述第 15）步和第 16）步中的两种方法：Single or Multiple Locations Manipulation 和 Pie Chart 都是优化和编辑焊接路径位置的有效手段。在操作树中，选择 Weldoperation 操作，单击 Operation 选项卡→Edit Path→Align Locations，将所有的焊点位置都和 wp4 对齐。

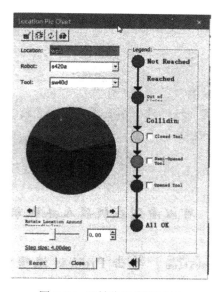

图 5-52　X 轴位于饼图区域

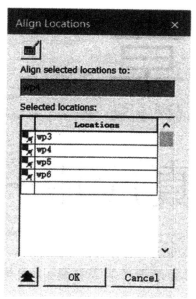

图 5-53　调整所有焊点位置

18）完成后单击 OK 按钮。在序列编辑器中，单击 Jump Simulation to Start。在序列编辑器右侧的甘特图中，右击删除 Pause Event 操作。然后，运行仿真，可以看到机器人先抓取零件，然后搬运至固定焊枪处焊接，完成后又将零件放回夹具的完整工艺过程。

19）保存 Study 文件。

5.3　建筑机器人应用及案例

5.3.1　机器人应用

1. 无人机摄影测量

用无人机通过多台传感器从不同的角度对施工场地地形进行数据采集，能得到高精度、高分辨率的地形表面数字模型 DSM，并同时输出具有空间位置信息的正摄影像数据，可在影像数据进行量测。

（1）无人机倾斜摄影测量技术

倾斜摄影测量技术通常包括影像预处理、区域网联合平差、多视影像匹配、DSM 生成、真正射纠正、三维建模等关键内容。其关键技术包括：

1）多视影像联合平差。多视影像不仅包含垂直摄影数据，还包括倾斜摄影数据，结合 POS 系统提供的多视影像外方位元素，在影像上进行同名点自动匹配和自由网光束法平差，得到较好的同名点匹配结果。

2）多视影像密集匹配。在影像匹配过程中快速准确获取多视影像上的同名点坐标，进而获取地形物的三维信息。

3）数字表面模型生成和真正射影像纠正。多视影像密集匹配能得到高精度高分辨率的数字表面模型（DSM），充分表达地形地物起伏特征。

然而，使用无人机正射影像方式进行建筑物、地物的测量，拍摄出来的影像会存在不同程度的畸变和失真现象，即影像图上的建筑物、高层设施等建筑具有投影差，具体表现为建筑物特别是高层建筑物有时会向道路方向倾斜，遮挡或压盖其他地物要素，严重影响影像图的准确判读。因此需要利用数字微分纠正技术对正射影像进行纠正，改正原始影像的几何变形，形成数字真正射影像。

倾斜摄影测量的数据本质上就是网格面模型，它是由点云通过一些算法构成的。而点云是在同一空间参考系下用来表示目标空间分布和目标表面特性的海量点集合。内业软件基于几何校正、联合平差等处理流程，可计算出基于影像的超高密度点云。

（2）无人机倾斜摄影测量作业流程

1）数据获取。数据的获取可采用旋翼或固定翼无人机飞行平台，无人机搭载 5 镜头倾斜相机，从 5 个不同的视角（1 个垂直方向和 4 个倾斜方向）同步采集地表影像，或者搭载单镜头相机，根据重叠度以及拍摄航高进行航线设计，获取地表固定物体顶面及侧视的高分辨率影像数据及纹理信息，并对影像质量进行检查。

2）数据处理。对经过影像质量检查的照片进行多视几何影像匹配获得稀疏点云。通过相应的算法对稀疏点云加密得到密集点云，再对密集点云进行网格化和纹理映射得到三维模型。

3）成果输出。由得到的三维模型获取 4D 产品，数据处理软件可选用 PhotoScan 软件进行全自动化处理，通过给予的控制点生成测量坐标系统下的真实坐标的三维模型，并以该高精度实景三维模型为基础，获取 DSM、DOM、DLG 等测量成果。

具体作业流程如图 5-54 所示。

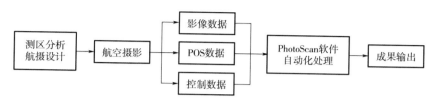

图 5-54　无人机倾斜摄影测量作业流程

（3）进行 DEM 计算土方量

土方计算的关键在于原始地形地貌和开挖后地貌的准确表达。可通过地理信息系统（GIS）软件计算土方量，以数字高程模型（DEM）作为基础，通过空间分析和叠加分析功能对开挖前后地形模型进行分析，并用软件所带的统计分析模块计算填挖区域的体积，得到最终的填挖土方量。

计算软件一般采用栅格数据计算方法计算土方量。栅格数据结构简单，非常利于计算机操作和处理，是 GIS 常用的空间基础数据格式。基于栅格数据的空间分析是 GIS 空间分析的基础。通过倾斜摄影测量的方法获得前期地表数据和后期地表数据，将数据网格化，对两个格网数据进行差值计算，其差值就是该格网点的填（挖）高度。

2. 智能化施工机械

将机器人技术引入到工程机械中，可以实现工程机械的智能化无人作业，减轻工作人员的劳动强度，提升工程机械的作业能力。欧美等发达国家从 20 世纪 70 年代就开始对工程机械进行机电液一体化及机器人化技术的应用研究，我国则是在 20 世纪 90 年代初才意识到机器人技术对提升工程机械工作性能和质量的重要性，并在国家 863 智能机器人主题的支持下，开始进行工程机械机器人化关键技术理论与应用的研究。

虽然国内起步较晚，但在多个工程机械机器人研究领域取得了可喜成绩，典型的成果有喷浆机器人、压路机器人、自动摊铺机、隧道凿岩机器人、隧道掘进机器人、装载机器人、挖掘机器人等。其中，挖掘机器人技术应用相对较多。

将机器人技术应用到挖掘机上，实现挖掘机的机器人化和无人化作业是众多科研技术人员一直以来的共同目标。机器人化的挖掘机，通称挖掘机器人，通过智能控制将人从繁重的机械操纵任务中解放出来，不仅能在民用建设施工等领域中发挥重要作用，在军事工程保障中也能发挥积极作用。在作战工程保障中，挖掘机器人可以在无人驾驶的情况下进入危险战区作业，执行战地清除、武器销毁及掩埋等危险任务，既保证了人员安全，又能提高部队机动性和作战工程保障能力。

挖掘机器人是一个综合的"机电液—信息"四维一体化系统，其智能作业的研究涉及机械科学、电工电子技术、现代通信技术、计算机技术、传感器技术、信息处理技术、自动控制技术、人工智能等多学科领域。

现在，相关学科的快速发展为实现挖掘机器人的智能化作业提供了技术支持。可以预见，未来的挖掘机器人将具备较强的信息处理能力、感觉认知能力、智能判断能力以及自我适应能力，它将使现在的液压挖掘机产品性能和质量产生质的飞跃，大大提升工程机械信息化水平。挖掘机器人的研究步骤是在实现挖掘机"机—电—液"一体化和挖掘机局部操作自动化的基础上，引入最新的机器人技术和智能控制技术，以实现其作业过程的智能化和完全无人化。

实现挖掘机器人的模式化编程控制和远程遥控已经不是难事，国内外多家研究机构已经研制出能在简单环境下自动作业的挖掘机器人，但要实现挖掘机器人完全无人化智能作业还有很长的路要走。

挖掘机器人作业系统辨识与运动控制是挖掘机器人研究的热点和重点，但是，挖掘机器人工作装置动力学参数的耦合性、电液伺服系统的时变非线性以及外界负载力的不确定性等因素，使得以往单纯针对电液伺服系统或机械臂系统的控制方法不能很好地满足挖掘机器人作业系统的高性能运动控制。研究与探索简单、实用、快速、有效、先进的挖掘机器人作业系统辨识与运动控制方法，不仅是无人化挖掘机器人应用实践的迫切需要，更是工程机械向信息化、智能化、机器人化方向发展所面临的重要挑战和机遇。

如图 5-55 所示，操作员的手臂上安装 3 种传感器，用于检测驾驶员的动作，挖掘机执行器的操作命令将通过蓝牙进行无线传输，与使用力反馈机制的触觉设备相比，该操作系统结构简单，更为轻型化。

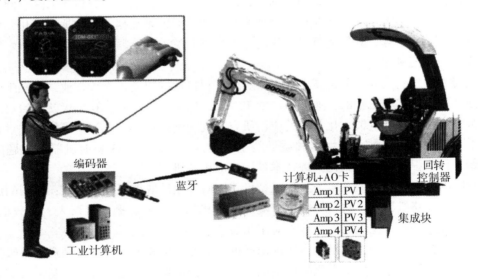

图 5-55　挖掘机远程操作系统硬件配置

3. 砌筑机器人

（1）砌筑机器人技术

20 世纪 80 年代末到 90 年代初，人们对砌墙机械化的尝试转向了采用工业机械臂，并配套相应任务处理软件，构成了初步的砌筑机器人系统。可以检索到的成果包括 1988 年的 Slocum、1989 年的 Lehiten、1996 年的 Rihani、1993 年的 Altobelli、1996 年的 Pritschow 以及 SMAS、ROCCO 等系统，如图 5-56 所示。但令人遗憾的是，都没有达到理论设想的性能，距离商业应用更是距离尚远。

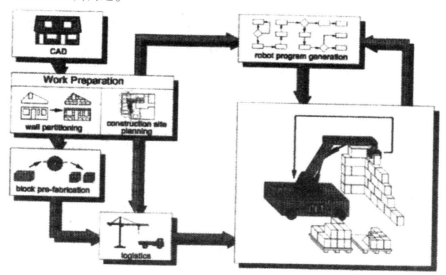

图 5-56   ROCCO 系统示意

目前，国外已经出现三种接近商业应用的砌筑机器人系统，分别是 Fastbrick Robotics 公司建造的 Hadrian 系统、Construction Robotics 公司开发的 SAM100 系统和 Construction Automation 公司开发的 Brick-laying robot 系统。

Hadrian 系统采用 CAD 计算房子的形状和墙体结构，能够 3D 扫描周围环境，计算出每一砌块的位置。它使用 92ft（28m）长的伸缩臂传送砌块，用压力挤出胶粘剂，涂在待粘结的砌块上，而后按顺序放置砌块。它还可以裁切砌块，并为电线和水管预留位置。Hadrian 配备了集成式的砌块储仓、胶粘剂储存和压力输送系统，整体集成在一辆六轮卡车上，作业时需展开卡车支腿，调平车身。Hadrian 目前每小时可以砌 1000 块砌块。Hadrian 的开发工作 2006 年就开始了，但商业应用进展缓慢。截至目前，也只在澳大利亚建造了三四栋建筑。

相比之下，Construction Robotics 公司开发的 SAM100 在商业化上要更成功一些，自 2015 年以来一直在商业项目中使用。SAM100 由小六轴机械臂、砂浆分配器和传送带、轮式底盘以及附属的升降式轨道装置组成。SAM100 适用于单块重量小于 3kg 的小型砖砌筑，因为抓手设计和抹浆方法的局限，只能使用全顺砌筑的薄墙施工，无法使用丁顺砌筑的厚墙。工作时，机械臂抓起一块砖，涂上一层专用砂浆，根据系统内置的排砖图样将其放置在墙体上的适当位置。SAM100 有一系列的传感器来确保放置砖墙的水平度。Hadrian 可以一天 24h 不间断工作，每小时能砌 1000 块。SAM100 比较适应较长的墙体施工，在较短的墙体上体现不出效率，也不适合室内墙体的砌筑场景，其砂浆勾缝和清理仍需要人工来辅助。

Construction Automation 公司的产品是一种需要现场组装的大型自动化砌筑机械。这种 Brick-laying robot（BLR）系统已在北约克郡提供设备出租服务，供当地人自建房用。BLR 系统考虑了使用传统的砌筑砂浆材料，但砂浆的敷设遇到了难题。为此，系统设计了重力自流式的砂浆落料装置，砂浆由位于高位的储存罐提供。因此，BLR 系统有一个高大的桁架式外框架以满足砂浆储罐的吊装和安装，这一特点造成 BLR 无法满足室内砌筑的场景要求。在沿墙水平方向的移动上，BLR 和 SAM100 类似，采取在装置下安装导轨的方法，导轨的敷设和安装调整让事先的准备工作变得繁琐和费时。BLR 系统的末端抓手采取垂直下放砖块的砌筑方法，比 SAM100 进步，可以丁顺砌筑来达到厚墙的施工要求。

国内对于机器人砌筑的研究多属于一些院校和科技公司的实验室项目，由于工地场景的复杂性，这些实验室装置大多在解决了机器视觉对砖块的辨识定位以及六轴机械臂抓取、安放动作之后就停步不前了。上海自砌科技的 MOBOT GT 系列在商业应用上获得了实质性进展。

MOBOT GT 系列砌筑机器人完全针对室内砌筑这个施工场景来设计，结构上采取悬置的沿墙水平方向的 X 轴作为砌块水平运动的运行轨道，避免了繁复费时的现场敷设导轨的工作。MOBOT GT 系列共有六个运动轴，以满足砌块抓取、涂抹加气混凝土砌块专用砂浆以及精确运动就位的动作需要。

MOBOT GT 系列砌块的抓取重量达到了 30kg，是目前所知砌筑机器人中抓取力最大的，可以满足国内各种砌块的施工要求。为降低机身重量，达到工地垂直运输的要求，该机采用分离式的砂浆机构设计，砂浆搅拌和使用独立于机器人，在施工时放置于机器侧方适当的位置，如图 5-57 所示。

图 5-57　MOBOT GT 的砂浆装置

（2）砌筑机器人施工应用

1）准备工作

①机器人准备。采用上海自砌科技的 MOBOT GT 系列砌筑机器人，机器人应具有产品出厂检验合格证，并应对照机器人各项技术参数对设备进行逐项检验，合格后方能投入使用。

MOBOT GT 的硬件系统包括六个运动轴（X、Y、Z1、Z2、R 以及末端夹爪）的运动结构、机身框架、液压调节以及上料传送带机和感应式砂浆机六个分系统，如图 5-58、图 5-59 所示。传感器系统包括砂浆机料门接近感应、传送带机输送就位感应、砌块抓紧力反馈以及码放力矩反馈。

②砌筑材料准备。宜采用各类重量不超过 30kg 的蒸压加气混凝土砌块，推荐强度和干密度级别为 A5.0B06 级，砌块尺寸误差必须达到国家标准《蒸压加气混凝土砌块》（GB/T 11968）合格品要求。

砂浆材料宜采用成品加气混凝土砌块专用砂浆，或者专用砂浆占比不少于 50% 的混合料。

③砌筑人员准备。砌筑机器人工作时一般配备双人机组，一人为机器人操作手，负责机器人操控和砌块上料；一人为辅助瓦工，负责准备砌筑砂浆、灰缝及墙面整理、安放拉结筋以及填塞顶层砖。

④开工条件准备。签订施工合同以及相关班组的分包合同。

进入施工工地勘察现场的实际情况，并确认现场是否满足开工条件。

编制施工组织设计并报业主及监理审批。

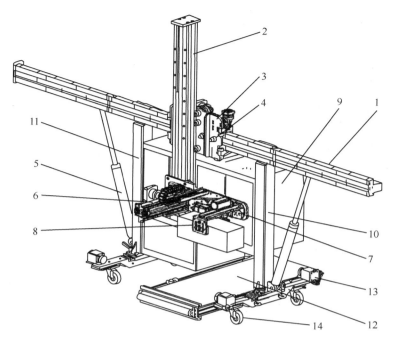

图 5-58　砌筑机器人的构造

1—X 轴　2—Z（Z1+Z2）轴　3—Z 轴背板　4—背板锁定螺栓　5—折叠臂油缸　6—Y 轴　7—R 轴　8—手抓
9—控制机柜　10—立柱　11—立柱液压油箱　12—传送带上料机　13—支腿油缸　14—承重脚轮

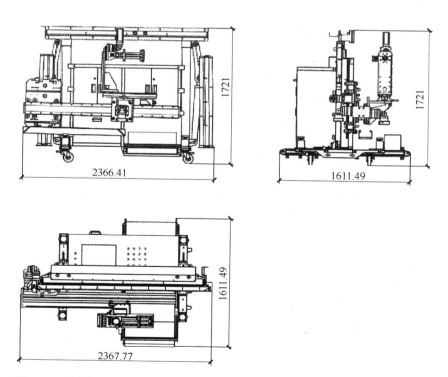

图 5-59　砌筑机器人基本尺寸（说明：传送带机折叠后的机身宽度为 1196mm）

砌筑机器人的重量较大，设备进场后应有小型叉车配合卸车，场地需要一定的硬化条件。

砌筑砂浆使用成品混凝土砌块专用砂浆，砌筑施工前完成蒸压加气混凝土砌块、砂浆、钢筋植筋抗拉拔等检测工作。

施工现场需具有可供砌筑机器人（重约900kg）在各楼层之间转运的施工电梯，如没有，也可用塔式起重机或汽车式起重机进行楼层间的转运，但各楼层的物料平台承载力必须能足以承受砌筑机器人及运输人员的重量。

砌筑机器人电源采用380V电压，自带50m电源线（三级箱35m，砌筑机器人自身15m），所以需二级箱隔层设置，并设置在楼层中间部位。

砌筑砂浆需现场搅拌，所以各楼层临时用水均需开通。

各楼层的垃圾、废料、周转材料等均需清理干净。

砌筑植筋、构造柱钢筋绑扎、放线等工序均已施工完毕。

2）施工要点

①清理待砌墙体基层，砌筑机器人进入施工位置后首先确定机器人与砌筑墙体的距离，并保证机器人X轴与墙体处于平行位置，在现场条件允许的情况下，在砌筑墙体上方梁上安装红外水平仪。

②砌筑机器人就位后展开机器人四个地脚，使机器人的四个承重轮离地，通过液压地脚支撑机器人固定就位。

③通过作业附近的二级配电箱（380V）接入砌筑机器人工作电源（通过机器人自带配三级电箱接入）。该过程必须由持有电工操作证的人员完成。

④砌筑机器人工作之前，在砌筑机器人与砌筑墙体之间设置护栏或者警戒绳，禁止砌筑过程中无关人员进入该区域。

⑤根据砌筑墙体大小，由泥瓦工现场配制混凝土砌块专用砂浆，专用砂浆的推荐用量为每平方米墙面5kg干灰+20%掺和用水。

⑥按照砌筑机器人使用手册的要求对砌筑机器人进行操作前检查，开机使机器人处于应伺状态。

⑦根据需砌筑墙体的实际尺寸、墙体两侧是否有构造柱来确定是否需要设置马牙槎，并将该数据输入砌筑机器人并保存。

⑧每层砌块需要错缝布置，错缝尺寸不能小于砌块长度的1/3，砌筑前计算出需要使用的半块砖数量，通过切砖器提前切好，待用。

⑨砌筑第一块砖时需要通过示教器确认位置，并保存到砌筑机器人控制系统。

⑩在砌筑第一、二层砖时传输带不可以连续上砖，上砖时需要确认机器人抓手位置，确保不影响机械抓手水平运行时，方可上砖；当砌筑三层及以上墙面时可连续上砖。

⑪砌筑墙体时采用砌筑机器人和泥瓦工配合进行，砌筑的速度取决于泥瓦工抹灰熟练度，实际操作时操作手需注意观察，及时同抹灰人员沟通。

⑫墙体构造筋的布置按照设计图样的要求，由辅助瓦工手动开槽并布筋，并保证钢筋顶部埋入砌块顶面，不凸起。

⑬泥瓦工施工位置位于墙体另一面，当砌筑墙体超过人体的高度时，采用移动脚手架进行抹灰时，应保证脚手架的稳固和承重能力满足安全规范。

⑭位于抹灰工作面一侧的墙体砖缝外挂的灰浆，抹灰工应及时刮平；位于砌筑机器人一侧的灰缝，待机器人砌筑完成后一次性刮平。

⑮当墙体砌筑超过机器人砌筑的最高极限，以及梁下最后一层砖时，停止用机器砌筑，采用人工补砌完成。

⑯当一面墙体砌筑完成后，需折叠机器人 X 轴两侧的水平臂至运输状态，收起液压地脚，关闭电源，将机器人人工移至新的工作面。

4. 钢筋机器加工

（1）钢筋调直

钢筋宜采用无延伸功能的机械设备进行调直，也可采用冷拉方法调直。当采用冷拉方法调直时，HPB300 级光圆钢筋的冷拉率不宜大于 4%；HRB400、HRB500、HRBF400、HRBF500 及 RRB400 级带肋钢筋的冷拉率不宜大于 1%。钢筋调直后应进行力学性能和重量偏差的检验，其强度应符合有关标准的规定。

钢筋直径小于等于 16mm 时，钢筋调直可采用数控钢筋矫直切断机进行矫直加工。数控钢筋矫直切断机采用 CNC 伺服控制系统，保证了加工精度，集钢筋矫直系统、剪切系统于一体，可以直接将盘条钢筋加工成定尺直条钢筋，可以自动定尺，自动转换生产各种不同长度的产品，广泛用于建筑业、大型钢筋加工厂等领域。

（2）数控钢筋笼滚焊机

在各类建筑施工中，钢筋加工是一个重要的环节，尤其在桥梁施工中，钢筋笼的加工是基础建设的重要环节。在过去传统的施工中，钢筋笼采用手工轧制或手工焊接的方式，除了效率低下外，较主要的缺点是制作的钢筋笼质量差，设备尺寸不规范，影响到工程建设的工期与质量。钢筋加工主要包括钢筋的剪切、矫直、强化冷拉延伸、弯曲成型、滚焊成型、钢筋的连接、焊接钢筋网等。数控钢筋笼滚焊机（图 5-60）将这些设备有机地结合在一起，使得钢筋笼的加工基本上实现机械化和自动化，减少了各个环节间的工艺时间和配合偏差，大大提高了钢筋笼成型的质量和效率，为钢筋笼的集中制作、统一配送奠定了良好的技术和物质基础。同时，新型数控钢筋笼滚焊机的使用将大大降低操作人员的劳动强度，为施工单位创造良好的经济效益和社会效益。钢筋笼滚焊机的使用，开创了钢筋笼加工的新局面，是今后钢筋笼加工的发展方向。

图 5-60　数控钢筋笼滚焊机

（3）钢筋弯曲弯箍机

如图 5-61 所示，钢筋弯曲弯箍机由水平和垂直的可自动调节的两套矫直轮组成，结合 4 个牵引轮，由进口伺服电动机驱动，确保钢筋的矫直达到良好的精度，是钢筋加工机械之一。钢筋弯曲弯箍机采用 CNC 伺服控制系统，可自动完成钢筋矫直、定尺、弯箍、切断等工序，且能够弯曲直径达 16mm 的钢筋，连续生产任何平面形状的产品。

（4）钢筋网焊接生产线

在建筑工程中，楼板和剪力墙中钢筋工程量占比较重，采用钢筋网焊接生产线可大大减少钢筋绑扎工作量。同时钢筋网焊接生产线还具备以下优势：

1）提高工程质量。焊接网是实行工厂化生产的，利用优质的 LL550 冷轧带肋钢筋，根据设计提供的网片编号、直径、间距和行业标准的要求，通过全自动智能化生产线制造而成。

图 5-61　钢筋弯曲弯箍机

①网目间距尺寸、钢筋数量准确。克服了传统人工绑扎时由人工摆放钢筋造成的间距尺寸误差大、漏扎、缺扣等现象。

②焊接网刚度大、弹性好、焊点强度高、抗剪性能好，荷载可均匀分布于整个混凝土结构上。克服了原来绑扎 HPB300 钢筋产生的强度低、平面刚度差、施工易被人员踩踏变形、截面有效高度发生变化影响结构的承载能力和面筋保护过小等现象。

③焊接网片由于采用纵、横钢筋点焊成网状结构，达到共同均匀受力，起粘结锚固的目的，加上断面的横肋变形，增强了与混凝土的握裹力，有效地阻止了混凝土裂纹的产生，提高了钢筋混凝土的内在质量。

2）提高生产效率。焊接网将原来的现场制作的全部工序及 90% 以上的绑扎成型工序全部进行了工厂化生产，除提高了钢筋制作、绑扎的质量外，还大大缩短了工程的施工周期，1015m² 的焊接网铺设仅用 60 工时，比过去的人工绑扎少用 70 工时，节约人工工时 54%，而且解决了工程现场施工场地狭小和调直钢筋时所产生的噪声污染等问题，促进了现场文明施工。

3）较好的经济效益。焊接网钢筋的设计强度比 HPB300 钢筋高 50%（光面钢筋焊接网）~70%（带肋钢筋网），考虑一些构造要求后仍可节省钢筋 30% 左右，再加上直径 12mm 以下散支钢筋加工费均为材料费的 10%~15%。综合考虑（与 HPB300 钢筋相比）可降低钢筋工程造价 10% 左右。

4）数控钢筋桁架生产线。数控钢筋桁架生产线可实现钢筋桁架全过程自动化生产。数控钢筋桁架生产线是一个钢筋加工一体化的系统，集合了当前钢筋工程中几乎所有的自动化加工设备，包括数控钢筋矫直切断机、钢筋弯箍机、钢筋焊接机等，如图 5-62 所示。

5. 混凝土工程智能化施工机器人

（1）智能随动式布料机

智能随动式布料机用于混凝土浇筑（布料），能根据操作人员发出的运动指令，通过算法解析自动控制电动机驱动式布料机的大、小臂联合运动，实现出料口自动跟随操作人员移动。智能随动式布料机有手柄和倾角传感器两种方向操控装置，能满足不同使用习惯的用户需求。相比传统人工驱动的布料机，智能随动式布料机操作简单方便，一个人即可完成布料施工。可实现布料施工减员 67%，大大降低了劳动强度和劳动量，节省人工，降低施工安全风险。

（2）地面整平机器人

地面整平机器人用于建筑地面混凝土浇筑后的高精度整平工作，具备独特的双自由度自适应系统、高精度激光识别测量系统和实时控制系统，能够动态调整并精准控制执行机构末端使之始终保持在毫米级精度的准确高度。

图 5-62　数控钢筋桁架生产线加工的钢筋桁架成品

可依靠设备自带的导航系统，自动设定整平规划路径，实现混凝土地面的全自动整平施工。传统的高精度地面整平阶段作业需要大量人工配合反复测量、刮平，任务繁重且效率低下。高精度激光识别测量系统和实时控制系统使刮板始终保持在毫米级精度的准确高度，从而精准控制混凝土楼板的水平度，实现混凝土地面的高精度整平，其工作效率和精度都远高于人工。

6. 智能抹灰施工

智能抹灰施工是指采用智能抹灰机器或设备进行抹灰施工，主要适用范围为居民楼、办公楼室内立墙抹灰，适用的墙体一般为水泥墙、砖混墙、高精砌块墙等。

（1）准备工作

1）设备准备。对设备进行检查，设备是否能在收缩状态、展开状态、抹灰状态正常切换。同时，安装螺杆空气压缩机、接通管道及电缆。

2）对成品抹灰砂浆的水灰比进行适配。以厂家提供的水灰比为基础，对现场拌和的砂浆进行调试并试喷试抹。以抹灰面无麻面、遗漏、表面能提浆为宜。

3）测量放线。选择工作墙面做好基层处理，使用激光测距仪和垂准仪进行四角规方，定位抹墙基准面；通过标尺定位出标线仪的位置，采用两点定位法确定激光面与抹灰基准面平行，无须做灰饼及墙面冲筋，抹灰过程中，设备可自动跟踪激光进行移动。

（2）机器抹墙工艺

第一步：通过专用的砂浆运输车，将砂浆添加到抹灰料斗中。

第二步：启动抹墙程序，抹墙机自动调整垂直度，抹灰斗喷涂、振动压实、刮平及上升移动。抹墙高度信号有自动检测和手动发送两种方式，上升停止后，延时振动压实，自动下降压光，第一幅墙面抹灰完成。

第三步：第一幅完成后，自动变形到抹灰初始工作状态，自动调整直线行走并定位至第二幅墙面。定位完成后，重复第一幅的抹灰动作过程。

第四步：通过传感器检测阴阳角，当抹至墙面最后一幅时，设备自动停止抹灰动作。

第五步：设备可自动转角，实现相交墙面抹灰的自动切换。

第六步：启动抹灰准备程序，自动定位到相交墙面的抹灰初始状态，重复首面墙的操作方式。抹灰过程中，需安排工人对落地灰及时清理。

第七步：机器抹墙完成一定工程量后，检查墙顶及墙底的漏抹尺寸，并安排人工进行找补。

（3）质量验收

1）表面：表面光滑、洁净、接槎平整，线角顺直清晰。

2）平整度与垂直度允许偏差见表5-4。

表5-4 水泥础浆抹面允许偏差

序号	项目	允许偏差（普通）/mm	检测方法
1	立面垂直	+4，0	用2m垂直检查尺检查
2	表面平整	+4，0	用2m靠尺及楔形塞尺检查

7. 智能地坪施工

智能地坪施工是指采用地面研磨机器人和地坪漆涂敷机器人进行地坪研磨和涂敷施工，可广泛应用于地下车库和室内厂房的环氧地坪、固化剂地坪、金刚砂地坪施工。

（1）地坪研磨机器人

地坪研磨机器人选用大功率三相异步电动机驱动研磨盘高速旋转，研磨宽度达800mm；通过激光雷达扫描识别出墙、柱等物体位置信息，实现机器人实时定位、自主导航和全自动研磨作业。配备大功率吸尘集尘系统，施工过程基本无扬尘，实现绿色施工，如图5-63所示。

1）地坪研磨机器人功能

①自动定位与导航。在地下室车库、厂房大空间地坪施工环境，地坪研磨机器人能够设定线路，完成自动定位与导航全自动过程。

②全自动研磨。地坪研磨机器人在地下室车库、厂房大空间地坪研磨过程中，能够按照设定全自动研磨。地下停车库场地复杂、承重柱较多，依靠避障系统，机器人无须人工干预即可灵活地绕柱子和现场工人，完成自动转向、研磨工作。

图5-63 地坪研磨机器人

③远程断电保护。地坪研磨机器人在地坪研磨过程中，遇到机器故障或场地超出机器人设置故障时，根据机器人设置实现远程断电保护。

④大范围作业。地坪研磨机器人在地下室车库、厂房大空间地坪研磨中更能显示优势。以1000m²施工面积计算，传统施工需要3~4名工人连续工作8h才能完成，用地坪研磨机器人只需要1个人，7h即可完工，效率提升近3倍。

⑤便捷转场。地坪研磨机器人身高1.7m。建筑产业工人在平板计算机上一键下发指令，机器人便立即开启自主移动，自主在同一项目乘坐施工电梯转场。

⑥自动吸尘集尘、抑制扬尘、尘满保护。地坪研磨机器人是一种吸磨一体研磨机，可以边打磨边吸尘。它能有效吸取打磨地面产生的尘屑，让施工环境可以达到无尘。

⑦自动放线、过放保护。地坪研磨机器人可依据 BIM 模型实现自动寻径，并将 BIM 模型与现场坐标系进行智能匹配，选择最佳坐标对房间信息进行全方位测量；机器人可在施工现场根据模型进行放样或复核，并设置过放保护临界。

⑧自动停障。地坪研磨机器人在地坪研磨过程中，根据机器人设置实现自动停障，工作效率大为提高，是传统研磨机效率的 4 倍。

⑨机器人控制。地坪研磨机器人作业可通过机身按键、Pad 实现手动控制，也可以通过程序实现自动控制。基于 BIM 地图，地坪研磨机器人能够智能规划施工路径，合理划分施工区域、施工顺序。同时地坪研磨机器人利用二维激光雷达进行水平面扫描，对墙、柱等建筑构件定位并控制底盘按照规划路径及姿态移动，能够实现施工效率最大化。

2）地坪研磨机器人施工工艺

①施工流程。环氧地坪研磨、金刚砂地坪研磨、固化地坪研磨等分项工程施工流程为 BIM 路径→地坪研磨机器人进场→前置条件处理→自动研磨→遥控打磨→边角打磨→地面修补。

②地坪基面粗磨。地坪研磨粗磨时，由专业研磨机配 30 号、60 号、120 号金属磨头依次进行横竖相交粗磨整平。粗磨过程中，可用清水进行地面湿润，提高研磨切削效果。研磨盘转速 800~1200r/min，前进行走速度 0.06~0.08m/s，不宜过高。若对基面平整度要求较高，可在粗磨后，采用洒水方式确认基面局部的高低。待水干涸后，标记出基面发白范围为高处，用小型研磨机进行研磨处理。

基面粗磨完成后，若基面出现大量孔洞及脚印，需进行孔洞修补。对于因起砂造成的小孔洞，可在基面均匀喷洒一层修补液及修补砂浆，然后利用 120 号金属磨头进行研磨修补；对于脚印等大孔洞，需利用角磨机配合切割片，将大孔洞范围方形切割 5mm 深，用电镐等工具去掉切割范围内的混凝土，用修补砂浆与水的混合物倒入坑内填满，施压抹平。应确保修补砂浆高于基面，便于干涸后与基面打磨平整。

粗磨及孔洞修补完成后，换上 50 号树脂干磨片，对基面进行整体研磨。横竖向交叉研磨，不要漏磨，避开大孔洞修补位置。研磨过程中，可用清水进行地面湿润，研磨盘转速 1200~1500r/min，前进行走速度 0.1~0.12m/s，需保持行进，不可停留。

③喷涂固化剂。基面研磨完毕后，将基面清洁干净，保持干燥。用混凝土密化剂材料均匀喷洒于地面（铂金一号固化剂兑水比例 1∶2）。当材料反应 2~4h 后，表面变黏时用清水清洗整体基面，将明水全部清除，自然干燥 12h 以上。

（2）地坪漆涂敷机器人

1）地坪漆涂敷机器人能自动路径完成环氧树脂地坪漆的施工作业，涵盖底漆、中涂和面漆的涂敷。主要功能如下：

①墙边检测和刮涂。通过相机和视觉检测算法对墙边进行检测。为了防止堵管、出料不均的问题，采用单料口出料；针对单料口出料无法覆盖边角的问题，采用特殊的刮涂轨迹实现刮涂。

②大面积刮涂功能。采用八字形刮涂轨迹实现对大面积的刮涂作业。

③自主导航。利用二维激光雷达进行水平面的扫描，通过墙、柱等物体进行自主定位，并控制底盘按照给定路径及姿态移动。

④路径规划。基于自建图路径规划功能，智能规划机器人施工路径，合理划分施工区

域，规划施工工序，以实现施工效率最大化。

⑤行驶功能。地坪漆涂敷机器人通过电动机和驱动器实现麦克纳姆轮转动，实现底盘行驶功能。

⑥故障报警。通过三色灯及蜂鸣器，实现机器人各类故障提示及报警。

⑦控制模式。通过机身按键或 Pad 实现手动控制，通过 APP 程序实现自动控制。

⑧物料自动混合功能。在作业时，将地坪漆的 A 组分和 B 组分充分混合才能反应，通过两个电动机分别带动两个泵进行旋转将料筒里面的物料经过管路输送到末端动态混合器，在动态混合器内充分搅拌实现 AB 组分的自动混合。

⑨精准出料控制功能。通过控制电动机转速实现对料量的精准控制。

⑩停障保护。通过避障雷达、防撞条实现机器人停障保护功能。

⑪爬坡功能。在手动控制模式下，机器人能够自由上下坡度小于 10°的直线斜坡。

⑫越障功能。在手动控制模式下，机器人能够越过高度小于 30mm 的垂直凸起障碍，能够越过宽度小于 50mm 的水平间隙。

⑬管路压力检测功能。压力传感器对管内压力进行实时检测，当管路发生堵塞时自动停止作业，发出报警，提示人工进行处理。

⑭地面高低起伏自适应功能。通过安装弹簧实现对地面高低起伏的自适应功能。

⑮浓度检测功能。机器人装有浓度检测传感器对周围作业环境进行实时检测，当周围环境有害气体浓度较高时，发出示警功能，提醒工作人员。

⑯缺料呼叫功能。通过液位传感器对料箱内材料进行实时监控，当材料低于设定值时机器自动报警提示施工人员加料。

2）地坪漆涂敷机器人施工工艺。地坪漆涂敷机器人的施工流程为：扫图路径规划→基面打磨→底漆刮涂施工→中涂漆施工→中涂漆表面打磨→面漆刮涂施工。

①底漆满涂地坪，待稍干后吸油量较大部分应补涂环氧树脂底漆。

②待底漆干燥后，用环氧树脂中涂主剂、石英砂、滑石粉按一定比例搅拌均匀后调成环氧砂浆加入主漆料筒，对应固化剂加入固化剂料筒后进行机器涂敷。

③环氧砂浆层干燥后进行打磨、清洁。

④机器涂敷第一遍涂环氧树脂面漆，待干燥后修补缺陷并去除颗粒，机器涂敷第二遍环氧树脂面漆。

5.3.2 建筑机器人应用实例

某智慧建筑项目的互联网及机器人技术应用实践

1. 项目介绍

本实践项目采用"REMPC"工程总承包模式，贯彻落实"装配式+智能建造+绿色低碳+新城建"技术，着力打造国家 AA 级装配式项目、××市装配式建筑示范项目、××二星级智慧工地、××市智能建造示范项目等。

（1）全过程项目协同管理

项目充分应用中国建筑智慧建造平台进行全过程全方位的项目协同数字化管理，涵盖数字设计、智慧商务、智能工厂、智慧工地、幸福空间等功能模块；应用中建科技项目管理系统的文件管理、协同管理、构件追溯、项目模型、智慧商务、智能工厂、智慧工地、幸福空间、项目人员等功能模块，实现提质降本增效，如图 5-64 所示。

图 5-64　智慧建筑平台

（2）工地质量安全

应用移动互联网技术，开发质安通 APP，安全生产智能化装备（特种设备运行监测）实现及时掌握项目质量安全检查、验收、实测情况及各类预警功能作用，并将相关数据与项目协同管理系统和中国建筑智慧建造平台打通，打破信息孤岛，实现质量安全巡检闭环管理，保障工程项目安全红线和质量底线。

（3）构件追溯

构件设计信息化带来了构件信息记录与获取的便捷，构件生产、运输、安装等过程质量检查与进度可通过平台集中展现，直观反映装配施工进度，同时对各阶段进度与质量管理相关责任人及构件状态信息进行记录与提取，赋予构件可识别性与可追溯性，有利于构件安装等过程管理有序、高效进行，可大大提高预制构件的管理效率。达到管理行为和施工作业行为数字化，通过收集、整理、储存、分析、应用管理行为和施工作业行为数据，推动项目数据信息实时共享、资料文件整编归档，实现参建各方基于数字化平台全过程业务协同和 BIM 综合应用。

（4）人员管理

实名制管理，基于 AIoT 开发，运用生物识别系统、移动互联网、云计算等技术，核验工地项目、市政工程、装饰装修等人员的身份信息。工地现场出入口设置的智能门禁系统可实现人员考勤信息的自动统计和现场显示，以及出入口的实时视频监控。动态看板，可实现对建设工程项目基本情况、现场施工作业人员基本信息、主要区域实时监控视频的集中显示功能。人员行为管理模块通过进出场扫描人脸，系统可实时采集人员体温信息，如图 5-65 所示。

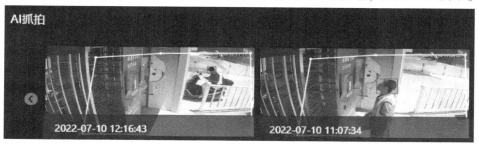

图 5-65　AI 识别

（5）与建筑工业化技术融合

应用自主研发的可周转高强螺栓组合钢牛腿代替传统的满堂架施工，减少了支撑架体和模板的投入量，实现了快速高效施工安装，节约劳动力和成本，缩短工期。

（6）数字化设计

涵盖工程建设设计到交付运维全生命周期，通过应用 BIM 技术、模拟仿真技术和设计协同平台，实现一模到底，提升设计质量和效率。基于 BIM 技术和物联网技术，依托中国建筑智慧建造平台，实现施工进度管控。一是显示项目施工进度，并可动态观看；二是实现地下室和现浇部分构件追溯；三是实现机电安装和装饰装修的进度把控。

（7）工厂化生产

在中建科技自有的 PC 工厂运用了智能化生产线、物联网设备管理系统、MES 系统、预制构件全生命周期质量追溯系统，提升了预制构件生产效率、质量。

（8）VR、AR 虚拟现实技术

运用 VR、AR 虚拟现实技术，结合 BIM 成果，建立项目标准户型导航、项目全景导航或线上展厅，在虚拟环境中进行场地环境、结构性能等分析。

（9）数字化档案技术

具备施工作业行为和现场管理行为数据实时生成功能，参建各方基于同一项目信息管理系统认证和调用电子签名、电子印章，进行工程质量责任文件、监理报告、分部工程施工记录等工程资料在线审批和流转，实时记录责任单位、责任人、地点位置、时间、楼层、照片、音视频等过程信息，实现工程建设行为数据实时留痕和自动归档。

（10）无人塔式起重机智控系统

利用物联网感知技术，迅速感应机械安全临界值，灵敏发出安全报警，呈现出强大的塔式起重机安全预警能力。在系统操作中，与塔式起重机驾驶员配合现场指挥，塔式起重机操作全过程将以指挥第一视角全程与驾驶员音视无缝对接，实现协同配合，精准高效的工作目标。成功实现了塔式起重机驾驶员可在距离施工项目建设现场千里外，于地面通过智慧驾驶舱的五屏高清全景视觉体验，远程智能控制塔式起重机进行机械操作，轻松智慧掌控塔式起重机安全施工环境。

（11）点云扫描机器人

利用机器人代替人工手工测量，一方面可节省人工与质量管理人员工作量，另一方面可提高实测实量效率与精度。通过点云扫描可快速完成建筑各部位与空间尺寸记录，同时将单一质量控制项整合，进行整体质量问题分析，可全面展现测量空间内质量问题，避免抽检带来的测量结果误差，激光扫描与计算机建模可有效避免手工测量带来的误差；通过模型对比可直观反映建造误差，帮助快速整改。

（12）拍照测量设备

基于 3D 立体视觉技术的掌上型硬件设备，一款集成 AI 影像处理与分析能力的应用软件以及用于远端协作的云资料平台。

（13）智慧物联网式数位靠尺

测量标准化，通过无线射频识别和互联网模块，将所有量测数据数位化，并有效收集所有数据。

（14）视觉位移计

用于监测结构物的表面相对位移变化，提前预测塌方风险。通过观测安装在待测点的标靶，视觉位移计融合标靶的数据和自身采集的视觉信息后，测量出标靶和视觉位移计之间的相对位移偏移量，精度达到毫米级。

（15）板材安装机器人、搬运机器人

通用物流机器人针对建筑工地的预制件、材料包等建筑物料进行横向搬运工作，具有自动抓取、单人操作上楼、自动卸货、零接触搬运、零损耗搬运、零转弯半径等特性，安装机器人用于本项目陶粒板安装，如图 5-66、图 5-67 所示。

图 5-66　搬运机器人模型　　　　　　　　图 5-67　安装机器人

2. 应用效果

该项目通过贯彻落实"装配式+智能建造+绿色低碳+新城建"技术，实现高效共享，提高管理效率，提升项目质量，减少资源消耗，减少安全质量隐患。经过综合计量，本项目"装配式+智能建造+绿色低碳+新城建"技术预计产生经济效益共计 96 万元，直接经济效益 6 万元，间接经济效益 90 万元。一是有效节省人工成本预计平均 12 万元/年，按照合同工期 730 日历天计算，此项预计节约人工成本 24 万元。二是工期成本折合费用预计节约 46 万元。三是现场安全、质量工作效率提高 1 倍，安全质量隐患减少 50%，各类报表、纸质资料减少约 30%，项目两制管理专员工作效率提高，减少管理沟通成本，此项节约成本约 10 万元。四是资源消耗减少，其中项目用水减少 40%，项目用电减少 10%，固废垃圾等减少 50%，此项估算效益计 10 万元。

项目以"三全 BIM"技术为核心，以建筑机器人及智能施工装备为高效手段，以工程大数据在工程建造全过程的应用为抓手，以建筑工业化（装配式）为载体，建立了智能建造与建筑工业化融合发展的工程项目管理机制和模式，达到了质量提升、现场安全、人员健康、资源消耗减少等目标，有力促进了智能建造与建筑工业化协同高质量发展。

第6章 智慧建筑之互联网技术应用

6.1 互联网设备层

6.1.1 网络连接层原理

连接物联设备需要多种技术，这些技术与传输数据量、传输距离及传输功率有关。此外，在更高的功能层可以选择多种方式对连接进行管理、防护和保护。本章简要介绍与连接设备有关的基本知识及其基本原理。如果读者从事过与网络相关的工作，可跳过本章内容。

在计算机网络领域，开放式系统互联（Open Systems Interconnection，OSI）模型是一个概念模型，用于描述和规定电信系统或计算系统的通信功能，它与其依托的内部结构及技术无关，其目的是使用标准协议实现各种通信系统的互操作性。OSI 模型把通信系统分为多个抽象层，在模型原始版本中，定义了 7 个功能层，如图 6-1 所示。

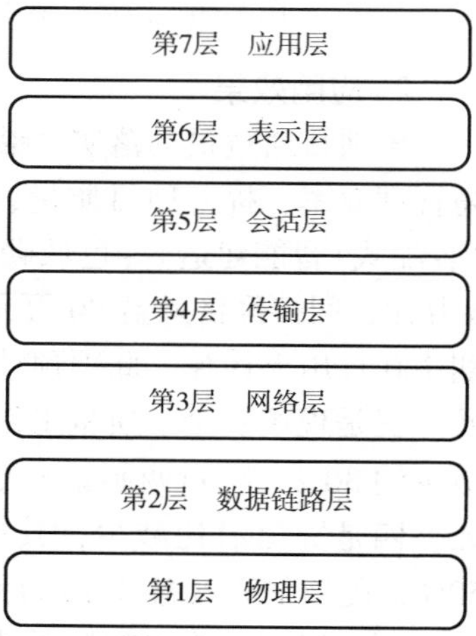

某一层服务其上方的一层，并由其下方的一层为它提供服务。例如，提供网络间无差错通信的层，需要其上方的应用提供所需的路径，同时，它调用下一层发送和接收包含该路径内容的数据包。这个模型是理解从纯弱电层的连接一直到应用程序层的连接等不同连接方式的一个有效框架。

| 第7层 应用层 |
| 第6层 表示层 |
| 第5层 会话层 |
| 第4层 传输层 |
| 第3层 网络层 |
| 第2层 数据链路层 |
| 第1层 物理层 |

图 6-1 OSI 模型

1. 数据链路层

数据链路层提供节点到节点的数据传输，这是 2 个直接连接的节点之间的链路。它检测并能纠正物理层中出现的错误。它定义了用于在 2 个物理连接设备之间建立和终止一个连接的协议，并定义了它们之间数据流控制的协议。数据链路层负责控制网络中的设备如何获得对数据的访问和传输数据的权限，还负责识别和封装网络层协议，并控制差错校验和数据包同步。像以太网、WiFi 和 ZigBee 等的连接技术都在数据链路层。

2. 连接距离与功率

在物联设备无法与互联网物理连接的情况下（其原因与设备周边环境、地理位置或设备类型，如移动设备有关），则需要某种形式的无线技术。无线技术有多种选择：WiFi、3G、4G、ZigBee、NFC、LoRaWAN、卫星通信等。如何选择取决于功耗、通信距离、数据通信速率、成本、天线尺寸及环境等几个基本原则。

图 6-2 给出了 4 种不同连接技术的连接距离和功率之间的匹配关系。连接距离为 30 ～ 100m 的 WiFi 需要的能量远远高于最大连接距离为 10m 的蓝牙和连接距离不到 0.1m 的 NFC。

	WiFi	ZigBee	Bluetooth	NFC
功率	高	低	标准：中 低能耗/智能：低	标签：零 读取：非常低
距离	30 ～ 100m	10 ～ 20m	10m	<0.1m

图 6-2　距离与功率

一般来说，无线信号以连接距离的平方为系数衰减，这意味着如果连接距离增加 1 倍，则需要增加 4 倍的功率，也就是需要容量更大的电池。

一些应用程序可以在一个封闭的、专有的无线网络中运行。例如，麦克罗米特公司（McCrometer）的水位传感器使用 560～480MHz 的频段，这个频段已分配给此类通信。农场或供水地区可以从联邦通信委员会（FCC）购买部分该频段的占用许可，有效期为 10 年，覆盖半径为 32km。以这个频率通信，UHF（Ultra High Freql Jency）的连接距离可达到 1.6～ 19km，连接距离取决于所在地区的地形地貌。

3. 连接距离与数据通信速率

另一种权衡是关于连接距离与通信速率的。通常，当通信频率上升时，可用带宽也会增加，但通信距离和越过障碍的能力会降低。与 900MHz 的装置相比，对于任意给定距离，2.4GHz 的装置约有 8.5dB 的额外路径损耗（3dB 是 50% 的损耗）。因此，通信频率越高，通信带宽容量越高，但需要更高的功率才能达到相同的通信连接距离；通信频率越低，带宽容量越低，但可实现较长距离的通信连接，如图 6-3 所示。然而，可惜的是，以较低的通信频率建立通信连接时，要获得相同的增益，则需要较大尺寸的天线，如图 6-4 所示。

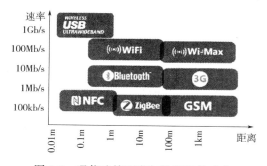

图 6-3　通信连接距离与数据通信速率

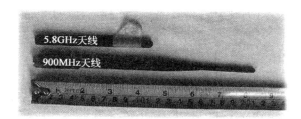

图 6-4　天线尺寸

环境对网络性能也有一定的影响，在阴雨天看卫星电视的人肯定知道这一点。通常，卫星电视的制造商会公布视线范围曲线。视线是指从天线 A 能看见天线 B，能看到天线 B 所在的建筑。对于在视线路径上的所有障碍物，会降低各个障碍物对应的视线曲线的等级，并且障碍物的形状、位置及个数都会对路径损耗产生影响。

6.1.2　应用层

物联网领域中最大的竞争领域也许是应用层，通过应用层人们可以很容易地把新设备连接到网络，同时把数据接入各种数据采集体系，如图 6-5 所示。这些将在下一章讨论。无论是做咖啡壶的，还是制造发电机的，需要面对一些实施决策问题。有统计表明有 100 多家供应商从事此领域，有如此多的终端应用要解决，就平台而言有如此广泛的技术和数据需求，因此，参与其中商家的数量并不令人惊讶。参与其中的新公司有阿雷伦特公司（Arrayent）、艾拉网络公司（Ayla Networks）及爱普电气公司（Electric Imp），它们专注于低成本的消费产品，如热水器、邮件打戳器、洗衣机、车库开门器和可穿戴医疗设备。

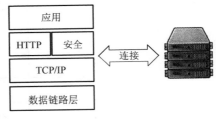

图 6-5　应用层

一些公司更关注纵向市场，如电力行业的银泉网络公司（Silver Spring Networks）。银泉公司提供 ZigBee 无线技术及更高层的连接协议。还有一些规模较小的参与者已经被规模较大的参与者收购，成为更大的物联网框架的一部分，如阿克塞达公司（Axeda）被 PTC 公司收购，21emetry 公司被亚马逊公司收购。

此外，也有像阿帕雷奥公司（Appareo）那样较传统的供应商参与其中。阿帕雷奥公司为 AGCO 提供技术。阿帕雷奥公司还使其连接解决方案向下兼容，以支持旧的农业设备增加处理恶劣环境下数据的功能，这种环境远比家居环境恶劣得多。其中一些公司还把移动流量包打包成一揽子解决方案的一部分。ZTR 公司就是一个很好的例子，它起步于列车控制领域。

6.1.3　网络安全

网络安全从身份验证开始，通常使用用户名和密码，被称为单因素身份验证。但随着人们对网络安全的日益重视，许多网络实行双因素身份验证，这种身份验证方式需要使用本人实际持有的物品。它可能是一个特殊用途的装置，或者就像经常看到的，可以是一部手机，它从应用程序接收编码来再次进行身份验证。

一旦通过身份验证，防火墙就执行访问策略，如网络用户可以访问哪些服务。防火墙根据一系列安全规则监测和控制流入及流出的网络流量。它们通常在一个可信的、安全的内部网络和一个外部网络（如互联网）之间建立一个屏障，这个外部网络被认为是不安全的或不可信的。

防火墙也越来越多地用于检查网络上传输的潜在有害内容，如计算机蠕虫（Worms）病毒和特洛伊木马（Trojans Horse）病毒。防病毒软件或入侵防护系统有助于检测和禁止此类不良软件的活动。另外，防火墙也记录网络流量，以便审查和以后的进一步分析。

在连接层，加密用于保护被传输的数据，因为在物理层上没有办法保护连接并防止攻击者看到传输的数据。加密靠的是发送者和接收者之间共享的一组密钥，假设在没有大量计算机资源的情况下，尝试每个密钥的暴力攻击都不会成功。虽然加密传输可以提供额外的安全性，但是目前密钥的访问控制变得与网络安全同等重要。

随着风险因素的增加，越来越多的物联设备被接入网络并因此而公开，人们对网络安全的创新需求只会增加。目前，大多数已有的技术是针对 IoP 开发的。设备并非是人，那么，为什么针对构建的集成访问管理（Integrated Access Management，IAM）应用程序能适用于物联网呢？像 Uniquid 公司那样的软件公司已在为物联网构建 IAM，没有人会期望牵引车、基因测序仪、铲车每 90d 更改一次密码（确保添加一个特殊字符）或回答安全问题。又比如，血液分析仪会选择什么样的检测模式作为它的常用模式呢？

6.1.4 网络连接层的应用

在不同行业和使用案例中，把物联设备连接到网络需要一系列不同的技术，这些技术与传输的数据量、传输距离、功耗及天线尺寸等因素有关。本章重点介绍实现建筑机械设备连接的几种网络连接技术。

（1）蜂窝网络技术

在施工现场主要用的是蜂窝网络，如联合租赁公司的 Total Control 设备组群管理系统就是通过 3G 蜂窝网络进行数据传输来实现对施工设备的管理。

同样，竹内公司的履带式装载机也是采用 GSM 850MHz、900MHz、1800MHz 和 1900MHz 频段的 3G 蜂窝网络连接的。无线运营商为竹内公司提供了一个专用 VPN（虚拟专用网），来保护传输过程中的数据。另外，还使用了一个卫星增强系统（Satellite-Based Augmentation System，SBAS）的 56 路 GPS 装置来实现装载机的定位。

如果要为物联设备寻找一个安全可靠的无线网络的话，沃达丰公司（Vodalone）在大多数国家和地区可以做到。除了拥有 17 个市场固定宽带业务，联合自己在 26 个国家的移动业务与 55 个国家合作伙伴的移动业务，沃达丰公司可实现为物联设备联网提供安全可靠的无线网络的目标。它们利用这些多重网络连接资源提供多路路由来保证高效的、高性能的网络连接，因此，即使是一个心脏起搏器，也能在全球范围内得到可靠的连接服务。

沃达丰公司还利用其经营公司之外的战略运营商关系扩大全球业务，以此增加了 600 多家漫游伙伴，并且独具匠心地把这种大规模业务与一种全球 SIM 卡业务相结合，用 SIM 卡为全球经销的产品提供单一标识信息（如产品分类管理标识）。

此外，单一的全球支持系统提供一站式解决方案，所有的一切是由一个名为全球数据服务平台 GDSP（Global Data Services Platform）的全球专用 M2M 平台管理的。

（2）WiFi 无线网技术

为大众所熟悉的 WiFi 技术，已成为人们在办公室和星巴克（Starbucks）等地方接入互联网的首选途径。WiFi 连接距离可达 30m，支持每秒几百兆比特的通信速率。与 ZigBee 和蓝牙相比，WiFi 虽然耗能较高，但仍被广泛使用在办公室环境中。

斯堪斯卡公司开发的用于环境监控的 InSite Monitor 系统可充当物联网现场网关，把传感器的数据接入到在 Microsoft Azure Cloud 上运行的进程中。InSite Motlitor 系统的网络连接到互联网是通过 WiFi 实现的，另外，还有 2 个可用于连接 WiFi 网络的 USB 端口。

网络领域引领者思科公司为用户提供 Cisco 819 集成服务路由器（Cisco 819 Integrated Services Router），它是最小的 Cisco IOS 软件路由器，具有支持集成的无线广域网 WAN 和无线局域网 LAN 的功能。另外 Cisco 819 还具有虚拟机功能，支持运行第三方软件。

在网络中使用 Cisco 819 路由器，数据通过一个安全的传输层安全（Transport Layer Security，TLS）协议传输。TLS 与其之前的安全套接层（Secure Sockets Layer，SSL）协议，二者经常被称作 SSL 协议，它们都是提供网络通信安全的加密协议。这个协议有多种版本被广泛用在不同的网络应用中，如网页浏览、电子邮件、网络传真、即时通信和 IP 语音（VoIP）等。包括谷歌（Google）、YouTube 和脸书（Facebook）等网站都使用 TLS 来保护服务器和网络浏览器之间的所有通信。

（3）卫星技术

施工场地有时位于蜂窝网络覆盖区之外，尤其在世界各地偏远的农村地区。因此，在这种情况下，卫星传输是与机器设备通信仅有的方式。

实际上，许多机器设备上都配置了多种网络连接方式供用户选择。例如，捷尔杰公司的剪叉式作业平台和伸缩式作业平台能使用 3G 蜂窝网络、蓝牙或者 WiFi 连接，在偏远地区或矿区，也可以用卫星连接方式。

举一个建筑行业之外的例子，如铁路机车，它通常不能用 WiFi 或蜂窝网络连接。为了解决这个问题，通用电气公司研制了 LOCOCOMM 系统，它是一种通信管理装置（Communications Management Unit，CMU），适用于通用电气公司和非通用电气公司制造的机车。该系统使用了一个英特尔公司的单板计算机，具有 256MB 内存和高达 4GB 的闪存，运行 Microsoft Windows NT 操作系统。LOCOCOMM 系统工作时无须外部降温，由 74V 机车电池直接供电。

除了通信功能之外，CMU 还有一个集成的 GPS 系统，提供差分全球定位系统（Differential Global Positioning System）用来增强 GPS 精度，最好的实际应用效果是，GPS 的定位精度从 15m 标称精度提高到 10cm 左右。对于少量对时间敏感的数据，LOCOCOMM 系统使用卫星传输，较大的文件可在列车到达目的地时用 WiFi 传输。

（4）ZigBee 技术

ZigBee 是基于 IEEE 802.15.4 的一套高层通信协议，用于创建小功率数字无线电的个域网（Personal Area Network）。该技术的目的是成为比蓝牙和 WiFi 更简单、更便宜的连接技术。ZigBee 的低功耗设计把数据传输距离限制在 10~100m。

ZigBee 通常用于需要低数据通信速率的应用场合，它需要较长的电池寿命和安全的网络连接。ZigBee 采用 128 位的对称加密密钥来保护网络安全，界定的通信速率为 250kb/s。

在 21 世纪初期，机器设备还未升级拥有联网功能之前，精细化承建商公司（Precision Contractor）就卓有远见地研发了一套软硬件系统，用来采集现场施工机械设备的数据。当时，一个蜂窝网络连接的价格为 30~50 美元，把 800 台机器设备连接到蜂窝网络是极其昂贵的。因此，油料控制台就用作施工现场的网络中心，通过 WiFi 或蜂窝网络与公司的服务器相连接。所有施工机械设备都用 ZigBee 连接到油料控制台上。目前，大约有 50 辆运油车支持 80 多台联网的施工机械设备接入网络。

（5）LoRaWAN 技术

在传统意义上，无线网络解决方案只能依靠几种不同的通信技术。人们可以接受基于标准局域网技术（如 WiFi、ZigBee 和蓝牙）网络连接的有限连接距离，或支付广域蜂窝技术的费用。随着低功率广域（Low-Power Wide-Area Network，LPWAN）的应用，新的市场正在形成。人们希望用这些新技术弥补目前广域网 WAN 和局域网 LAN 技术之间的差距，从而实现低成本的机器设备连接。

LPWAN 协议是为采用无线连接、电池供电的设备设计的。网络架构通常采用星形拓扑（Star-of-Stars Topology）布局。在这个架构中，网关在终端设备与后端中央网络服务器之间中继消息。网关通过标准的 IP 连接到网络服务器，而终端设备使用单跳无线通信方式连接到一个或多个网关。所有的端点通信通常都是双向的，同时也支持多路广播等操作，能够通过无线的或其他批量分布消息进行软件升级以减少无线通信的时间。

在 LPWAN 中，终端设备和网关之间的通信以不同的频带和通信速率进行。数据通信速率由通信距离和消息持续时间之间的折中选择来决定。由于这种技术的特点，网络中不同数据速率的通信不会互相干扰，并可建立一组虚拟通道来增加网关的容量。

LoRaWAN 的数据通信速率从 0.3kb/s 到 50kb/s 不等。LoRaWAN 使用低频（Sub-GHz）频段，这意味着信号可以穿透 2km 范围内的大型结构和地下工程。

塔塔通信公司（Tata Communication）在孟买和德里试验成功之后宣布，将联合其他几个电信公司在全印度范围内建立 LoRaWAN 网络。奥兰治公司（Orange）也计划建立覆盖全法国的 LoRaWAN 网络。在澳大利亚，澳洲电信公司（Telstra）已准备在墨尔本（Melbourne）做前期试验。塔塔通信公司已选定了 LoRaWAN 技术的先驱者圣特公司（Semtech）去部署覆盖孟买、德里和班加罗尔等城市的 LoRaWAN 网络。

（6）防火墙技术

本章借用一个石油和天然气行业的案例。位于陆地上的油气平台，传统的通信大多数是采用微波实现的，然而大型现代化钻井平台都是采用光缆通信的。在钻井平台上，网络连接了大量的设备和装置，如可编程逻辑控制器（Programmable Logic Controllers，PLC）、仪器仪表、智能终端、自动化设备及成套装置、过程控制设备等。此外，该平台采用传统的 OPc 协议（Open Platform Communications）实现与海底系统和虚拟流量计之间的通信。

因此，平台存在大量网络流量和串扰的可能性。另外，还有一些部署在钻井平台上的自动化控制器使用 UDP 广播/多路广播协议也会进一步增大网络流量。因为许多自动化和控制装置不能滤除外来的网络消息，保护这些设备免受过量流量的影响是很有必要的。

一个钻井平台通常会涉及许多家承包商，它们在平台上承建相互关联的系统。在一些情况下，网络可能会暴露给计算机病毒，这些病毒可能来自某个不知情的承包商感染的 U 盘。

出于保护平台设施的需要，一些钻井平台采用了隔离业务层和过程控制网络的架构。自动化系统网络和业务系统网络通过管理交换机与逻辑网络隔离的方式实现隔离，也可使用托管交换机来隔离。隔离区用于保护过程控制系统免受互联网和业务系统网络的影响。

某油气平台网络部署如图 6-6 所示。百通公司（Belden）的 Tofino 安全设备安装在冗余的艾伦布拉德利公司（Allen Bradley）的 ControlLogix PLC 之前。这些安全设备进行了配置和测试，以确保主 PLC 处理器到备份处理器的故障切换不会影响控制通信。反过来，无论 PLC 之间的切换状态如何，这些安全设备都要保持安全功能正常运转。

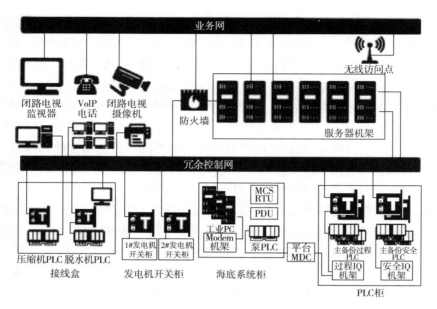

图 6-6　网络部署

（7）面临的挑战

绝大多数的通信硬件和软件都是为了把人们连接到互联网而开发的，但物联设备与人不一样，物联设备可以告诉人们更多的信息，并且可以持续不断地与之交流。人们开发的流媒体技术可以将大量信息（例如电影、游戏）从服务器传输给人。下一个挑战将是开发数据从物联设备回到服务器的反向流技术。由于数据传输速率可以控制，会使反向流网络更加高效。与流传输一样，网络要尽量减少一些信息传输，但是当 10 万台机器设备每分钟都想要通信时，网络拓扑和控制应该是什么样子呢？有些人认为应该给机器设备更多的"智能"，同时少发送数据就可以了。但是，如果人们有低成本的采集数据方式，还能从这些物联设备中学习，为什么要让设备不发送数据呢？

最后，对于物联网的网络安全，不是出现网络安全事故后考虑去补救（就像 IoP 应用程序所做的那样），而是要设计出安全措施使受保护的网络与物联设备能实时进行信息交流。当信息流动时，对机器的身份验证、控制访问、审查和保护将非常重要。在使用物联设备时，有可能人们必须把机器设备数据（即描述机器设备状态的数据，如燃油料消耗率、柴油微粒过滤器状态）与 NormicData（即机器实时测量的数据，如外部温度、噪声及振动程度等）分开。人们将会采取不同的策略来了解机器设备状态和测量参数。这将是接下来要讨论的问题——数据采集。

（8）自动识别技术

1）条码技术。条码是由一组按特定规则排列的条、空及其对应字符组成的表示一定信息的符号。条码自动识别技术具有输入速度快、准确度高、成本低和易操作等特点，在物流仓储、自动化生产等领域广泛应用。

①一维条形码。一维条形码是最传统的条形码，是由一组规则排列的条、空以及对应的字符、数字组成的标记。其中，"条"是指对光线反射率较低的部分，即人们所说的黑条纹；"空"是指对光线反射率较高的部分，即人们所说的白条纹。

扫描原理：当条码扫描器发出的光束扫过条码时，扫描光线照在浅色的空上容易反射，而照到深色的条上则容易不反射，这样被条码反射回来的强弱、长短不同的光信号即转换成相应的电信号，经过处理后变为计算机可接收的数据，从而识读出商品上的条码信息。商品信息输入电子收款机中的计算机后，计算机自动查阅商品数据库中的价格数据，再反馈给电子收款机，随后打印出售货清单及金额，这一切速度之快，几乎与扫描条码同步完成。

②二维条形码。二维条形码（简称二维码）是用某种特定的几何图形按一定规律在平面上分布成黑白相间的图形，来记录数据符号信息的；在代码编制上巧妙地利用构成计算机内部逻辑基础的"0""1"比特流的概念，使用若干个与二进制相对应的几何形体来表示文字数值信息，通过图像输入设备或光电扫描设备自动识读以实现信息自动处理。它具有条码技术的一些共性：每种码制有其特定的字符集，每个字符占有一定的宽度，具有一定的校验功能等。

二维条形码特征：高容量的数据内容：二维码可以记录数千个字符或数字，其容量是一维条形码的十倍，如图 6-7 所示。

各种数据类型：存储在二维码中的数据类型包括图像、声音、文字和指纹，具有多语言表达能力。

高容错性：凭借其纠错技术，即使破损率高达 30%，仍然可以识别。

高可靠性：二维码解码准确程度远高于一维码。

图 6-7　二维码

易于制作：使用者通过软件及打印机可轻松获得想要尺寸及形状的二维码。

便利性：二维码可以通过手机或移动设备轻松识别，并且可以向任何方向读取。比较于当下另外一种用于信息传输的 RFID 芯片技术而言，二维码更为便宜实用、易于更换，且二维码通过智能手机下载 APP 即可读取，可不需要专用的读取设备。

2）射频识别技术。射频识别技术（RFID）又称无线射频识别技术，俗称电子标签，是一种自动识别技术，它利用射频信号通过空间耦合（交变磁场或电磁场）实现无接触信息传递并通过所传递的信息达到识别目的，对静止或移动物体实现自动识别。RFID 技术也是一种通信技术，它可以通过无线电信号识别特定目标并读写相关数据，而无须在识别系统与特定目标之间建立机械或光学接触。

①RFID 系统组成。RFID 系统由电子标签、阅读器、天线组成，如图 6-8 所示。

a. 电子标签：又称为射频标签、应答器、数据载体，由芯片及内置天线组成。芯片内有两个数据区域，分别是 ID 区和用户数据区。ID 区用于存储全球唯一的标识码 UID（在制作芯片时存储在 ROM 中，无法修改），用户数据区则提供存储数据，可进行读写、修改或

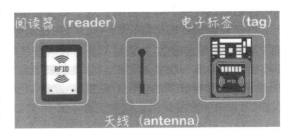

图 6-8　RFID 系统组成

增加的操作。内置天线用于电子标签和射频天线间进行通信。

b. 阅读器：又称为读出装置、扫描器、读头、通信器、读写器（取决于电子标签是否可以无线改写数据），主要任务是控制射频模块向标签发射读取信号，并接收标签的应答，对标签的对象标识信息进行解码，将对象标识信息连带标签上其他相关信息传输到主机以供处理。

c. 天线：电子标签与阅读器之间传输数据的发射、接收装置。

②工作原理。电子标签与阅读器之间沟通的语言是电磁波，阅读器遇到电子标签时，通过天线发送一定频率的信号，在接收到信号后，电子标签内部存储的标识信息通过天线发射出去，阅读器通过天线接收并识别该电子标签发回的信息，最终将阅读器识别结果发送给主机，达到识别的目的。

③分类。按照工作频率不同，RFID 标签可分为低频（LF）标签、高频（HF）标签、超高频（UHF）标签、微波（MW）标签。

a. 低频标签：其工作频率一般为 $30 \sim 300kHz$，典型的工作频率有 $125kHz$、$133kHz$，最远距离为 $1.2m$。

b. 高频标签：其工作频率一般为 $3 \sim 30MHz$，典型的工作频率为 $13.56MHz$，最远距离为 $1.2m$。

c. 超高频标签：其工作频率一般为 $30 \sim 960MHz$，典型工作频率为 $433MHz$、$902 \sim 928MHz$，最远距离为 $4m$。

d. 微波标签：其工作频率一般为 $2.45GHz$ 和 $5.86GHz$ 或大于 $36GHz$，典型工作频率为 $2.45GHz$ 和 $5.86GHz$，最远距离为 $100m$。

④RFID 技术的特征。与传统的条码技术相比，RFID 的优势有以下几点。

a. 唯一性。在以前的条码技术中，由于长度等因素限制，每一类产品只定义一个类码。RFID 彻底打破了这种限制，所有的产品都可以享受独一无二的 ID，每个电子标签都具有唯一性，意味着系统可以识别单个物体，因为这是每个物品（包括人类）在这个世界上独一无二的数字代号。

b. 扫描速度快。条码扫描仪一次只能扫描一个条码，而读写器可以同时识别和读取数个电子标签。无须接触，读写器就能够直接读取信息至数据库，一次性处理多个标签，并将处理的状态写入标签。

c. 体积小，易封装。电子标签在读取上并不受自身尺寸大小与形状的限制，不需要抗污染能力强，易穿透。传统一维条形码的载体是纸张，因此容易受到污染，但是 RFID 对水、油和化学药品等物质具有很强的抗性。在黑暗或脏污的环境中，读写器照常可以读取电子标签上的数据，因为电子标签是将数据存于芯片当中，可以免受污损。

总之，电子标签能穿透非金属材料而被阅读，读写器能透过泥浆、污垢、油漆涂料、木材、水泥、塑料等阅读标签，而且不需要与标签直接接触，因此使得它成为肮脏、潮湿环境下的理想选择。

d. 数据的存储容量大。一维条形码的容量是 50B，二维条形码最大容量也只有 1108B，RFID 的最大容量则有数百万字节。未来物品所需携带的数据量越来越大，对标签容量的需求也相应增加，RFID 的数据存储容量大，标签数据可更新，特别适合在需要存储大量数据或物品上所存储的数据需要经常改变的情况下使用。

e. 可重复使用，安全性高。传统条形码里面的信息是只读的，如果用户想改变里面的内容或增加新的信息，只能重新打印条码，旧的条码就被废弃了；而电子标签可支持信息写入，用户可以在标签制作出来以后通过 RFID 的读写系统随时写入想要增加的信息。

f. 一维条形码无法进行加密，二维条形码只能进行简单的加密，而电子标签承载的是数字化信息，其内容能够由密码保护，不易被伪造及变更。在信息社会，提升数据采集的效率和准确程度，是每个行业共同关注的焦点，而 RFID 的无线识别无疑在这方面跨出了一大步。RFID 技术应用于物流、制造、公共信息服务等行业，可大幅提高管理与运作效率，降低成本。

3）生物识别技术

①语音识别技术：也称为自动语音识别（Automatic Speech Recognition，ASR），其目标是将人类的语音中的词汇内容转换为计算机可读的输入，如按键、二进制编码或者字符序列。语音识别技术的应用包括语音拨号、语音导航、室内设备控制、语音文档检索、简单的听写数据录入等。

②虹膜识别技术：基于眼睛中的虹膜进行身份识别，应用于安防设备（如门禁等），以及有高度保密需求的场所。虹膜是位于黑色瞳孔和白色巩膜之间的圆环状部分，其包含很多相互交错的斑点、细丝、冠状、条纹、隐窝等细节特征。虹膜在胎儿发育阶段形成后，在整个生命历程中将是保持不变的。这些特征决定了虹膜特征的唯一性，同时也决定了身份识别的唯一性。因此，可以将眼睛的虹膜特征作为每个人的身份标识。

③指纹识别技术：通过比较不同指纹的细节特征点来进行自动识别。由于每个人的指纹不同，就是同一人的十指之间，指纹也有明显区别，因此指纹可用于身份的自动识别。

④人脸识别技术：基于人的脸部特征信息进行身份识别的一种生物识别技术。它是用摄像机或摄像头采集含有人脸的图像或视频流，并自动在图像中检测和跟踪人脸，进而对检测到的人脸进行脸部识别的一系列相关技术，通常也称作人像识别、面部识别。

人脸识别系统主要功能包含人脸抓拍、实时人脸对比识别、人证对比与身份验证、人脸数据库管理和检索。

人脸识别技术属于生物特征识别技术，是根据生物体（一般特指人）本身的生物特征来区分生物体个体。相对于指纹、虹膜等其他生物特征，人脸识别系统更直接、方便，容易被使用者接受。目前，人脸识别在施工现场主要应用在门禁系统、身份证件的识别等领域，用以提高现场人员的管理效率。

4）3D 激光扫描技术。三维激光扫描技术又被称为实景复制技术，是测绘领域继 GPS 技术之后的一次技术革命。它是利用激光测距的原理，对物体空间外形、结构及色彩进行扫描，记录被测物体表面大量密集点的三维坐标、反射率和纹理等信息，可快速复建出被测目标的三维模型及线、面、体等各种外观数据，形成三维空间点云数据，并加以建构、编辑、修改，生成通用输出格式的曲面数字化模型。3D 激光扫描技术为快速建立结构复杂、不规则场景的三维可视化数字模型提供了一种全新的技术手段，高效地对真实世界进行三维建模和虚拟重现，具有精度高、速度快、分辨率高、非接触式、兼容性好等优势，可在文物古迹保护、建筑、规划、工厂改造、室内设计、建筑监测、交通事故处理、法律证据收集、灾害评估、船舶设计、数字城市、军事分析等领域应用。

（9）传感器技术

传感器是一种检测装置，能检测到被测量的信息，并能将检测到的信息，按一定规律变换成电信号或其他所需形式的信息输出，以满足信息的传输、处理、存储、显示、记录和控制等要求。它是实现自动检测和自动控制的首要环节。它是感知物质世界的"感觉器官"，用来感知信息采集点的参数，可将物理世界中的物理量、化学量、生物量转换成供处理的数字信号，为数据的处理和传输提供最原始的信息。

1) 传感器的组成

①敏感元件：传感器中能直接感受或者响应被测量，并输出与被测量成确定关系的其他量（一般为非电量）的部分。例如，应变式压力传感器的弹性膜片就是敏感元件，它将被测压力转换成弹性膜片的形变。

②转换元件：传感器中能将敏感元件感受或响应的被测量转换成适于传输或测量的可用输出信号（一般为电信号）的部分。例如，应变式压力传感器中的应变片就是转换元件，它将弹性膜片在压力作用下的形变转换成应变式电阻值的变化。如果敏感元件直接输出电信号，则这种敏感元件同时兼为转换元件。

③信号调理电路：将转换元件输出的电信号进行进一步的转换和处理，如放大、滤波、线性化、补偿等，以获得更好的品质特性，形成便于传输、处理、显示、记录和控制的有用信号。

④辅助电源：可选项，主要负责为敏感元件、转换元件和测量电路供电。

⑤软件：为传感器提供如操作系统、数据库系统等软件支持。

2) 传感器的分类。传感器的类型多样，可以按照物理量、工作原理和输出信号的性质分类。

①按物理量分类。根据物理量的不同，传感器可以分为压力传感器、位置传感器、液位传感器、速度传感器、加速度传感器、2.4GHz雷达传感器、气敏传感器及温度传感器等。

②按工作原理分类。根据工作原理的不同，传感器可分为电阻、电容、电感、电压、霍尔、光电、光栅、热偶等传感器。电阻传感器是指把位移、力、加速度、扭矩等非电物理量转换为电阻值变化的传感器；把被测的力学量（如位移、力、速度等）转换成电容变化的传感器称为电容传感器；把被测量转换为电感的传感器称为电感传感器；电压传感器则是感受电压信号，并将其转换成可用输出信号的传感器。

光电传感器是采用光电元件作为检测元件的传感器。光电传感器首先把被测量的变化转换成光信号的变化，然后借助光电元件进一步将光信号转换成电信号。优点：检测距离长、对被测量物体的限制少、响应时间短、分辨率高、可实现非接触的检测、可实现颜色判别、便于调整。典型的光电传感器有烟尘浊度监测仪、光敏电阻和CCD图像传感器。

③按输出信号的性质分类。根据输出信号的不同性质，传感器可分为开关型传感器、模拟型传感器和数字型传感器。

开关型传感器的输出为开关量（即"1"和"0"或"开"和"关"）；模拟型传感器的输出信号为模拟信号，如光照传感器、风速传感器、温度传感器等；数字型传感器的输出信号为数字信号，如人体红外传感器、火焰传感器、烟雾传感器等常见数字型传感器。

传感器技术应用于物流、安保、环境监测、设备检测等方面（图6-9）。以环境监测为例，手机传感器可以感知用户所在位置的温度、气压、海拔并辨别方向。

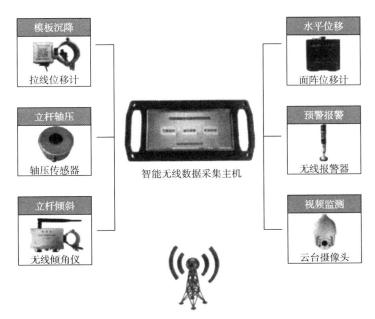

图 6-9　传感器组网

（10）位置感测技术

1）室外定位技术。全球导航卫星系统（Global Navigation Satellite System，GNSS）泛指所有的卫星导航系统，包括全球星座、区域星座及相关的星基增强系统，是卫星定位技术的系统级靠山。目前有 GPS、GLONASS（格洛纳斯）、Galileo（伽利略）、北斗（BeiDou 或 BDS）等。

利用 GPS 定位卫星，在全球范围内实时进行定位、导航的系统，称为全球卫星定位系统，简称 GPS。GPS 由空间部分、地面控制部分、用户设备部分三部分组成。

2）室内定位技术。室内定位是指在室内环境中实现位置定位，主要采用无线通信、基站定位、惯导定位等多种技术集成形成一套室内位置定位体系，从而实现人员、物体等在室内空间中的位置监控。除通信网络的蜂窝定位技术外，常见的室内无线定位技术还有 WiFi、蓝牙、红外线、超宽带、RFID、ZigBee 和超声波。

6.1.5　网络与通信技术

物联网网络层基本上综合了已有的全部网络形式，来构建更加广泛的互联。每组网络都有自己的特点和应用场景，互相组合才能发挥出最大的作用，因此在实际应用中，信息往往经由任何一种网络或几种网络组合的形式进行传输。常见的网络如下：

（1）短距离无线通信

短距离无线通信技术的范围很广，只要通信收发通过无线电波等无线介质传输信息，并且传输距离限制在较短的范围内，一般在几十米（居多）或数百米，就可以称为短距离无线通信。无线网络应用广泛，在需要低耗电、较少量数据传输的家电控制、物件辨识中，大多会采用短距离无线通信技术。

1）蓝牙技术。一种低功率、短距离的无线连接技术，其实质内容是能在固定设备或移动设备之间进行无线信息交换。该技术的出现推动和拓展了无线通信的应用领域。

蓝牙具有功耗低及体积小的特性，因此它可以被集成到对数据传输速率要求不高的移动设备和便携设备中。其主要应用领域包括家用无线联网、移动办公和会议联网、个人局域网、Internet 接入服务、移动电子商务等。蓝牙耳机、蓝牙鼠标、蓝牙音箱、蓝牙遥控器等都采用这一技术，在生活中为人们提供更为便利的操控体验。

2）WiFi 技术。又称为行动热点，俗称无线宽带。一种允许电子设备连接到一个无线局域网（WLAN）的技术，通常使用 2.4GHz UHF 或 5GHz SHF ISM 射频频段。设备连接的无线局域网通常有密码保护，但无线局域网也可以是开放的。

WiFi 技术是通过无线电波来联网的，最常见的应用是无线路由器，只要在这个无线路由器电波覆盖范围内，都可以采用 WiFi 方式连接上网。而且无线电波的覆盖范围较广，半径甚至可达 100m 左右。WiFi 技术的传输质量不是很好，数据安全性比蓝牙差，但传输速率非常快，符合个人和社会信息化的需求。

3）ZigBee 技术。ZigBee 的英文本是跳着之字形舞蹈的蜜蜂，指一种新兴的短距离、低速率、低功耗、低成本的无线网络技术，一种介于无线标记技术和蓝牙技术之间的技术提案，该技术依据的研发标准是 IEEE 802.15.4 无线标准。ZigBee 技术主要应用在短距离范围内且数据传输速率要求不高的电子设备之间，通过多个 ZigBee 节点的部署，建立一个无线传感器网络，达到传输数据信息的目的。一个 ZigBee 网络由一个协调器、多个路由器和多个终端设备组成。

4）红外技术（IrDA）。IrDA 是红外数据协会的简称。一种利用红外线进行点对点通信的技术，是第一个实现个人局域网（PAN）的技术。目前其相应的软件和硬件技术都已比较成熟。它采用红外线作为通信媒介，支持近距离无线数据传输规范。

（2）移动通信

一个完整的物联网系统由前端信息生成、中间的传输网络以及后端的应用平台构成。如果将信息终端局限在固定网络中，期望中的无所不在的感知识别将无法实现。移动通信网络，特别是 5G 网络，将成为物联网系统信息传输的有效平台。中国移动公司总裁曾说："我们梦想，有一天人们出去了，什么东西都可以不用拿，你只要有个手机，所有问题都可以解决。"而现在，已基本实现了这样的梦想。

移动通信技术是移动体之间的通信，实现移动用户和固定点用户之间或移动用户相互之间的通信。移动通信系统由空间系统、地面系统（卫星移动无线电台、天线、基站）组成。现在已经发展到第五代移动通信技术（5G），5G 将满足人们在居住、工作、休闲和交通等各种领域的多样化业务需求，即便在密集住宅区、办公室、体育场、露天集会、地铁、高速路、高铁等具有超高流量密度、超高连接数密度、超高移动性特征的场景，也可以为用户提供超高清视频、虚拟现实、增强现实、云桌面、在线游戏等极致业务体验。与此同时，5G 还将渗透到物联网及各种行业领域，与工业设施、医疗仪器、交通工具等深度融合，有效满足工业、医疗、交通等垂直行业的多样化业务需求，实现真正的"万物互联"。

（3）计算机网络

计算机网络技术是把分布在不同地点，并具有独立功能的多个计算机系统通过通信设备和线路联系起来，在功能完善的网络软件和协议的管理下，实现网络中资源共享与通信的系统。它是通信技术与计算机技术相结合的产物，连接介质可以是有线的或无线的。常用的有线介质有同轴电缆、双绞线、光纤等，常用的无线介质有微波、载波和通信卫星信号等。计算机网络具有共享硬件、软件和数据资源的功能，具有对共享数据资源集中管理和维护的能力。

传感器网络是大量部署在作业区域内的，具有无线通信与计算能力的微小传感器节点通过自组织方式构成的能根据环境自主完成指定任务的分布式智能化网络系统。整个传感器网络将协调各个传感器，将覆盖区域内感知的信息综合处理，并发布给观察者。观察者是传感器网络的用户，是感知信息的接收和应用者，在智慧工地框架下为施工决策者。感知对象是观察者感兴趣的监测目标，也是传感器网络的感知对象，如施工现场机械、施工物料、劳动人员等。在传感器网络中，节点通过各种方式大量部署在被感知对象内部或者附近，这些节点通过自组织方式构成无线网络，以协作的方式感知、采集和处理网络覆盖区域中特定的信息，可以实现对任意地点信息在任意时间的采集、处理和分析。

传感器网络通常包括传感器节点（sensor node）、网关节点（sink node）和远端服务中心。传感器节点以自组织的方式形成网络，并将感知到的信息通过多跳的方式传输至网关节点，进而通过网关（gateway）完成与互联网的连接。传感器网络综合了传感器技术、嵌入式计算技术、现代网络及无线通信技术、分布式信息处理技术等，能够通过各类集成化的微型传感器协作实时监测、感知和采集各种环境或监测对象的信息，通过嵌入式系统对信息进行处理，并通过随机自组织无线通信网络以多跳中继方式将所感知信息传送到用户终端。传感器网络的特性使其有非常广泛的应用前景，其无所不在的特点在不远的未来将使之成为人们生活中不可缺少的一部分。

传感器网络的每个节点除配备了一个或多个传感器之外，还装备了无线电收发器、控制器和能量供应模块（通常为电池）。单个传感器节点的尺寸大到一个鞋盒，小到一粒尘埃。传感器网络中节点的成本也是不定的，从几百美元到几美分，这取决于传感器网络的规模以及单个传感器节点的复杂度。传感器节点尺寸与复杂度的限制决定了能量、存储、计算速度与频宽的受限。

6.2 建筑互联网应用

6.2.1 建筑互联网简介

未来建筑的发展趋势必然是互联多建筑，而涵盖了传感器、自动化、网络以及嵌入式系统等综合性的技术就是物联网。如将物联网技术运用到智能建筑中，最主要的应用就体现在智能家居、节能减排、智能安防以及监控管理等方面，这是建筑技术上的一个新的尝试，只有做出有我国自主知识产权的智能建筑体系，才能让我国的建筑行业在国际上占领一席之地。

1. 互联网家居

互联网家居是指利用先进的计算机技术、网络通信技术、综合布线技术，依照人体工程学原理，融合个性需求，将与家居生活有关的各个子系统如安防、灯光控制、窗帘控制、燃气阀控制、信息家电、场景联动、地板采暖等有机地结合在一起，通过网络化综合智能控制和管理，实现"以人为本"的全新家居生活体验。

互联网家居就是物联网在家庭中的基础应用，随着宽带业务的普及，智能家居产品涉及方方面面。家中无人，可利用手机等产品客户端远程操作智能空调，调节室温，甚至还可以学习用户的使用习惯，从而实现全自动的温控操作，使用户在炎炎夏季回家就能享受到冰爽带来的惬意；通过客户端实现智能灯泡的开关、调控灯泡的亮度和颜色等；插座内置 WiFi，可实现遥控插座定时通断电流，甚至可以监测设备用电情况，生成用电图表，让用户对用电情况一目了然，安排资源使用及开支预算；智能体重秤，监测运动效果，内置可以监测血压、脂肪量的先进传感器，内定程序根据身体状态提出健康建议；智能牙刷与客户端相连，提供刷牙时间、刷牙位置提醒，可根据刷牙的数据生成图表，监测口腔的健康状况；智能摄像头、窗户传感器、智能门铃、烟雾探测器、智能报警器等都是家庭不可少的安全监控设备，即使出门在外，也可以在任意时间、地点查看家中任何一角的实时状况，排查安全隐患。看似烦琐的种种家居生活因为物联网变得更加轻松、美好。

互联网家居通过物联网技术将家中的各种设备（如音视频设备、照明系统、窗帘控制、空调控制、安防系统、数字影院系统、影音服务器、影柜系统、网络家电等）连接到一起，提供家电控制、照明控制、电话远程控制、室内外遥控、防盗报警、环境监测、暖通控制、红外转发以及可编程定时控制等多种功能和手段。与普通家居相比，智能家居不仅具有传统的居住功能，兼备建筑、网络通信、信息家电、设备自动化，提供全方位的信息交互功能，甚至为各种能源费用节约资金。

（1）可见光传感器

可见光传感器主要用于测量室内可见光的亮度，以便调整室内亮度。它的基本原理是能感受可见光并转换成可用输出信号。

（2）温度传感器

温度传感器主要用于测量室内的温度，方便调节室内温度。它的主要原理是能感受温度并转换成可用输出信号。

（3）湿度传感器

湿度传感器主要用于测试室内的湿度，方便调节。它的基本原理是能感受气体中水蒸气的含量，并转换成可用输出信号。

（4）气敏传感器

气敏传感器主要用于测量空气中特定气体的含量，当有危险时会自动报警。它的基本原理是声表面波器件的波速和频率会随外界环境的变化而发生漂移。气敏传感器就是利用这种性能在压电晶体表面涂覆一层选择性吸附某气体的气敏薄膜，当该气敏薄膜与待测气体相互作用（化学作用或生物作用，或者是物理吸附），使得气敏薄膜的膜层质量和导电率发生变化时，引起压电晶体的声表面波频率发生漂移；气体浓度不同，膜层质量和导电率变化程度也不同，即引起声表面波频率的变化也不同。通过测量声表面波频率的变化就可以准确地反映气体浓度的变化。

（5）声音传感器

声音传感器主要用于测试室内声音，达到声控的效果。声音传感器，具体来说就是用一个小弹片来感应声音并通过一个继电器把声音信号转换成电信号，在声音足够大的时候电信号也足够大，这时候的电信号就传到开关的触头上，来使电路接通或者断开。

智能互联网家居如图 6-10 所示。

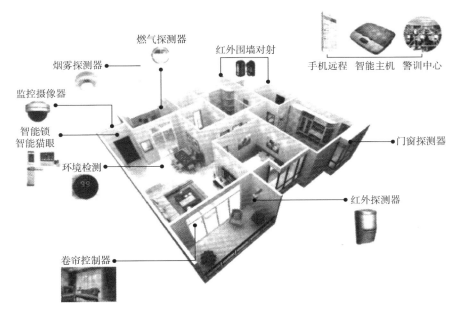

图 6-10　智能互联网家居

2. 智能报警

将物联网技术应用于智能建筑的报警防护中与传统的建筑防护体系相比，成效更明显、更实用，在处理上速度也更快且精确。其中涉及电子巡检、视频网络的实时监控、灾情预警、逃生通道安全控制等。

对于目前的智能防护系统来说，一般是从三个方面进行统一的管理，分别是：一网制管理、建立一个数据库、门禁一卡制。目前智能建筑使用的门禁卡，一般带有射频卡，使用者使用门禁卡时，在巡逻中的安保人员就能通过数据库判定持卡人的身份信息。家庭内部的安全防护主要是燃气传感器、烟火探测器、热敏感应器、视频监控、门锁电磁系统以及家庭红外线传感器等，一旦其中哪一个超出了设定的安全值，就会立即报警提示，并及时向小区的安保寻求帮助，能够有效地保证家庭成员的人身财产安全。例如，视频监控中的人脸识别及移动监测功能，能对人脸进行识别及根据其移动轨迹判定是否非法入侵等。

物联网在智能建筑系统中的应用主要包括访问通道警报机制、实时视频网络监视和电子安全验证。目前，大多数智能安全系统都安装了访问控制系统，其中数据库和实施集成管理在三个技术层面上进行网络管理。智能建筑中使用的大多数现代控制卡都配备有 RF 卡（RF是 Radio Frequency 的缩写，RF 卡是一种以无线方式传送数据的集成电路卡片，它具有数据处理及安全认证功能等特有的优点），如果用户使用的是控制卡，则巡逻人员将使用连接到数据库终端的无源传感器来确定读卡器的位置。使用物联网技术，可检测并评估远程红外有线传感器和智能化分析传感器是否正常传输，从而防止误报并保护系统。

在智能建筑中安装感温探测器等火灾报警探测器，其不仅能够对整个建筑进行监控，还能监控建筑中消防设备的运行情况，如果设备出现故障，系统可以及时且快速地处理。无法通过系统的方式处理时，可以通过网络的形式，及时将出现问题的位置与其具体情况传送至终端，交由相关的工作人员处理。由于居住在高层建筑的居民，在发生火灾时，反应速度相对较为迟缓，这也就造成了很多居住在高层的居民，一旦发生火灾无法及时逃出，而且高层建筑楼层较高，也是影响救援的一个原因。因此，在建筑中安装消防智能报警系统，对于智能建筑而言非常重要。报警系统能够在出现火灾的第一时间探测出出现火灾的具体位置，并及时发出警报，不仅方便了相关工作人员及时对火灾进行处理，而且还保证了居民的生命安全。

3. 能源优化

生态化、绿色化的建筑是我国目前可持续发展国策对建筑行业的要求，智能化建筑的发展也应时刻围绕着绿色化、生态化去进行。将物联网技术应用在智能建筑体系中，是为了能让自然的资源得以充分利用，优化能源的利用率并减少不必要的能源消耗。尤其是对于超高层和高层建筑以及大型的智能建筑来说，将网络传感器植入其中，能对建筑内部的照明系统、空气环境、湿度和温度进行实时的控制和检测，同时将各个电气设备调节到最低的能耗状态。例如，在建筑内部采用二氧化碳浓度、温度及湿度等各种网络传感器控制新风系统，声光控制照明系统等，减少不必要的电能消耗，进而打造低碳绿色的智能建筑。

高层智能建筑，无线网络传感器是根据智能建筑的温度、湿度、空气、光照等因素的实时监控来安装和配置的。该设备适用最低功耗模式，柔和的灯光会自动调整照明系统，以减少不必要的光源消耗，并创建低碳绿色的智能化建筑。

节能环保是推动社会经济发展的关键，节能减排在智能建造中也是一项非常重要的内容，同时也是智能建造发展的目标。一般情况下，建筑在能源消耗方面最多的就是对电能系统的管理与控制，以及有效地处理生活污水。在智能建造中合理使用物联网技术的方式，也就是运用物联网中传感器的方式，能够帮助工作人员准确且及时地观察到当前建筑中电力系统运行情况，比如电能的实际耗电数额，以及建筑中各项设备运行是否正常等。相关的工作人员通过传感器的方式，准确得出建筑中所有设备的各项信息数据，并将数据准确无误地传输至系统终端，能够方便工作人员随时对建筑中的数据进行检测与管理。工作人员能够通过物联网的方式构建智能建造框架，员工可以通过物联网平台的方式查看建筑各项信息数据，以此为基础，了解整个建筑的能源消耗情况，并通过物联网技术的方式，对整个建筑内部的空气质量、湿度等实现有效调节，在此期间，员工充分利用自然资源，以此来降低建筑在能源方面的消耗，从而帮助建筑达到节能减排的目的。

4. 互联网监控

互联网在感知层上的传感器功能齐全、数量繁多，对于智能建筑来说，无线传感器和光纤光栅传感器是两个比较关键的技术，还有RFID技术。

在建筑互联网中的无线传感器应用的特点首先是不需要布线、网络规模较小，其次是无线传感器的节点较少以及智能化程度比较高。无线传感器的应用场合比较广泛，尤其是在火灾火情的监控中有非常重要的作用。我国的建筑相关研究人员开发出了对超高层建筑人员的定位系统，其中就结合了无线传感器的网络定位，就是在灾情发生的时候能对建筑内部的人员进行定位，以便消防人员进行搜救。ZigBee是由无线传感器的基站和节点构成的，能够定位出建筑物内火灾源头的具体方位，如果网络节点一部分被损毁，它能迅速地进行重组并重新定位。

光纤光栅传感器的应用是把其固化在建筑材料中，就能准确地测量出各种材料的性能和参数。一般智能建筑的电力系统都是处于高温高压的工作状态，将光纤光栅传感器安装在电力工作系统的接头部位和终端等要害部位，就可以对电力系统进行实时的监测，能充分防止因为电流过大、温度高引起的设备故障。在超高层和高层智能建筑中，应用光纤光栅传感器能对建筑的结构进行检测，检测出的结果通过互联网向系统终端发射。

RFID 电子配线架系统主要由 RFID 电子跳线、RFID 电子配线架、控制器和后台计算机管理软件四大功能模块组成，其核心是 RFID 电子跳线及 RFID 电子配线架。RFID 电子跳线是在普通跳线上增加带有唯一身份的 RFID 电子标签，该标签内含有跳线的类型、速度等数据，因此，RFID 电子跳线又可称为智能跳线；RFID 电子配线架是在普通配线架上嵌入 RFID 识别器，既具有普通配线架的功能，同时又能识别 RFID 电子跳线；控制器与多个 RFID 电子配线架相连接，用于控制多个 RFID 电子配线架，可显示当前网络物理层的电缆连接状态；后台计算机管理软件与多个控制器连接，对物理层链路信息进行实时监视、记录和管理。上述四个功能模块紧密相连、协同工作，对物理层的信息传递相当精确。

RFID 智慧网络是典型的物联网应用。在 RFID 智慧网络中，网络物理层的每一个设施、设备、线缆、节点都被完整地管理起来，通过无线传感技术及 RFID 技术，使得物理信息被实时收集，经过云端的计算和优化策略，从而实现对物理层的监控和告警，是网络智能化的必经之路，是网络中的物联网。

5. BA 系统

基于 BA（建筑设备自动化）系统的物联网智能建筑体系大致的功能：其一，对设施设备以及系统的维护保养，通过 BA 终端来提前预知要针对哪些部位进行维护保养、保养周期、所需要的人工及材料；其二，优化管理、自动计费以及能源管理，通过微信扫一扫功能可以知道设施设备的相关情况，例如运行状态，上次保养时间、人员，生命周期；其三，对建筑系统内部的设备进行协调控制，自动控制并监视各个机电设备的停止以及启动；其四，检测并及时处理各类型的突发事件，通过手机 APP 传递到主要负责人，确保响应速度；其五，根据外界的环境因素以及负载的变化情况，去调节各设备在运行中的最佳状态，例如中央空调的冷却塔风机开关状态及数量、其相关阀门的开关量控制；其六，自动打印、显示以及检测各个设备在运行时的参数变化，记录、分析历史数据。

物联网技术已实现了物与物之间传感器的互联，而以物联网为基础的智能建筑能实现半智能化的无线传感网以及全智能的传感网。随着科技的不断发展，物联网与智能建筑的结合会愈加和谐，也会带动智能建筑向更加智能的方向发展。

6.2.2 施工现场物联网

物联网在建筑业中可广泛应用于建筑项目的人、机、料、法、环多个环节，涉及项目监控、设备监管、人员管理等业务，能有效提高项目的管理水平和智慧化程度。针对建筑业物联网需求向规模化和平台化发展的趋势，物联网平台是物联网生态链中的关键环节，为物联网设备的全生命周期的监控提供支持，包括设备接入、设备管理、协议适配数据接收等环节，形成一站式的物联应用管理和运营服务能力，对于建筑项目中各环节的状态感知、信息融合和业务穿透形成良好的促进作用。

物联网通过不同类型的传感器从施工现场采集实时数据，包括结构的应力和位移、现场的温度与空气质量、能耗以及智能施工设备的状态等。采用 WiFi 或蓝牙（Bluetooth）等技术将施工现场部署的无线传感器连接起来，形成无线传感器网络。预制构件施工现场组装全过程采用 RFID 技术，通过跟踪构件内嵌入的标签，实时采集数据。室内人员定位可采用 RFID、ZigBee 或超宽带（UWB）技术，室外定位则可通过全球定位系统（GPS）实现。无人机搭载激光扫描仪获取施工现场点云数据，基于三维重建技术监控施工进度。摄像机捕捉现场施工过程的图像，用于记录和分析施工过程。可穿戴设备集成了传感器、摄像头和移动定位器的功能，以收集现场工人的工作状态并向其反馈信息。

1. 人员设备定位

首先在施工人员的安全帽上安装 RFID 射频芯片，通过固定位置读头读取 RFID 芯片信息，确定佩戴安全帽的人员位置，将读头信息通过无线传输逐级传递到中央监控室。控制室可通过芯片源获取人员设备的经纬度坐标及高程信息，通过坐标自动转换，就能在 GIS+BIM 模型中确定施工人员和设备所处的具体位置。不仅可以直观显示人员和设备在项目的实时位置，通过点击人员和设备图标，还可显示人员设备详细信息，当有突发状况时可及时通知施工人员逃生方向或进行救援。

2. 材料管理

物联网的 RFID 技术能够快速、实时、准确地采集与处理建筑材料信息，将电子标签或 RFID 芯片在生产阶段植入构件或原材料，采用 RFID 电子标签的阅读器在材料运输、进场、出入库时对其信息快速读取，并通过物联网进行跟踪和监控，使原料管理更为便捷、准确。

3. 二维码

启用二维码帮助进行施工质量检查的主要方式，是在施工现场，将由 BIM 技术 5D 软件所生成的智能二维码粘贴到施工建筑当中，施工技术人员通过手机对二维码进行扫描，即可掌握相关的施工技术水平，对施工中的各项数据信息也有所了解，并掌握施工工地现场责任人对各项工程二维码在工程建设中的应用，能够将工程建设的各项数据信息以及资料全部储存到网络当中，从而在网络中也能够获取相应的数据信息，对工程建设施工工地进行智能化管理。

4. 施工现场传感器

施工现场的传感器主要用于采集施工构件的温度、变形、受力及设备的运行等反映施工生产要素状态的数据。目前施工现场常见的传感器包括重量传感器、幅度传感器、高度传感器、回转传感器、运动传感器、旁压式传感器、环境监测传感器（PM2.5、PM10、噪声、风速等）、烟雾感应传感器、红外传感器、温度传感器、位移传感器等。

1）重量传感器、幅度传感器、高度传感器和回转传感器可被用于塔式起重机、升降机等垂直运输机械的运行状态监控，对塔式起重机、升降机发生超载和碰撞事故进行预警与报警。

2）运动传感器可以用于施工机械的运行状态监控，记录机械运行轨迹和效率，也可以进行劳动人员运动和职业健康状态监测。

3）旁压式传感器主要用于卸料平台的安全监控。

4）环境监测传感器负责施工现场各区域的劳动环境监测。

5）烟雾感应传感器主要用于现场防火区域的消防监测。

6）红外传感器主要用于周界入侵的监测。

7）温度传感器对混凝土的养护、裂缝，以及冬期施工的环境温度进行控制。

8）位移传感器主要用于检测诸如桥梁、房屋结构构件的变化，房屋的倾斜、防降、地质预警等。

6.2.3 物联网建筑应用

工地实施过程中，综合运用物联网、移动互联网、云计算和智能设备等软硬件信息化技术，做好施工现场中机械设备、材料以及环境等的管理工作，并且在建设过程中结合智能信息采集、数据模型分析、管理高效协同以及过程智慧预测等措施，做好施工场地的立体化模型建设，使具体操作过程以及全过程监管过程形成一个相连接的数据链条，将施工中云数据以及互联网等信息技术相结合，可进一步对施工过程中的工程造价进行控制，提高工地现场的生产效率、管理效率和决策能力等，提升工程管理信息化水平。当前阶段，从广义上智慧工地是智能建造在施工建造阶段的能力体现；从狭义上智慧工地是施工阶段数据采集的关键手段。

智慧工地应用信息技术应用的重点包括：一是要采用物联网技术，将感应器植入建筑、机械、人员穿戴设施、场地进出关口等各类物体中，并且被普遍互联，形成物联网，再与互联网整合在一起；二是通过移动技术并通过移动终端的使用，直接在现场工作，实现工程管理关系人员与工程施工现场的整合，保证实施协同工作；三是集成化的需求和应用，企业和项目部都有对工地现场进行统一管理和监控的需求，因此，在规范不同系统的标准数据接口的基础上，建立集成化的平台系统，实现智慧工地监管系统。智慧工地监管系统还要保证与现在的管理体系、现有的管理系统等进行无缝整合，其主要系统包括劳务系统、视频监控系统、质量管理系统、进度管理系统、环境与绿色管理系统、物资管理系统、机械与设备监测系统、安全管理系统等。

1. 劳务系统

由于劳务人员较复杂，队伍素质良莠不齐，缺乏有效的组织，给企业的用工管理带来极大难度的同时还存在极大的施工风险。在传统的劳务管理模式中，没有对劳务人员的资料进行有效整合，劳务进出频繁而导致的劳务人员综合信息合同备案混乱、工资发放数额不清等难题经常引起各种劳务纠纷，给企业和项目带来损失。为了规范劳务管理，保障劳务人员的合法权益，同时降低企业风险，现阶段项目施工现场采用劳务人员管理系统，从而实现劳务人员的考勤、定位、工资发放、安全预警和安全教育等功能。除此之外，通过平台对劳务人员信息数据进行有效整合，不仅能够实现劳务人员信息管理系统化，通过劳务人员的考勤信息直观了解各劳务人员出勤情况，分析劳务用工的效率和工种组合的合理性，还可以实现安全教育信息管理从批次管理到个体针对管理的跨越。在人员管理信息化上，进行智慧工地人员管理，主要利用物联网、互联网等技术，有效整合无线通信、数据采集、人脸识别、人员活动状态监测等相关模块，将相关数据传输到工地人员管理系统，实现人员管理和监控，如图6-11所示。

众所周知，建筑工地的施工作业会伴随某些不可预知的风险，因此很多建筑工地都规定非施工人员不可进入，而采用柱式人脸识别门禁管理系统则可远程控制外来人员的进入。智慧工地还适宜配合LED大屏展示系统进行实时人员动态监测。部分智慧工地会通过无人机实时拍摄工地作业人员的施工状态，并且将拍摄的画面传回至管理中心，如此管理者无须出

图 6-11　实名制闸机

门便可瞬时了解现场人员的动态。对进入现场的工人进行实名制信息采集，并将相关信息输入系统，随后向工人发放一卡通，详细记录工人的基本信息。施工场地 LED 显示屏能实时统计出现场员工人数、员工上班时间、各个工作岗位人数等。建筑工人进入施工现场需要佩戴安全帽，并在闸口对建筑工人进行人脸识别，通过安全帽记录建筑工人的基本信息。

　　在项目中通过劳务管理移动端设备录入人员信息完成进场登记，通过人脸闸机实名制考勤，如图 6-12 所示，对项目出勤进行管控。通过数据调取，对出勤率较低的分包单位进行审查，减少窝工问题。在管理上优化了项目部对场内人员的管理，人员花名册以及班组信息一目了然，工人出勤信息可查询导出，通过人员管理的应用提升了管理效率，节省了劳务时间，保障建筑劳务人员的合法权益，同时满足地方政府和公司的监管要求。

　　智慧工地之所以有如此强大的监测功能，是因为它拥有非常强大的互联网监测系统。它实现人员信息管理的方式主要通过设定安全帽实名以及人员定位系统实现，智慧工地提前对建筑工地的施工人员进行分区域登记，并为每一区域的人员设置相应的定位系统。

　　管理人员借助安全帽中的智能芯片，能够对建筑工人的工作状态、安全位置、活动轨迹等进行定位与跟踪，及时掌握建筑工人的安全状态，从而实现对建筑工人的全方位

图 6-12　某工地人员实名制通道实拍图

监控。另外，利用人工智能技术，可以将建筑工人的位置、活动轨迹等数据实时更新到现场员工管理系统中，并通过现场员工管理系统进行建筑工人统计分析，全面掌握建筑工人的地域分布和工作状况。鉴于此，工地管理人员可以借助大数据技术，在保证施工质量、进度、安全的前提下，抓住建筑工人分布的热点和劳动力的高峰，进一步合理安排现场各工种的劳动量，最大限度地提高生产效率，减少窝工损失，实现建筑项目的施工质量、进度、安全等

综合目标。

2. 视频监控系统

项目现场安装高清摄像监控系统，对于提高项目安全监控能力、日常巡视管理、各项数据分析和总结等领域，起到较强的支撑帮助。

配备智能化的现场监控系统，对项目施工区域、办公区域、生活区域进行全覆盖，24h进行监控，保障项目生产与生活工作的顺利进行。配备智能化摄像头，可以对局部区域进行放大查看，还可以调节摄像头的查看范围、方向。

公共区域安装视频会议系统，实现远程会议，尤其是突发公共卫生事件期间，施工现场可组织召开危险性较大的分部分项工程专家论证会，确保施工现场可以继续推进施工。

长期保存的录像资料，既可以方便施工结束后资料的存档，同时对新入职的应届毕业生起到一个很好的指导作用，对一些用文字和语言难以表述清楚的施工工序等，可以通过影像资料清晰地展现出来。

在施工现场安装视频监控，对现场施工情况进行全方位监管，间接地端正了施工人员的工作态度，规范了施工行为，既保证施工质量，又减少安全事故的发生。

通过安装球机以及枪机对现场大门、加工区、办公区、生活区、施工现场等进行全方位监控。通过光缆、网桥、光纤进行数据传输，最后汇总到项目数据中心平台。部分摄像头支持手机端、计算机端远程实时查看和回放，即使不在现场，也可以通过在线监控实现可视化管理。

摄像头+AI技术，实现隐患自动识别，减轻项目安全人员巡检压力。采用图像处理、模式识别和计算机视觉技术，有效进行事前预警、事中处理、事后及时取证的全自动、全天候、实时监控的智能管理。现场出现抽烟、不佩戴安全帽等工人违规情况，系统会自动发出警报声进行提醒，同时系统后台利用延迟摄影技术对违规行为进行摄影记录。对于一些常规的违规作业巡查，不必像以往一样安排专人进行巡视。项目管理人员不必亲自进入施工现场，通过监控画面就可实时了解现场具体情况。每天的生产例会，通过监控画面显示场景，对现场生产工作做出安排。能够清晰了解现场生产完成情况，能够将每一项生产任务细化到每一个节点，精确到每个人。

将智能监控系统的画面存储至云盘，形成长期资料。针对农民工恶意讨薪事件，可实时查看录像，还原现场画面，为相关部门提供判断依据。同时配合劳务管理实名制系统，实名制登记、考勤记录、突发公共卫生事件防控大数据筛查、安全技术交底、分包单位综合评价、特种人员信息、工资发放管理、劳务人员黑名单、人员奖惩记录等功能，不仅可以提高项目现场劳务用工管理能力，还能辅助提升政府部门对劳务用工的监管效率，避免恶意讨薪现象。

突发公共卫生事件防控期间，借助人脸识别和人体测温技术同时完成实名制考勤与体温测量，员工实名考勤和测温结果在大屏同步显示并自动上传云端后台，自动统计分析数据，满足劳务实名制管理和疫情防控的需要。

人脸识别的闸机系统功能有：检测施工场内人员体温，对体温异常人员及时进行跟踪预警；通过现场监控系统分析现场人员未佩戴口罩与人员聚集等危险行为；通过智能化语音播报，进行突发公共卫生事件防控教育，提高突发公共卫生事件防控安全意识。

现场车辆视频监控。现场出入口安装、使用高压洗车台及车辆号牌识别系统，对车身覆盖及车辆清洗进行监控预警。

对渣土运输车辆进出场进行智慧管理，解决安全生产监管痛点：人工无法 24h 不间断进行视频监控、人工监督无法全覆盖、视频监控与业务系统脱离、不及时预警。

加强物资进出场全方位精益管理，运用物联网技术，通过地磅周边硬件智能监控作弊行为，自动采集精准数据；运用数据集成和云计算技术，及时掌握一手数据，有效积累、保值、增值物料数据资产；运用互联网和大数据技术，多项目数据监测，全维度智能分析；运用移动互联技术，随时随地掌控现场、识别风险、零距离集约管控、可视化决策。

3. 质量管理系统

智慧工地质量管理应包括施工方案及技术交底信息、施工过程质量控制信息、质量验收信息、质量评价信息。项目应用信息化手段对工程质量进行管理，包括施工方案管理、技术交底管理、过程质量控制管理、质量验收管理、质量评价管理、数据采集、数据传输、数据存储、数据应用、实施效果、拓展应用与科技创新等。

如图 6-13 所示，在项目施工过程中应用信息化手段对工程质量进行管理，项目在施工过程中编写质量智慧管理专项方案，明确在质量管理中需要的设备，形成技术应用方案。项目施工应用质量监测系统，通过质量检测系统，根据相关资料管理要求，将工程质量验收资料电子化。同时通过质量检测设备自动感知、采集质量安全案例信息数据，提高质量管理效率，提升质量管理水平。项目部管理人员可以通过使用移动终端，提高管理效率。移动端与平台端联动，使用质量检测平台手机端，应用质量管理系统进行质量管理，实现线上与线下的联动管理，实现管理人员无论何时何地都能了解工程质量状况，提高管理效率的同时也提高了质量管理效率。项目需要委派专人在实际质量检查过程中，通过智能设备随时记录并上传质量检测系统，平台端、移动端都可以通过质量检测系统及时查看，能够实现质量检查人员随检、管理人员随查、施工人员随改，极大地提高了质量管理效率，同时也提高了工程质量。

图 6-13　可视化质量管理

工程关键工序可视化追溯管理。以混凝土施工为例，施工过程中对混凝土浇筑、混凝土取样、制样及送样、土方回填、防水工程和外墙保温工程等关键工序进行可视化追溯管理，通过可视化设备加强施工过程中的影像留存。项目可根据相关采集数据对同类型的施工作业提高借鉴性，也可作为可视教育，通过视频向施工人员展示施工做法，利用采集数据支持项目的生产质量管理，达到施工现场生产作业有迹可循的管理要求。

隐蔽工程全程留存资料。通过在隐蔽工程位置处安装视频监控摄像头，并将数据实时传输到智慧工地管理平台，依托视频监控和延时摄影进行隐蔽工程的视频影像资料记录，为后续因质量问题而进行返工等事项提供基础数据资料，便于进行隐蔽工程的质量检查及验收。运用智能传感器，在施工过程中全程采集与分析使隐蔽工程不再成为"黑盒子"，将传感器埋入隐蔽工程内使工程更加透明，极大地提高了在工程施工过程中、施工结束后对于隐蔽工程的质量检测。

如图 6-14 所示，利用智能设备三维激光扫描仪、智能靠尺、智能角尺、智能回弹检测仪、智能水平仪对工程质量实测实量。利用三维激光扫描技术虚拟部件拼装过程，避免出现大型构件在施工现场无法安装的情况；在施工过程中，通过三维激光扫描仪跟踪扫描异形结构与关键构件施工，全过程扫描施工过程，实时评价构件的位置偏差和安装精度，提升工程质量。三维激光扫描结合 BIM 模型，有效测量实际与计划的施工质量对比，为质量管理提供了数据支撑。

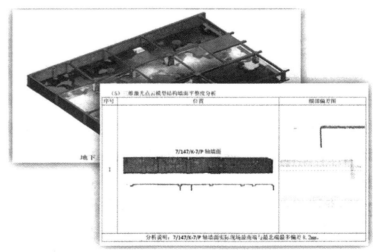

图 6-14　三维激光扫描

三维可视化交底辅助质量管理。针对施工过程中关键部位、容易出现问题的部位，通过 BIM 技术可视化手段，将施工构件展现出来。通过三维模型提高施工人员及管理人员对于部位的理解，从而提高施工质量。如将钢筋搭接节点通过可视化手段展示给施工人员，不仅解决了施工人员对于钢筋节点的理解，同时也提高了钢筋节点的施工质量，有效的理解才是施工质量提升的更好依据。

BIM 施工工艺模拟是通过虚拟仿真技术提前模拟施工过程，并将项目实施过程中的重要数据指标伴随施工进度动态显示的动画模式，能够充分展示投标单位在项目实施各个阶段的技术水平及 BIM 应用深度，全面提升投标档次，为技术标增分加色。BIM 施工动画直观地将施工过程展现出来，让施工人员可以清楚地了解施工难点。通过施工工艺模拟将工序工艺完整地通过虚拟技术展现给施工人员，对于工艺难度大、工艺复杂的工作，施工工艺模拟能够提高工程质量。三维模型配合施工顺序形成施工模拟，通过空间及动作的呈现，给人直观式的感受。三维模型配合施工顺序可将工地现况在计算机中进行展示，通过施工模拟找出施工中可能会产生的问题，在开工前召集各承包商对预先模拟出的冲突问题进行讨论，在正式开工前对方案进行调整，保证工程最终的质量目标。

应用可视化装备辅助质量管理。采用 VR、AR 等可视化装备辅助质量管理，通过 VR 设备对工艺质量进行培训，对工艺进行沉浸式动态体验，在虚拟空间将施工工艺完整地操作一遍，提高施工人员对工艺的认识度从而提高工程质量。项目部可根据可视化数据对施工作业进行管理，利用采集的数据支持项目的生产及质量管理，达到提升项目管理效率和生产效率的目标，并满足质量管理要求。

4. 进度管理系统

在施工生产实践中基于智慧工地项目管理平台，可以打通项目总、月、周、日的工作任务，建立计划管控支撑体系；建立周生产任务责任人制度，并进行任务跟踪，完善移动端任务跟踪体系，管理人员可以通过网页端和手机端的持续信息录入，在数字项目平台积累了丰富的数据资料，便于后期的使用，实现生产进度精细化管理。同时可基于数据对现场的劳动力、材料、设备等趋势进行分析，生成数字周报及施工相册，便于信息存储和共享。信息平台集中生产进度、质量、进度数据管控，实现对项目的动态管理控制，使项目进度更加可控，同时运用信息化手段，针对现场各个工序上传进度计划。现场管理人员通过手机端随时记录施工过程中进度完成情况、质量情况，及时发现质量问题及进度偏差，以便及时进行调整。

生产管理系统可以收集相关任务信息，把任务情况直观地呈现出来，协助管理人员及时了解生产信息、各环节任务执行情况以及安全质量的问题状态，及时做出纠偏指令。

项目还可以将 Project 文件上传至平台，将计划工期与实际工期进行对比，直观地掌握整个项目实施全局，明确工期提前或滞后工序，可以在相应的时间节点制订对应的施工准备工序，通过进度动画掌握整个项目的进程。

利用 BIM 模型颜色进行虚拟现实模拟显示，通过甘特图来对实际施工进度与计划进度进行比对，提醒施工进度延期或提前，准确掌握施工进度情况，导出施工计划表，便于管理人员对进度进行分析并决策，提前规划下一阶段进度计划。

5. 环境与绿色管理系统

如图 6-15 所示，建设项目扬尘噪声可视化系统可以通过监测设备，对建设项目施工现场的气象参数、扬尘参数等进行监测与显示，并支持多种厂家的设备与系统平台的数

图 6-15　环境数据采集设备

据对接，可实现对建设项目扬尘监测设备采集到的 PM2.5、PM10、TSP 等扬尘，噪声、风速、风向、温度、湿度和大气压等数据进行展示，对以上数据进行分时段统计，并对施工现场视频图像进行远程展示，从而实现对项目施工现场扬尘污染等监控、监测的远程化、可视化。

设备终端可以根据设定的环境监测阈值，与施工现场的喷淋装置联动，在超出阈值时自动启动喷淋装置，实现喷淋降噪的功效。

如图 6-16 所示，智能水电能耗监测系统，采取有效的手段，适当采取节水和节电的措施，既减少了浪费，体现了绿色施工的理念，又能为项目管理带来客观的利润。利用无线智能电表和水表系统，可以自动采集和统计各线路的用水和用电情况，既减轻了人的劳动强度，又为项目的动态管理提供可靠的数据支撑。

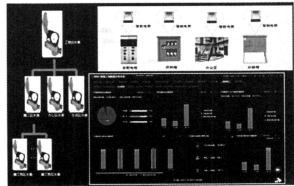

图 6-16　智能水电能耗监测系统

建筑专用塔式起重机喷淋降尘系统是指在塔式起重机安装完成后，通过塔式起重机旋转臂预设的喷水系统，根据在建筑工地的实际情况通过加压泵加压，或在施工现场地下的三级沉淀池里安装水泵，通过水泵将水送到塔式起重机顶部的塔臂上，水经过加压通过喷头喷出，形成雾状、细雨状，借助塔式起重机吊臂旋转在工地大范围均匀落下，达到降尘等效果。

如图 6-17 所示，塔式起重机喷淋降尘系统是一种新型的喷雾降尘系统，它的原理是利用高压泵将水加压经高压管路送至高压喷嘴，形成飘飞的水雾。

这些水雾粒径的大小都是微米级别的，它能够吸收空气中的杂质，营造良好清新的空气，如果再加上药水的话，就具有了一定的消毒效果。而且系统运行维护成本低，经济实用，控制系统可实现无人自动控制。此外，喷淋降尘也是一种新型的降尘技术，其原理是利用喷淋系统产生的微粒，由于其极其细小，表面张力基本为零，喷洒到空气中

图 6-17　自动化喷淋降尘系统

能迅速吸附空气中的各种大小灰尘颗粒，形成有效控尘，对于大型开阔范围的控尘降尘有很好的效果，特别适用于建筑工地。

6. 物资管理系统

智能物资管理系统运用物联网技术，通过地磅周边硬件智能监控作弊行为，自动采集一手精准数据；通过数据集成和云计算，有效积累、保值、增值物料数据资产；同时应用互联网和大数据，支持多项目数据监测、全维度智能分析；移动应用随时随地掌控现场、识别风险，实现零距离集约管控、可视化决策的目标。

物资采购需有经过审批的项目物资需求计划，按企业规定的物资管理程序购买，物资采购与现场生产相互协调、沟通。材料进场时，第一时间必须组织质检相关人员一并检查材料，并准确清点数目，送试块进行试验，当天做出台账，以便需要时随时可以查到资料。项目通过地磅硬件与物料管理软件结合使用，对混凝土进出场称重进行全方位管控，监察供应商供货偏差情况，实现原材料精细核算，从而达到节约成本、提升效益的目的。

如图 6-18 所示，通过安装智能物资管理系统并要求车车过磅，可将车辆进出场重量进行自动计算，数据回传到物资管理系统，每一车次的重量、材料规格、供应商、换算系数、运单量等基本信息和分析数据保存至工程竣工，对现场进场称重材料进行实际重量与运单重量对比分析，并对异常物料数据进行报警提示，同时汇总各项数据后得出各供应商供货偏差，提供有效的结算依据，不仅节约人员精力，还有效节省物料成本。

图 6-18　物资验收系统、地磅、工控机

智能物资管理系统提高了物资部对物料的管理效率，通过平台预估可增效 30%，通过物资管理平台对库存量实时把控，且过磅数据一键导出，便于物资对账查询。对供应商付款时进行车前车后相应量的扣减，从监管上给予供应商威慑，从而达到对供应商合格供方的有效监管。

7. 机械与设备监测系统

升降机运行监控。现场安装施工电梯监测系统，驾驶员通过人脸验证上岗。准确监测每一台电梯轿厢倾斜角度、运行高度、电梯门锁状态、运行次数以及驾驶员工效情况，一旦监测值超过额定值，一方面现场真人语音报警，提示驾驶员规避风险；另一方面自动推送报警信息给管理人员，及时督促整改，辅助管理人员进行电梯安全监测，提高安全管理水平。

1）塔式起重机安全监控。驾驶员刷脸进行身份确认，持证上岗后方可启动。将现场塔式起重机的幅度、高度、起重量、倾角等运行数据实时集成到 BIM+智慧工地数据工地决策系统中的塔式起重机模型上，实现塔式起重机运行的全面可视化、运行状态数字化，便于远程监管和信息留存，高效管理塔式起重机。定期对塔式起重机的预警/报警数量进行统计，项目管理人员对塔式起重机的安全运行状况进行判断，并及时采取对应措施消除潜在隐患。项目管理人员对塔式起重机的工作饱和度进行分析，及时对现场施工计划进行优化；并根据违章数量，及时对塔式起重机驾驶员及相关人员进行安全教育，规避严重的安全问题。

2）吊钩可视化技术应用。将摄像机安装在塔式起重机大臂的最前端或者吊钩上方，拍摄区域不会被其他物体遮挡，解决了高层塔式起重机吊距超高、视线存在盲区的问题；镜头可自动追踪吊钩，自动对焦，驾驶员在几十米甚至上百米高的高处驾驶室里就可以清晰地看到吊钩实时状态，材料是否绑好、周围是否有人、吊装周围是否有障碍物，结合信号员的引导达到双保险的效果。塔式起重机安全监测系统的吊钩可视化，通过在塔式起重机吊钩上安装摄像头，实现吊钩位置智能跟踪，智能控制高清摄像头自动对焦，实时监控塔式起重机位置和高度等，跟踪拍摄无盲区，险情随时可见，降低安全隐患。

3）深基坑全自动信息化监测。预应力鱼腹式钢支撑系统的变形监测与基坑监测同步进行，监测内容为构件轴力变化。该套系统采用电测传感器、数据处理和无线通信技术，完全实现了基坑安全关键部位监测点的数据自动采用、存储、发送、处理、预警与整改通知的远程化、网络化运行。钢绞线拉力监测：采用表面应变计直接布置于钢绞线上，通过传导电缆线将变形应力进行集成。钢支撑轴力监测：采用弦式反力计直接布置于钢支撑构件主要受力点，通过传导电缆线将变形应力进行集成；基坑开挖过程中采用全自动信息化监测，使基坑在整个施工过程中处于安全可控状态。

8. 安全管理系统

（1）高支模监测系统

高支模安全事故主要由于高支模在荷载作用下产生过大变形或过大位移，诱发系统内钢构件失效或者诱发系统的局部或整体失去稳定，从而发生高支模局部坍塌或整体倾覆，造成施工作业人员伤亡。通过对混凝土浇筑过程中的高支模监测系统进行系统监测，采取强有力的技术保障和管理监督措施，协助现场施工人员及时发现高支模系统的异常变化，及时分析和采取加固等补救措施，当高支模监测参数超过预设限值时，及时通知现场作业人员停止作业、迅速撤离现场，预防和杜绝支架坍塌事故的发生。因此，在混凝土浇筑过程中对高支模的监测是十分必要的。

采用实时监测方式，监测项目主要是支架位移沉降、倾斜、应力等。测点选择内部且受力条件薄弱、易倾覆的位置布设一个监测剖面，每个监测剖面布设支架位移变形、倾斜、轴力传感器。安排专人在首层外围采用自动化采集仪，在高支模预压、浇筑混凝土及混凝土初凝过程中实施实时监测，监测频率不低于 30 次/min。当监测数据接近报警值，自动加密监测，组织各参建方采取应急或抢险措施。达到报警值时，自动触发预警系统，通过声光方式报给现场各参建方。

（2）VR 安全体验教育

某工程搭建安全体验培训基地，设有 VR 安全教育体验、洞口坠落、安全带体验等 16个项目。通过最真实的模拟施工现场危险源导致的安全事故伤害，让体验者亲身感受不安全操作行为和设施缺陷带来的危害，了解安全施工的重要性，提高从业人员的安全生产意识。新型的科技体验激发了工人参加安全教育的兴趣，工人对安全事故的感性认识也会增强。虚拟场景建设不再受场地限制，可模拟真实场景下的安全事故和险情。利用 VR 安全体验教育，可体验高处坠落、机械伤害等 16 个项目，让工人切身体验安全的重要性。通过软件设计，结合 VR 眼镜实现了动态漫游，改变了传统体验式安全教育的开展形式，使作业人员身临其境地融入事故环境，深刻感受安全事故带来的巨大伤害，提高安全意识，掌握作业技能。让进场工人通过视觉、听觉、触觉来体验不安全操作方式可能引发的严重后果，如图 6-19 所示。

图 6-19　VR 安全体验教育

（3）创建安全项目库

依据规范建立安全检查项目库（方便新人快速学习成长），逐项检查，检查内容更全面、更客观，安全检查分为随机检查、分项检查、专项检查、安全标准化检查。

安全验收依据规范建立安全验收项目库，依据验收内容自动生成资料表单；质量验收系统把检验批都内置到 APP 里，选择对应的检验批开展现场验收，针对每个检验批有主控项目和一般项目，全部列出来一项一项地选择，检查条目实现标准化，系统自动判断是否超出规范的允许偏差，自动计算统计合格率，减少整理内业资料的时间，提升工作效率。将存在的安全问题责任明确到具体人员，形成整改记录，责任落实明确。通过安全问题的分类统计，及时对现场施工安全做出分析和整改，为项目的安全管理信息化升级提供保障。

（4）安全管理系统

安全管理系统及时提示不完整方案、交底、安全巡检信息未闭环管理、危险动作、危险事件等内容，规避了安全隐患的发生。针对安全问题，形成从问题发起—整改—复查—完成整改一套整改流程，完善了 PDCA 循环，有效解决了现场执行情况不清晰、落实不清楚、责任不清晰的问题，显著提升了安全管理水平。项目上采用基坑监测、塔式起重机监测、施工电梯监测等多种智能硬件，进一步保障现场安全可控，实现安全技控。

（5）高精度测量互联网

1）三维激光与实测实量。三维激光扫描技术具有非接触性，应用于建筑测绘中，既能节省人力、物力，保证工作人员安全，还能减小对建筑的损害；三维激光扫描技术又被称为实景复制技术，是测绘领域继 GPS 技术之后的一次技术革命。它突破了传统的单点测量方法，具有高效率、高精度的独特优势。三维激光扫描技术能够提供扫描物体表面的三维点云数据，因此可以用于获取高精度、高分辨率的数字地形模型；它利用激光测距的原理，通过记录被测物体表面大量的密集点的三维坐标、反射率和纹理等信息，可快速复建出被测目标的三维模型及线、面、体等各种图件数据。由于三维激光扫描系统可以密集地大量获取目标对象的数据点，因此相对于传统的单点测量，三维激光扫描技术也被称为从单点测量进化到面测量的革命性技术突破。该技术在土木工程中进行了诸多应用，例如校对施工构件偏差、空间净高控制、基坑土方量控制等，如图 6-20 所示，对于建设质量的管理有着很强的辅助性。

在某工程项目中，通过激光扫描地下室结构及地上钢结构进行精准复核，为后续的精装修深化、座椅深化提供了良好的参照。通过激光扫描与 BIM 模型的比对，发现施工偏差，发现部分实际竣工空间更为狭小，对机电安装和净高控制已造成影响，及时调整了管线综合成果，避免后期的返工。在基于 BIM 模型进行先试后造的模拟预拼装和全过程施工预演，安装完成后通过三维扫描技术对钢结构构件进行扫描，生成钢结构安全精度的分析报告。项目利用三维扫描技术辅助实测实量，在土方护坡阶段、结构施工完成阶段，采集施工现场点云数据，通过坐标与施工模型拟合，进行结构实体偏差数据分析、土方量测算等应用；同时校核施工模型和现场一致性，为机电管线安装提供实体数据空间结构，验证深化设计成果可行性。

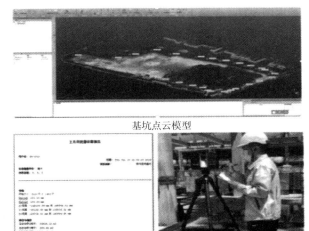

基坑点云模型

土方开挖量报告

图 6-20　三维激光扫描土方测量

在复杂的旋转坡道处，应用三维扫描实景复制技术，获取坡道基坑周边点云数据和 BIM 模型进行拟合，分析坡道周边和坡道空间关系，辅助坡道处架体搭设数据分析和施工技术交底，如图 6-21 所示。

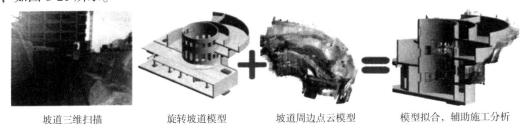

坡道三维扫描　　　　旋转坡道模型　　　　坡道周边点云模型　　　　模型拟合，辅助施工分析

图 6-21　三维激光扫描辅助复杂坡道施工

采用三维激光扫描安装精度控制技术，钢结构拼装全过程采用三维激光扫描技术精确控制定位。网壳滑移就位后，三维激光扫描成果将作为阶段性成果移交幕墙单位，作为幕墙深化加工及安装的参考依据。

2）土方平衡计算。通过对三维数据模型的表面进行开挖，查看地下管线等设施的状态，实现地上地下一体化检测。查看三维模型，可直观地观察室外地沟附近的地形地貌，同时计算沟底与地面高程差，查看已挖部分是否到位。通过高程差值对比，查看已挖部位地形起伏变化，分析是否需要二次作业。放管时，通过透视分析，生成管道及地面高程剖面图，直观地观察已安装管道的倾斜度，对于不符合要求的管道进行调整。管沟回填时，任何点位都带有坐标及高程，可画出等高线生产 DEM，计算回填土方工程量。

6.3 智慧建筑之互联网应用案例

6.3.1 "装建云"装配式建筑产业互联网

1. 装建云平台简介

（1）技术方案要点

装建云将行业管理和产业链企业应用有机结合，6 大行业管理类系统包括统计信息系统、动态监测系统、质量追溯监督系统、政策模拟评估系统、培训考测系统和人力资源共享系统。6 大产业链企业类系统包括 SinoBIM 设计协同系统、混凝土构件生产管理系统、SinoBIM 项目管理系统、钢结构建筑智能建造系统、SinoBIM 装配化装修系统和一户一码社区服务系统。"一模到底"，可用于全产业链 BIM 的设计、生产、施工、运维等，做到同一模型全过程流转，适合建筑全生命周期线上数据同步线下流程的全过程打通及交互式应用。

跨区域、跨企业、跨部门的软件服务模式。装建云便于全产业链企业间数据共享，打破企业间信息壁垒，便于整合各企业各环节的离散数据，融合设计、生产、施工、管理和控制等要素，通过工业化、信息化、数字化和智能化的集成建造与数据互通，辅助智能建造。

进行个性化定制。装建云提供基于模型驱动架构的无代码开发平台，可快速高效进行个性化定制，为行业主管部门和全产业链企业提供全面软件应用服务及信息化解决方案。并可通过快速开发工具，为产业链企业研发个性化需求的生产管理和项目管理系统。

装配工具有助于"正向设计"。引导装配式建筑的标准化，引导部品部件的系列化和通用化，便于"少规格、多组合"的正向设计。针对不同的技术体系特点，提供具有不同使用功能、不同安装条件的标准连接件 BIM 模型。

（2）关键技术经济指标

装建云可为混凝土构件生产企业节约策划及制造时间 35%、减少在制品滞留数量 32%、提升多部门协同效率 65%、减少统计人员工作量 90%、无纸化办公降低耗材 80%、提高制造效率 22%，构件质量达标率 99% 以上。

装建云是施工单位优化方案和设计交底等的有效工具，有助于节约人工、机械费用等。如××绿城诚园项目通过装建云应用，节约人工成本约 240 万元、机械费用约 200 万元，系统方案优化节省约 300 万元。

（3）创新点

研发具有自主产权三维造型和约束求解内核的 SinoBIM 协同设计系统。该系统可采用浏览器直接建模的方式进行部品部件建模，基于装建云部品部件库进行"正向设计"，快速形成多方案建筑设计；可支持 Windows、Linux、IOS、Andriod、鸿蒙等操作系统；可支持 PC 机、平板、手机等设备，实现多专业多主体的跨操作系统跨终端跨区域使用。

三维模型高效轻量化引擎。使用并行计算、mash 面简化、同类组件合并、数模分离等技术，实现建筑数据在云端的互联互通，提高设计信息在建筑各环节的传输效率和信息准确率，实现从设计到建造一体化互联互通和"数字孪生"。并可兼容常用模型格式，如 Revit、Tekla、Sketchup 等。

BIM 的全过程应用。在部品部件建模初期，即将部品部件数据按照过程分为生产特征、装配特征、管理特征等数据，为部品部件的生产设备提供数据接口、为施工阶段的自动化装配、为运维管理提供基于三维模型的数据支撑。

如图 6-22 所示，基于自主知识产权的无代码开发平台。该平台可快速响应多类主体个性化需求，具有先进的标准功能模块和个性柔性定制融合度。

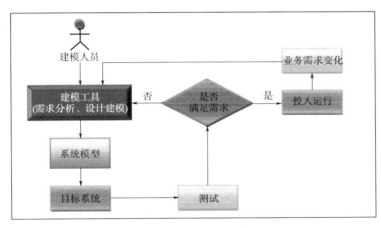

图 6-22　无代码开发平台

（4）与国内外同类先进技术的比较

与普通信息化平台相比，装建云针对装配式建筑提供行业管理和全产业链企业有机结合的产业互联网。

SinoBIM 协同设计系统，研发完成完全自主知识产权的造型内核和三维约束求解器，解决了"卡脖子"难题。

混凝土构件生产管理系统、SinoBIM 项目管理系统、装配式建筑部品部件库、钢结构智能建造系统等经过大量企业实际应用和多轮迭代，达到"易用、好用、管用"。

（5）市场应用总体情况

截至 2021 年 9 月，装建云注册企业 1405 家，其中建设单位 392 家，生产单位 377 家，施工单位 295 家，设计单位 112 家，监理单位 141 家，分布于全国 26 个省市；涵盖 822 个装配式建筑项目，4532 个单体工程，14570064 条构件生产、检验、入库、运输、吊装等信息。

2. 装配云案例实施

第一，统计信息系统已有主要省市 4 年的装配式建筑相关信息，可对装配式建筑产业链数据深度整合、挖掘，形成统一的数据视图，进行多维度的数据查询和分析，为决策提供数据支撑；第二，动态监测系统已在长沙、南京、南昌、天津等地持续使用，成为地方住房和城乡建设主管部门管理装配式建筑的重要工具；第三，质量追溯监督系统追溯项目已达822个，单体工程4532个；第四，政策模拟评估系统已对北京、深圳、南京、沈阳、济南、唐山、常州7市9类政策的协同效应进行了模拟评估；第五，培训考测系统已培训装配式建筑人才51899人；第六，人力资源共享系统初步积累装配式建筑人力资源数据，自动对从业人员绘制人员画像。篇幅所限，拟以某市××区为例介绍动态监测和质量追溯系统应用情况。

某市××区从2018年试点应用装建云，作为全区引导装配式建筑及其产业发展的数据支撑。2021年1~9月动态监测数据如下：一是动态监测244个装配式建筑项目。二是监测辖区内215家装配式建筑相关企业。三是通过装配率计算工具对1843个单体工程进行装配率计算并上报。四是碳排放概算。基于BIM模型和装建云构件生产碳排放因子和运输碳排放因子库进行估算，通过装配式建筑替代传统现浇建筑，2021年前9个月××减少碳排放约40万t。五是对244个项目的1223815个预制构件进行了赋码和全过程全产业链追溯，以倒逼机制保障了装配式建筑质量，并形成了构件生产企业的诚信数据。六是对供应××区的176家混凝土构件生产企业进行系统评价。七是通过系统进行项目审批、项目装配率核算审查等无纸化办公功能，高效进行业务处理。八是可每月自动生成××区装配式建筑月度报告。通过以上举措，××区达到了实时监测本辖域内装配式建筑和产业发展情况的目标，高效管理工具和数据支持了××区科学决策和产业发展。

6大产业链企业类系统以部品部件编码和BIM贯穿设计、生产、运输、施工、运维全过程。①SinoBIM设计协同系统是基于完全自主知识产权的造型内核和三维约束求解器，江苏省建筑设计研究院、北京交大建筑勘察设计院等多家设计院已率先使用；②混凝土构件生产管理系统已在377家企业投入运行，支持企业内财务管理和项目管理、生产管理等深度融合；③SinoBIM项目管理系统将项目管理与BIM深度集成，已应用于大连绿城、大连移动、青岛中粮创智锦云项目等30多个项目；④钢结构建筑智能建造系统包含基于BIM的钢结构建筑数字设计、钢构件生产ERP+MES、钢结构建筑项目管理等功能模块，已应用于中川机场、兰州新区瑞岭嘉园等项目；⑤SinoBIM装配化装修系统包括快速设计系统，装修部品部件生产管理和施工管理功能模块，应用于北京丁各庄保障房、副中心周转房（北区）、昆泰、华润公寓和南京健康城、浙江海盐君悦广场等35个项目；⑥一户一码社区服务系统为每栋楼、每户提供数字身份证和建筑（住房）详细档案，已应用于山东高速绿城兰园等项目。

下面以某市××项目为例简要介绍。该项目采用装配式整体式现浇剪力墙结构和装配式装修，装配率为62%，在构件生产、项目主体施工及装饰装修阶段应用装建云相关系统。

在设计阶段，该项目选用装建云的部品部件库BIM模型，并进行项目建模和设计交底，通过装建云BIM轻量化引擎，使设计成果可以在不同的操作系统、不同的使用介质中得以共享。通过部品库颗粒度高的标准化部品参数化模型，缩短了设计时间，降低了设计成本。同时通过协同设计模块，实现生产、施工、运维的前置参与，使设计阶段就可以进行全过程的模拟预验，优化了生产、施工方案。

在生产阶段，××建设集团通过装建云-混凝土构件生产管理系统，将项目设计模型自动轻量化，并将项目数据、构件数据进行数模分离，将该项目的构件BIM、构件的材料BIM自动生成，实现从设计、生产到运输的全过程数据流动和不断丰富。构件数据自动生成项目的材料预算及材料需求计划，并通过系统自动生成采购订单、采购预警等功能，对项目所需材料进行跟踪监控。通过设计阶段轻量化时存储于数据库的构件 BIM，进行生产阶段构件的自动赋码和单件管理。并可直接与施工单位进行交互，随时接收施工单位的要货申请，系统智能排产，管理人员确认后精准生产，准时运输，按时交货。

在施工阶段，该项目通过装建云 SinoBIM 项目管理系统实现了有效管理。SinoBIM 项目管理系统共有 16 个模块，包括投标管理、项目立项、计划管理、资金管理、进度管理、生产管理、物流管理、施工管理、质量管理、设备管理、安全管理、材料管理、人员（含劳务）管理、合同管理、分包管理、文档管理、问题管理、增值税管理、环境管理模块，系统对人、机、料、法、环进行了全面的管控，使施工现场更透明，过程管控更及时到位。

1）人：通过装建云的实名制进行考勤，尤其是系统提供的移动闸机功能，为疫情期间避免人员聚集，起到了很好的效果。移动闸机和实名制管理，通过人脸识别、定位等功能，解决了代打卡问题。装配式建筑人力资源积分体系等功能，确保了该项目施工有序实施。

2）材：该项目实现了部品部件及材料质量追溯，同时和 BIM 模型进行关联，可以通过模型对构件进行可视化的追溯。同时装建云提供了材料计划、出入库、库存盘点、材料检验、试块的报告等功能，将工地现场的材料及材料相关的资料进行了很好地分类及管理。

3）机：通过装建云将该项目施工现场机械设备分为特种设备、大型机械、小型机械、智能设备四类，根据不同类型设备的管理特点，分别建立状态监测和预警机制。通过设置预警时间，保证设备安全运转。

该项目通过装建云实现了整体的提质增效。从质量上看，现场预制构件安装全过程质量追溯 100% 监控；项目检查整改完成率提高 40%。从安全上看，塔式起重机平均每日吊次提高 25%，作业塔式起重机事故 "0" 发生；现场安全隐患发生率下降 40%，有效节约项目人力管理成本 25%；现场临边防护事故 "0" 发生，节约项目安全巡查管理成本 30%。从人员上看，培养教育近千名高素质装配式建筑产业施工人员；工人考勤率达到 100%，劳务纠纷 "0" 发生。

应用成效：

（1）有利于装配式建筑相关部门加强行业管理

装建云为装配式建筑相关部门提供了针对性的高效管理工具和数据支撑，有助于装配式建筑项目和产业健康有序发展。动态监测系统在长沙、南京、南昌、天津等地持续使用；政策模拟评估系统对北京、深圳、南京、沈阳、济南、唐山、常州 7 市进行 9 类政策的协同效应模拟评估；装建云装配率计算、碳排放因子测算等功能，可协助各地引导投资方和设计单位，在项目策划和设计阶段，进行多方案装配率测算、碳排放概算，通过多维度权衡和比选，引导装配式建筑绿色低碳发展。

（2）赋能企业数字化、智能化转型升级

装建云为装配式建筑企业提供产业互联网平台。通过跨系统、跨企业信息互通，为解决企业间信息壁垒，解决企业内信息孤岛提供了解决方案。如装建云 SinoBIM 协同设计系统，一方面解决了 "卡脖子" 问题，另一方面又可解决各阶段各企业各自建模、信息孤岛、模型信息利用率低等问题，引导装配式建筑项目设计模型、施工模型、运维模型 "一模到底"。

（3）行业提供知识服务

已构建 6 大数据库，包括部品部件库、政策库、项目库、企业库、人力资源库、资料库。部品部件库含装配式混凝土结构、钢结构、木结构、装饰装修、设备管线、拆装式建筑的部品部件 BIM 模型，已有 11553 参数化模型供项目和企业使用。项目库项目信息包括项目五方责任主体、单体装配率、单体工程数、建筑面积、所在位置、项目进度、部品部件使用情况、构件生产厂家等。《装配式建筑部品部件分类和编码标准》《预制混凝土构件生产企业评价标准》《装配式建筑预制构件碳排放计量》等标准要求已内置于装建云，已为 822 个装配式建筑项目的部品部件进行了赋码，对 372 家混凝土构件生产企业进行了试评价。

（4）有利于加强装配式建筑行业人才培养

装建云平台培训考测系统与人力资源共享系统为装配式建筑项目管理人员、产业工人提供线上学习资源，已编写装配式建筑系列教材，服务学校 232 所，线上培训 5.2 万人，累计学习时长 24 万余小时。人力资源共享系统完成在线订单任务 1.3 万个，进行人力资源考核 2.5 万人次，可根据培训考测、项目信息、管理系统工作记录、论文发表等多维度信息进行人员画像。

6.3.2 "筑享云"建筑产业互联网平台

（1）主要技术

"筑享云"建筑产业互联网平台依托树根互联的工业互联网技术，打造了项目"全周期、全角色、全要素"的在线协同平台，可以为智能建造提供数字化整体解决方案。平台包含项目管理、深化设计管理、构件生产管理、现场施工管理、BIM 数字孪生交付 5 个核心模块，支持用户进行平台策划、定制化设计、数字工厂自动化生产、数字工地智能化施工、一件一码孪生交付及数据化运营，有利于实现建筑产业链的互联互通。

平台在树根互联工业互联网平台的基础上，全面梳理装配式建筑的核心流程和关键场景，定义并设计为建筑工业化赋能的核心数字化产品，通过整合集成业内优秀软件应用，形成三一筑工数字化平台的整体技术架构，支撑项目全周期、全角色、全要素的在线协同，实时动态全局最优。

（2）产品技术特点及创新优势

1）基于物联网的装配式建筑行业应用。集成树根互联的物联网平台和工业互联网技术，对装配式建筑场景中的设备进行实时监控与算法分析。如跟踪采集分析现场视频数据，智能抓拍并警示不规范作业行为；统计分析工厂和工地水、电、燃气等能源消耗数据，制订节能策略，助力实现"双碳"战略目标；机械设备之间互连互通，设备作业时长和运行效率得以线上化呈现与统计；环境监测设备动态记录空气质量、粉尘、噪声、温湿度等环境指数，针对性地改善施工条件。

2）一件一码的构件全生命周期管理。平台启用一件一码标准化构件管理，如图 6-23 所示。构件的唯一编码贯穿设计图样、销售订单、生产计划、构件生产、质量检验、堆场发运、施工吊装、阶段验收等环节，实现构件全生命周期的数字化交付。采用二维码和 RFID 技术，提高构件的信息采集

××项目			
构件编号	YNQ01		
构件类型	内墙	方量/m³	0.417
楼层	3F	楼号	D4
重量/t	1.044	混凝土强度等级	C40
××有限公司			

图 6-23　构件一件一码卡片

效率。据统计，工厂排产、质检、发运等环节的作业效率提升 1 倍以上，效果显著。

3）BIM 连通制造和施工。基于自主可控的 BIM 技术，平台提供装配式建筑设计的自动拆分、快速优化、合规计算、智能优化，一键输出三维模型、构件图样、构件清单和物料清单。平台让设计工作更轻松，同时提升了物料需求统计、BIM 施工模拟的工作效率。

4）数据驱动生产。基于平台的构件生产流程，支持以数据驱动生产，融合混凝土预制技术、物联网技术、工业 4.0 思想，采用数字化、信息化的智能设备，严格按照 JIT（Just in time）生产模式，实现混凝土构件从 BIM 图样到成品的高效自动解析转化，提高了建筑标准化部品生产线的自动化和智能化程度。

5）工厂和工地紧密协同。

（3）互联网技术协同

平台围绕构件的吊装施工过程，打通构件生产管理数据，在工地和工厂之间进行要货协同，可以跟踪运输车辆轨迹，自动触发车辆出发与到达提醒，方便安排现场施工。吊装员扫描构件二维码，基于数字化图样进行安装定位，利用物联网设备实现一件一码施工记录，大幅提升构件生产和吊装施工的协同能力和效率。

平台借助工业互联网、物联网、卫星导航定位、数字孪生、云计算、大数据分析应用等技术，发挥软硬件的组合优势，以实际应用场景为落脚点，对业主方、总包方、设计单位、构件工厂、施工单位等角色精准赋能，促进高效在线协同。平台覆盖了投资策划、计划运营、深化设计、构件生产制造、吊装施工、孪生交付、数字运营等多种场景的智能化应用。

（4）互联网技术应用实例

1）项目概况。××合成生物技术创新中心核心研发基地项目，位于××市××区，总用地面积 8.4 万 m²，总建筑面积为 17.7 万 m²，由××公司承建。四栋新建公寓采用装配式混凝土预制构件，应用面积 2.6 万 m²。本项目基于"筑享云"平台，进行全流程数字化管理，是典型的平台应用案例。

2）应用技术。平台的数字化技术在该项目中应用分为五个方面：项目管理、深化设计管理、构件生产管理、现场施工管理、BIM 数字孪生交付。

该项目应用平台的项目管理模块对项目计划进行编制和反馈，将文档成果与业务工作流程结合，使各参与方紧密联系，真正实现项目全周期、全要素、全角色的在线协同管理。具体应用在如下几个方面：

①计划高效编制及项目建设进度实时共享。总包方编制项目整体计划，构件工厂和吊装施工单位分别编制构件生产和吊装施工专项计划。计划之间建立联动关系，生产计划和施工计划之间形成动态协同的能力。任务负责人每日反馈工作实际进展，平台将进展分发给相关单位，提高了计划协同效率。

②项目数据和文档共享。总包方通过平台将 BIM 模型、构件清单等数据向所有协作单位进行分享，并且在平台上共享图样、文件等文档资料。施工各方人员通过移动端应用，快速查询共享文件。

③全方面提示及预警功能。××公司通过平台对里程碑、专项计划、任务进行监控，进度发生偏差时预警信息自动推送，提醒相关责任人关注并处理，有效提高了项目计划效率和管控能力，计划管理成为项目运营的重要引擎。

在该项目中使用平台提供的深化设计工具，进行了模型创建、拆分设计、计算分析、配筋设计、预留预埋设计并输出了设计成果。

设计院通过平台输出了三维模型、构件清单和图样。吊装施工单位基于三维模型进行施工进度模拟测算，优化工艺工法。构件工厂使用结构化的构件清单和图样，完成自动化的物料统计和构件供应能力估算。数字化的模型和图样提升了施工单位和构件工厂的工作效率，降低了整体成本。

该项目中输出的深化设计数据，同时积累到设计院的成果库中，丰富了深化设计成果案例，为后续的标准化成果选配提供了参考依据。

该项目委托××工厂生产构件，全程应用平台构件生产管理模块，实现构件在排产、生产、质检、堆场、运输的全过程管理，××工厂累计供应该项目4235片构件。

3）实施效果

①计划驱动，生产过程可监控。××工厂使用平台生产管理模块，针对项目构件清单编制每日生产计划，针对每一个生产环节，通过平台小程序进行检验和记录。生产情况和质量数据通过平台同步分享给该项目，工厂和工地双方达成生产进度和质量在线跟踪。

②一件一码，全程数字孪生。××工厂在该项目上，通过平台进行一件一码的构件管理，用二维码标签绑定每一块构件，数字构件与实体构件连接，实现虚实同步。

③数据驱动的自动化生产。××工厂在该项目上，使用平台进行数字化图样的解析，对生产工序自动排程，通过制造执行系统完成自动画线/拆/布模、布料、振捣、堆垛、养护、翻转、质检等主要环节。生产线各设备智能互联互通，高效协调运行，实现构件生产节拍≤8min。

④自动报表，掌握工厂动态。该项目通过平台可查阅生产管理、堆场管理和运输管理的看板数据，更好地掌握构件的生产供应情况，实时掌握工厂动态。

平台提供的施工管理数字化工具，大幅提高了项目现场施工效率。平台可基于单个构件的施工模拟，实现要货协同、进场验收、吊装施工、安装验收等施工全过程管理，实现构件全生命周期追踪溯源与BIM孪生交付。

4）总结

①要货协同与运输跟踪。项目施工员在每一层构件吊装之前进行要货。××工厂实时收到要货信息，根据要货计划安排发货，构件从××工厂发出，平台小程序智能识别运输车辆驶离工厂与驶入该项目现场，自动改变运输单状态并及时通知有关人员。现场施工员实时查看运输车辆运输轨迹，合理安排人员机械准备卸车。当构件运输车辆到达工地附近，系统自动通知该项目、××工厂双方。施工员收到通知后组织质量、物资人员和监理对构件进行进场验收。

②吊装计划安排。该项目施工员根据现场施工进度，编排吊装计划。通过微信向吊装队下达吊装计划，根据计划吊装的时间安排施工人员，协调塔式起重机准备吊装。

③吊装协同施工。吊装时，吊装人员扫码识别数字图样，如图6-24所示，指导楼面施工，直观定位构件待安装的位置。管理人员实时掌握该楼层的构件吊装进度，通过小

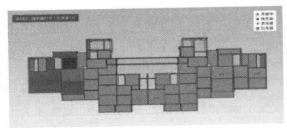

图6-24　楼面吊装数字化图样

程序统计吊装用时，不断分析吊装效率，改进吊装流程，减少外部因素的影响，从而逐步提高吊装速度。

××项目设计的 BIM 模型与构件生产、运输、施工等环节打通关联，实现了数字孪生交付目标。构件状态实时同步到 BIM 模型，将模型渲染不同的色彩，管理人员可据此实时掌控施工进度，合理安排工序穿插，提高施工交付效率。

在该项目的观摩活动中，数字孪生交付成果得到了观摩来宾的认可。

传统建筑行业各阶段数据不互通，各参与方采用自有的软件系统，未基于统一的信息模型进行管理，数据在传递和应用过程中丢失或不对应的情况时有发生，影响整体的工作效率，最终影响构件的生产、施工质量，降低装配式建筑的品质。"筑享云"建筑产业互联网平台是拥有自主知识产权的系统性软件与数据平台，推进了工业互联网平台在建筑领域的融合应用，为建筑工业化转型和发展提供解决思路。

平台对项目进行跟踪记录，进行全周期的项目计划编制，全角色之间的在线协同，全要素的参与和监控，支持对项目进行全方位、平台化的管控。

一是国产设计软件。从底层图形引擎到 BIM 平台均采用国产技术，解决被国外软件市场垄断和图形技术"卡脖子"等问题。

二是智能化程度高。软件内置结构体系的设计规则，使预制构件的建模、拆分设计、深化设计、图样绘制等均可快速完成，有效提高设计效率。

三是数据上下游对接。软件上游可对接传统结构计算分析软件的模型数据，下游可导出对接工厂生产装备的加工数据以及用于生产、施工可视化管理的模型数据。

每块构件分配唯一编码贯穿生命周期始终，解决了构件生命周期中信息断层、口径不统一的问题。基于一件一码的构件清单，对设计成果、生产计划、质检数据、库存发运、吊装验收进行全过程管理和跟踪，使构件生产过程可控，交付进展可视。有效解决工厂、工地数据统计难、订单流转难、抢生产、堆场乱的痛点。

传统的要货环节通过打电话、发信息等方式进行，沟通与反馈不及时；吊装施工环节通过对讲机、线下图样等方式进行沟通确认，作业效率低。通过启用平台施工管理模块，工厂和工地双向在线沟通，要货和发运实时跟踪反馈，地上和楼面信息同步，实现吊装过程在线协同，提高了作业效率和施工质量。

平台的数字化产品和功能，在该项目中得到了广泛的应用。构件生产管理模块，对上承接设计成果，对下提供 JIT 构件交付，累计保障 4235 片构件的按时交付。平台赋能现场施工，实现装配式标准层施工 2~3 天一层，比传统灌浆套筒方式效率高 1 倍。纵观装配式建筑产业链，平台支持地产项目同时在线对"人机料法环测"等项目数据的采集与应用。平台累计注册预制混凝土构件工厂近 600 家，累计触达项目 2643 个左右，月管理构件 60 万片。工厂年总产能提高 42%，人均产能提高 80%，堆场周转率提高 60%，经营资金占用量降低 40%，工地施工效率平均提升 30%。

为更好地向建筑产业赋能，提高产业整体效率，平台放眼未来，积极探索构件工厂联盟和产能共享的模式，打造共享产业链互联网 APP。一方面可以满足客户方的弹性需求，保证构件供应；另一方面通过产能共享，增加工厂获取订单的机会，充分利用闲置产能。通过预制构件共享，对产业链的利益进行再次分配，使整个产业链的经济效益最大化。

第7章　智慧建筑之系统集成控制应用

7.1　智慧建筑之系统集成简介

智慧建筑系统集成（Intelligent Building System Integration）是指以搭建建筑主体内的建筑智能化管理系统为目的，利用综合布线技术、楼宇自控技术、通信技术、网络互联技术、多媒体应用技术、安全防范技术等将相关设备、软件进行集成设计、安装调试、界面定制开发和应用支持。智能建筑系统集成实施的子系统包括综合布线、楼宇自控、电话交换机、机房工程、监控系统、防盗报警、公共广播、有线电视、门禁系统、楼宇对讲、一卡通、停车管理、消防系统、多媒体显示系统、远程会议系统。如海信网络科技公司在智能建筑领域有10余年的工程经验，业务涉及商场、酒店、写字楼、住宅小区、学校、体育场馆、医院等多个领域。

建筑智能化集成系统是层次化的工程建设架构，包括智能化信息集成（平台）系统和集成信息应用系统，组成如图7-1所示。

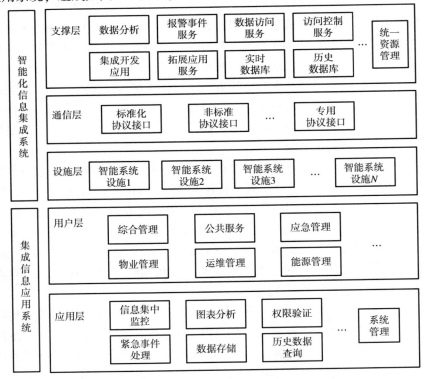

图7-1　建筑智能化集成系统组成

7.1.1　智能化信息集成（平台）系统

智能化信息集成（平台）系统包括设施层、通信层和支撑层。

1）设施层：各纳入集成管理的智能化设施系统。

2）通信层：与集成互为关联的各类信息通信接口，用于与设施层的数据通信。

3）支撑层：操作系统、数据库、集成系统平台应用程序。

7.1.2　集成信息应用系统

集成信息应用系统包括应用层和用户层。

1）应用层：提供信息集中监控、紧急事件处理、数据存储、图表分析、系统管理等功能。

2）用户层：提供综合管理、应急管理、设备管理、运维管理、物业管理等功能。

7.2　智慧建筑系统集成应用及案例

7.2.1　某中央广场建筑项目系统集成

1. 项目概况

（1）楼宇概况

某绿地中央广场坐落于某市红谷滩新区。市政府西侧，地铁 3、4 号线在此交汇。绿地集团总投资约 43 亿元人民币的绿地中央广场，是一座大规模、现代化、高品质的标志性"城市综合体"，绿地中央广场项目总建筑面积 43 万 m^2，其中双子塔写字楼（A1、A2 楼）27.37 万 m^2，项目已于 2014 年 12 月竣工。

目前该中央广场 A 片区各智控系统位于 A2 楼负一层中控室中，由变配电管理系统、BA系统、空调系统、智能照明系统、停车系统五个独立的智控系统组成，各系统运行大致稳定。目前配电管理系统、BA 系统、空调系统三大系统现状如下：

1）变配电系统。变配电系统由南京××自动化控制系统有限公司建设，监控范围包括 7 个变电所及 A1、A2 楼层配电。变电所监控以运行监测为主，监测设备运行电流、电压等参数，总计约 300 余个回路（其中常用回路 178 个）。楼层配电以物业抄表功能为主，每个楼层分 8 个区域用电，总计 1850 个回路。

2）BA 系统（楼宇设备自控系统）。BA 系统由霍尼韦尔（Honeywell）提供，其中包括送排风、给水排水、空调、冷热水泵的自控。冷热水泵覆盖了 A1、A2、裙房、地下室的热水循环泵、冷水循环泵、板式换热器的监控；送排风系统覆盖了 A1、A2、裙房、地下一层、地下一层夹层、地下二层、地下三层的送风机及排风机运行状态及启停状态；给水排水系统覆盖水箱及水泵、集水井的水泵状态、液位状态的监测。

3）空调系统。空调系统由江森自控中国提供，主要监测楼层各送风机、回风机的运行状态。

（2）用能概况

该中央广场的能耗种类主要为电耗、气耗和水耗。电耗方面主要包括办公设备、照明、电梯、空调、信息中心用电等，气耗为燃气热水锅炉冬季制热用气，水耗为日常生活用水、空调用水及消防用水，建筑总体能耗量大。

广场已安装电能分项计量能耗监测系统，现有分项计量系统分户计量系统是南京××系统，数据点位约 20000 点，采用南京××自有协议 Modbus-M 协议传输，涉及针对该系统的定制开发，开发工作量较大，点位数量大。用水分项计量大楼总用水量。

1）电能使用情况。此中央广场有专门的高压配电室，位于地下二层开闭所，总进线为 4 路 10kV 市政高压供电，变压器低压侧基本按照分项计量的方式进行了电气回路的分配，各配电支路比较清晰，各区域照明、冷冻机、水泵等均独立开关，故对整个建筑可实现分项计量。该配电系统承担整个大楼的全部用电负荷，且在高低压侧均装有电量计量表，绿地中央广场用电计量仪表为南京天溯，测量精度都是 0.5 级，可计量参数包括电压、电流、电功率、电度值，通信方式为 Modbus。

2）空调使用情况。目前夏季供冷主要使用的是 6 台冷水机组，其中 2 台螺杆式冷水机组，4 台高压离心式冷水机组。冷水机组清单见表 7-1。中央空调系统为四管制。夏季供水设计温度为 5.5℃。总供水管分两路，一路供应 A1 塔楼，另一路供应 A2 塔楼。

冬季供暖使用 4 台真空热水锅炉，每台制热量为 2800kW，供回水设计温度为 70℃/95℃。真空热水锅炉外观如图 7-2 所示，具体参数及冷热水输配设备清单见表 7-2、表 7-3。

表 7-1　空调冷水机组清单

设备名称	品牌/型号	台数	基本参数
离心式冷水机组	开利 19XR8083E63MHC5A	4	单台供冷量 5270kW 单台功率 1003kW
螺杆式冷水机组	开利 19XR50504QFLDH52	2	单台供冷量 2100kW 单台功率 412kW

图 7-2　真空热水锅炉外观

表 7-2　真空热水锅炉参数

设备名称	品牌/型号	台数	基本参数
真空热水锅炉	青岛荏原 WNS2.8-1.0/95/70	4	单台制热量 2800kW 额定出水压力 1000kPa

表 7-3　冷热水输配设备清单

设备名称	品牌/型号	台数	基本参数	备注
冷冻泵	SIEMENS 1LE0002-1EB4	3	$P = 22kW$	两用一备
冷冻泵	SIEMENS 1LE0002-3EB4	8	$P = 55kW$	三用一备
冷冻泵	SIEMENS 1LE0002-4EB1	9	$P = 75kW$	两用一备
冷却泵	SIEMENS 1LE0002-2CB2	5	$Q = 1180m^3/h$ $H = 30m$ $P = 160kW$	四用一备
冷却泵	SIEMENS 1LE0002-1CB2	3	$Q = 470m^3/h$ $H = 30m$ $P = 75kW$	两用一备
热水循环泵	SIEMENS 1LE0002-2AIN	13	$P = 30kW$	

3）用水情况。广场的建筑用水主要用于生活用水、空调用水和消防用水，为一路市政总进户表，管径为 DN150。市政进水总管外观如图 7-3 所示。

图 7-3　市政进水总管外观

4）气能源使用情况。广场用气主要是真空热水锅炉冬季供暖使用天然气，天然气管道分两路从市政供气总管至地下二层锅炉房。

5）环境监测情况。中央广场作为 5A 级办公建筑，建筑面积大、用能人数多、人流量集中、空调能耗高，对室内环境的舒适度要求较高。目前各楼层均配有新风系统，但缺乏对室内环境参数的实时监测，新风系统的调节效果没有直观的数据说明。

6）人员信息情况。目前，广场常驻办公人员未安装人员计量系统，无法统计流动办事人员，且缺乏对整体用能人数与建筑能耗之间关系的整合与分析。

2. 实施情况

（1）总体方案概述

绿地中央广场用电回路计量完整，电表数据采集传输设备均正常运行中，故用电能耗的采集不需要新装电表，只需调试数据传输程序即可。大楼未对用水量进行监测，故需要安装水流量计 1 台；采用集中式空调水系统制冷/制热，故需要安装冷热量计 6 台；大楼未安装环境监测设备，故需要新装 6 台多功能环境监测传感器。

建筑内部能耗监测末端系统包括建筑电耗、气耗、水耗、冷热量和室内环境参数。能耗监测网络采用 485 现场总线实现对建筑能耗各类参数的监测，通过建筑能耗监测智能网关实现与建筑内部网络的链接。示范工程的建筑能耗及环境参数通过建筑内部的智能网关基于 Internet 网络将数据上传到全国绿色建筑大数据管理平台。

广场建筑能耗监管平台作为"基于全过程的大数据绿色建筑管理技术研究与示范"的精品示范工程项目，需实施的内容如下：

1）建筑气耗计量：自动采集，共监测建筑用气总表 2 块。

2）建筑水耗计量：自动采集，共监测建筑用水总表 1 块。

3）建筑冷热量计量：自动采集，共监测建筑冷热量表计 6 套。

4）建筑环境参数监测：自动采集，共监测室内环境测点 6 个。

5）建筑室内人员信息计量：自动采集，共监测主要出入口 10 个。

（2）加装监测设备清单

广场建筑能耗监管平台加装监测设备清单见表 7-4。

表 7-4　加装监测设备清单

设备名称	设备品牌	设备型号	设备数量	作用
环境传感器	环奕	TSP-1613C	6	实现室内环境监测
外夹式超声波冷热量表	先超	XCT-2000FEM	6	实现空调系统冷热量总量计量
外夹式超声波流量表	先超	XCT-2000W	1	实现建筑用水量计量
人员统计设备	环奕	IDTK	10	实现建筑用能人数的监测统计

（3）电能监测

绿地中央广场已安装用电能耗监测系统，监测点位数为 481 个，满足课题标准要求。

（4）空调冷热量监测

1）热量表设备选型。本建筑空调冷热量计是外夹式超声波冷热量表，测量精度为 2 级，通信方式 Modbus，可输出多种累积热量、瞬时热量、供回水温度等数值。热量表技术参数见表 7-5。

2）热量表现场安装。外敷式传感器安装间距以两传感器的最内边缘距离为准，间距的计算方法是首先在菜单中输入所需的参数，查看窗口 M25 所显示的数字，并按此数据安装传感器。

表 7-5　热量表技术参数

类别		性能、参数
主机	原理	超声波时差原理，4 字节 IEEE754 浮点运算
	精度	流量：优于±1%
	显示	可连接 2×10 背光型汉字或 2×20 字符西文型液晶显示器，支持中、英、两种语言
	信号输出	1 路 4~20mA 电流输出，阻抗 0~1K，精度 0.1%
		1 路 OCT 脉冲输出（脉冲宽度 6~1000ms，默认 200ms）
		1 路继电器输出
	信号输入	3 路 4~20mA 电流输入，精度 0.1%，可采集温度、压力、液位等信号
		可连接三线制 PT100 铂电阻，实现热量测量
	数据接口	隔离 RS485 串行接口，可通过 PC 计算机对流量计进行升级，支持 Modbus 等协议
	数据记录	可选配外置 SD 卡，容量可达 2G
管道情况	管材	钢、不锈钢、铸铁、铜、PVC、铝、玻璃钢等一切致密的管道，允许有衬里
	管公称直径	DN15~DN6000
	直管段	传感器安装点最好满足：上游 10D，下游 5D，距泵出口 30D（D 为管径）
测量介质	种类	水、海水等能够传导超声波的单一均匀的液体
	温度	温度：-30~160℃
	浊度	10000ppm 且气泡含量少
	流速	0~±10m/s
工作环境	温度	主机：-20~60℃；流量传感器：-30~80℃
	湿度	主机：85%RH；传感器防护等级 IP68
电源		DC8~36V 或 AC220V
功耗		1.5W

外夹式传感器安装实施前，应收集建筑暖通图样，对照设计图样勘查施工现场，核对设备数量及容量、管径大小、平面管路布置情况，并绘制系统图。

冷量计量应当计量空调主机冷水的流量，并测量空调主机冷水进出水的温差，根据水流量和温差计算出本台空调主机的供冷量。冷水水流量可通过测量空调主机冷水供水管的流量来实现。冷水进出水温差是空调主机的冷水供、回水管内温差。因此测量空调主机冷水供水管和冷水供、回水管的温度即可。

因本项目热量表安装数量较多，安装地点在同一个设备间，故热量表主机集中安装于设备箱，在设备房壁挂式安装。集中安装既美观，又便于施工、调试和日后物业人员的管理维护。超声波冷热量表主机箱如图 7-4 所示。

项目现场冷冻水供水管为 DN350 和 DN300，故选择 Z 法安装。传感器安装位置选在水平管道，上下游安装点连线与管轴平行，且距离为主机菜单显示的距离。安装时打开管道保温层，使用角磨机将安装传感器的区域抛光，并用砂纸打磨使管壁光滑，除掉锈迹油漆或防锈层。用干净抹布蘸丙酮或酒精擦去油污和灰尘，以确保测量准确。使用配套耦合剂均匀涂抹在传感器发射面，安装至处理好的管道表面，并用钢带固定。如图 7-5 所示，温度传感器探头直接贴壁附着于处理后的管道上。

图 7-4　超声波冷热量表主机箱

图 7-5　温度传感器安装

（5）环境监测

1）环境参数监测设备选型。本项目向某厂家定制了 TSP-1613C 系列多功能环境检测仪，可以同时监测的参数包括环境温度、湿度、二氧化碳浓度、PM2.5 浓度等，采用相关传感器和运算芯片，具备高精度、高分辨率、稳定性好等优点。适用于空气环境监测设备嵌入配套和系统集成，诸如智能办公楼宇环境监测系统，智能家居环境监测系统，学校、医院、酒店环境监测系统，新风控制系统，空气净化效率检测器、车载空气环境检测仪等场所。多功能环境检测仪参数见表 7-6。

表 7-6　环境检测仪参数

通用参数	
监测参数	PM2.5/PM10；二氧化碳 CO_2（选项）TVOC（选项）；温湿度
通信接口	RS485（Modbus RTU）WiFi RJ45（Ethernet）
显示屏（可选）	OLED 超清晰显示屏 监测参数显示方式可设置： 多参数滚动显示或显示一个参数，手动切屏显示其他参数
使用环境	温度：0~50℃，湿度：0~99%RH
储存环境	温度：-10~50℃，湿度：0~90%RH（无结露）
供电	24VAC±10%，或 12~36VDC
外形尺寸	94mm（宽）×116.5mm（高）×36mm（厚）
外壳材料及防护等级	PC/ABS 防火材料 IP30
安装标准	暗装：65mm×65mm 管盒 明装：可选择安装支架
PM2.5/PM10 参数	
传感器	激光粒子传感器，光散射法
测量范围	PM2.5：0~1000μg/m³ PM10：0~1000μg/m³
输出分辨率	1μg/m³
零点稳定性	±5μg/m³
精度	<±15%（25℃，10%~50%RH）
温湿度相关参数	
传感器	高精度数字式一体温湿度传感器
温湿度测量范围	温度：0~50℃，湿度：0~99%RH
输出分辨率	温度：0.01℃，湿度：0.01%RH
精度	温度：<±0.5~25℃，湿度：<±3.0%RH（20%~80%RH）
CO_2 参数	
传感器	红外非扩散式（NDIR）
测量范围	400~2000ppm
输出分辨率	1ppm
精度	±75ppm 或读数的 10%（取大者）（25℃，10%~50%RH）
可挥发性气体相关参数	
传感器	TVOC 传感模块
测量范围	0~4.0mg/m³
输出分辨率	0.001mg/m³
精度	±0.05mg/m³+5%读数（0~2.0mg/m³）

2）环境参数监测设备现场安装。根据课题《示范工程动态数据采集要求》中的建议，测点应安装于公共区域人员活动区域距离地面 1.5m 高度处。环境参数监测设备现场安装应注意：

将环境检测仪安装在需要检测的位置，应远离发热体或蒸汽源头，防止阳光直射。

应尽量远离大功率干扰设备，以免造成测量不准确，如变送器、电动机等。

避免在易于传热且会直接造成与待测区域产生温差的地带安装，否则会造成温湿度测量不准确。

（6）用水量监测

本建筑选取的安装设备是具有远程采集和数据传输等功能的智能型水表。通过数据传输线与智能采集网关连接，使用 485 通信等方式对水表进行 24h 全天候自动采集，无须人工干预。对于采集到的数据将发送至能耗数据中心。由数据中心通过后台汇总计算，以图表曲线或报表的形式展示出来。超声波水量表主机箱如图 7-6 所示。

设备参数：

测量精度 1%。

测量范围：可实现口径 DN15～DN600 管道测量。

主机多种安装方式：壁挂安装、导轨安装、隔爆箱安装。

配接温度传感器，可实现冷热量测量。

主机防护等级 IP67，传感器防护等级 IP68。

（7）用气量监测

本建筑选取安装燃气表自动计量摄像头，通过 OCR 图像识别技术，对表面图像进行处理识别。并将读出的数据传入平台，生成燃气实时数据。燃气自动计量摄像头如图 7-7 所示。

（8）人员监测

广场为办公建筑，建筑面积大、入驻部门数量多、用能系统复杂，拥有常驻办公人员 3000 余人，其余办事人员不定，每日人流量巨大，而用能人数与建筑整体能耗存在着一定的变化关系，采集每日的人员数量具有较强的意义。

图 7-6　超声波水量表主机箱

图 7-7　燃气自动计量摄像头

现采用红外人流量智能计数器实现对建筑人数的实时监测，设备参数见表 7-7。

表 7-7 红外人流量智能计数器设备参数

名称	说明
识别算法	基于视频分析原理
	检测头及肩膀，并跟踪行进轨迹
统计方向	双方向统计（进、出同时识别）
准确度	客流统计准确度 95% 以上（标准场景）
数据上传	设备端每 1min 一条数据上传至云平台
断网续传	支持，本机内数据缓存最长为 30d，为循环覆盖存储
平台端连接方式	设备端主动方式寻找并连接平台
网络接入	支持无线 WiFi（802.11G），支持有线网络（RJ45 接口）
安装方式	壁装、吊顶装
镜头	2.8mm，适配 1/2.5CCD
滤片	红外滤片
安装高度	最低安装高度 2.5m；最高安装高度 5m
客流检查范围	每台设备覆盖地面宽度：2.8~3.5m（根据不同的安装高度）；覆盖宽度可调
WiFi 配置方式	采用 smartlink 方式 WiFi 配置操作
远程升级	支持通过云平台对设备 fimware 升级
远程参数配置	支持通过云平台进行设备参数配置
供电方式	DC12V，1A
产品尺寸	最大直径 111mm，厚度 33mm

根据出入口类型及门口宽度选择安装类型及数量，多个门时需每个门安装一台计数器。

采集周期为 15min，完成人数数据的同步上传。

由于绿地中央广场每栋塔楼有 3 个主要进出口，需设置 5 个测点，点位布置见表 7-8。

表 7-8 广场人数自动采集监测点位布置

安装位置	能耗节点	安装数量	备注
A1 大堂入口	人员信息	3	
A1 大堂地库客梯	人员信息	1	
A1 大堂扶梯	人员信息	1	
A1 大堂货梯	人员信息	2	地下二层和地下三层
A2 大堂入口	人员信息	3	
A2 大堂地库客梯	人员信息	1	
A2 大堂扶梯	人员信息	1	
A2 大堂货梯	人员信息	3	地下一层、地下二层、地下三层

3. 基于监测数据的分析预测

（1）用能预测分析

广场 2020 年用电情况一览表见表 7-9。

表 7-9　广场 2020 年用电情况一览表

月份	总用电量/kWh	占全年比例
1 月	1011600	7.26%
2 月	786480	5.64%
3 月	984960	7.07%
4 月	1067040	7.66%
5 月	1221720	8.77%
6 月	1335960	9.59%
7 月	2563680	18.40%
8 月	1635600	11.74%
9 月	1316160	9.45%
10 月	649920	4.66%
11 月	682050	4.80%
12 月	678350	4.87%
合计	13933520	

广场暖通系统用能占比见表 7-10。

表 7-10　广场暖通系统用能占比

日期	总用电量/kWh	供冷用能/kWh	占比
2021/6/8	19897	16129	81.06%
2021/6/9	32535	17706	54.42%
2021/6/10	33517	18152	54.16%
2021/6/11	35296	20613	58.40%
2021/6/12	36288	24631	67.88%
2021/6/13	22412	18983	84.70%

由上可知，广场夏季每日暖通空调系统用电占总建筑用电 50% 以上。2020 年至 2021 年用电整体呈现夏、冬季高，过渡季低的趋势。暖通空调系统有一定的节能空间。

（2）用能诊断预测

根据中央广场绿色建筑大数据管理平台诊断结果，中央广场在用能方面存在如下问题。

1）冷机运行效率低。根据平台数据计算，本建筑冷冻机组运行效率低。

2）公共区域照明单位电耗偏高。当前建筑景观照明系统处于非运营时间内运行时，单位面积照明能耗位于所有建筑景观照明系统单位面积照明能耗值异常高值处，说明该建筑景观照明系统在实际运行时，可能存在单位建筑面积照明能耗偏高的现象。

（3）用能系统优化运行

为确保中央广场用能系统科学、节能地运行，根据中央广场绿色建筑大数据管理平台所发现的问题，平台均给出优化建议。

1）"冷机运行效率低"问题原因及优化建议

①冷机设计不合理，选型过大。建议优化方法：在经济性允许的情况下，对选型过大的冷机进行更换；单独配置小容量制冷机组。

②冷却水温度偏高。建议优化方法：检查冷却塔及冷却水系统，使得冷却水温度维持在合理范围。

③冷却水流量偏小。建议优化方法：调整冷却水流量至合理范围。

④冷水温度偏低。建议优化方法：调整冷水设定温度至合理范围。

⑤冷水流量偏小。建议优化方法：调整冷水流量至合理范围。

⑥设备存在脏堵、老化等问题导致自身性能差，效率低下。建议优化方法：对冷机进行彻底排查和清洗。重点排查两器阻力、三相电流、噪声、振动、制冷剂容量、传感器灵敏度等。

2）"公共区域照明单位电耗偏高"问题原因及优化建议

①采用了高耗能灯具，例如低效荧光灯、白炽灯、金卤灯等。建议优化方法：实施相关改造，更换高耗能灯具为高效、节能的新型灯具。

②公共区域设计照度过高。建议优化方法：调整公共区域照明配置或灯具开启数量，避免浪费或过高的照度水平。

③照明运行策略不合理。建议优化方法：配置照明智能控制系统或制订合理的照明开关制度；对于有自然采光的大进深室内区域，根据自然采光亮度和室内照明需求合理启用分区或分组照明；应根据建筑空间特点，合理采用声、光、时间控制等智能控制装置；对于具有可调光功能的区域，应根据场所不同使用需求调节光源照度；对于景观照明等室外照明设备，应设定合理的开启时间。

4. 实施效果评价

该广场的能耗监测范围涵盖了建筑用电、用水、空调冷（热）量的监测、室内环境监测、建筑人员数量监测，监测种类全面，基本满足示范工程要求。为了实现建筑的节能运行，中央广场在空调与照明系统方面采用了相关节能措施，并建造了能源监测管理平台，具体措施如下：

（1）基于 BIM 技术的智慧运行信息管理系统

2018 年 12 月下旬竣工验收"基于 BIM 技术的智慧运行信息管理系统"，已完成各厂商的系统集成工作（配电系统、空调系统、BA 系统）。主要开发内容为 BIM 运用、配电系统、分户计量、设备监测、环境监测、报警事件、节能分析、系统数据综合运用等。暖通 BA 系统采用的是霍尼系统，数据点位约 20000 点。空调系统采用的是江森系统，数据点位约 60000 点，都是采用 BACNetIP 协议进行数据采集，点位数据量大，而且要和 BIM 模型相结合，实时性要求较高。配电系统和分户计量系统，数据点位约 20000 点，采用南京天溯自有协议 Modbus-M 协议传输，涉及针对该系统的定制开发，开发工作量较大，点位数量大，而且能耗数据和 BIM 模型相结合，难度系数高。该管理平台系统总计监测点超过 10 万点，采用最新的建筑模型展示技术进行整合展示。

由平台得知项目冷机运行效率偏低，通过优化冷冻水泵频率的方式对冷冻水系统进行优化；通过调节冷机开启台数及频率、冷却塔开启台数及风机频率、冷却泵开启台数及风机频率对冷却水系统进行整体优化。使得在满足室内人员舒适度要求的前提下，空调冷却侧耗电量（包括冷却泵、冷却塔及冷机组能耗）及冷冻侧水泵侧耗电量最低。优化策略运行后，冷机总体 COP 为 5。

2020 年 4 月中央广场供冷用能为 181753kWh，2021 年 4 月供冷用能为 1742383kWh，节能率为 20%。

（2）景观照明采用 LED 节能灯及智能监测系统

广场 LED 景观照明幕墙面积高达 3.53 万 m^2，该幕墙全部采用 LED 节能灯，比普通景观灯节能一半以上。整个安装调试过程时间长达一年，LED 像素点多达 101088 个。同时，通过创新技术，实现了灯光美学中见光不见灯的效果，景观照明幕墙的建设使摩天大楼群灯光闪烁，流光溢彩，成为一道靓丽的风景线。

项目单独对景观照明幕墙的用电进行计量，并纳入中央广场智慧运行信息管理系统。根据不同日期与需求，调节 LED 景观照明幕墙开启时间与数量；并在管理系统中设置单独界面，对幕墙景观照明用电量趋势进行展示及分析，以达到节能目的。

根据平台数据对比，该广场 2020 年第四季度与 2021 年第一季度景观照明用能情况一览表见表 7-11。

表 7-11 景观照明用能情况一览表

时间	景观照明用能/kWh	时间	景观照明用能/kWh
2020 年 7 月	17815	2021 年 1 月	22181
2020 年 8 月	20833	2021 年 2 月	16599
2020 年 9 月	19910	2021 年 3 月	16424
2020 年 10 月	22976	2021 年 4 月	17592
总计	81534	总计	72796
节能率		10.72%	

通过对比分析可知，优化控制运行策略后的景观照明用能一季度可节能 10.72%。

5. 可推广的亮点

1）实现全局优化。优化策略和整个系统进行交互，可实现针对整个系统的优化。

2）可结合当前已有知识。在应用系统时，工作人员会事先了解整个系统，从而给定系统初始知识，最大化利用已有物理知识和信息。

3）策略可根据系统情况进行更新。使得当系统内部发生变化（如设备老化，传感器偏差）后，该策略依然能在新的系统情况下对策略进行更新，寻找新的最优工况点。

7.2.2 某机场智慧建筑项目系统集成

1. 绿色施工监测

绿色施工监测是对工地监测点的扬尘、噪声、气象参数等环境监测数据的采集、存储、加工和统计分析，监测数据和视频图像通过有线或无线（5G/4G）等方式进行传输到智慧工地集成监管系统，如图 7-8、图 7-9 所示。

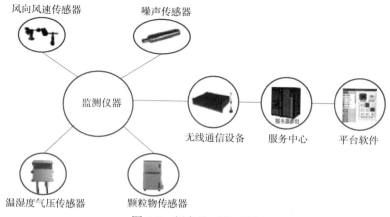

图 7-8　绿色施工组成图

图 7-9　绿色施工监测指标

系统能够帮助监督部门及时准确地掌握工地的环境质量状况和工程施工过程对环境的影响程度，满足施工行业环保统计的要求，为施工行业的污染控制、污染治理、生态保护提供环境信息支持和管理决策依据。

（1）环境监测

系统支持对接现场监测设备，对施工现场环境（PM2.5、PM10、噪声、风速、风向，空气温湿度等）的数据进行实时采集和分析，智能分类分级预警，并能联动喷淋、雾炮机等设备进行自动处理。

系统具有粉尘浓度、噪声大小、温度、湿度、风向等信息监测功能，通过参数一体化检测提供超标预警，系统具有大数据分析和图形显示等特点，包括安全监测数据的变化轨迹、检测数据值的变化、目前所有被探测的监控数据；当天超标的时间，当月超标的时间，当PM10 和 PM2.5 颗粒物在现场超标时可以自动启动烟雾炮机、围挡喷淋和其他降尘措施，系统与其他装置的智能连接，将报警信号推送给相关的责任方。

如图 7-10、图 7-11 所示，系统支持录音采集、报警及控制等功能，通过数据采集、信号传输、后台数据处理、终端数据呈现等功能，实现环境的监测。系统支持无线传输，符合环保部《污染物在线监控（监测）系统数据传输标准》（HJ 212）要求，系统支持 TCP/IP协议，支持第三方平台提取数据（政府环保平台、建委平台、城管平台等）。

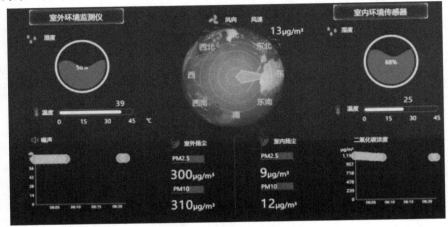

图 7-10　室内外环境监测

图 7-11　环境监测场景

如图 7-12、图 7-13 所示,系统支持气象参数(温度、湿度、风速、风向、大气压等)扩展接入,支持治理设备接入(喷淋、雾炮等),支持智能分类分级预警,并能联动喷淋、雾炮机等设备进行自动处理。支持高亮 LED 屏接入,现场实时查看噪声、PM2.5、PM10、气象等数据,实现环境全面监控。

环境监测				
监测				历史数据
最近更新时间: 2020-11-24 15:43:05				
技术参数	分辨率	准确度	实时监测数据	单位
温度	0.1	±0.3	7.8	℃
湿度	0.1%	±3%	96.3	RH
气压	0.1	±0.3	1016	hPa
风向	1	±3	319	+
风速	0.1	±(0.3+0.03V)	1.6	m/s
降雨量	0.2	0.01~4	16.6	mm
PM2.5	—	—	113	μg/m³
PM10	—	—	126	μg/m³
噪声	0.2	—	54.8	dB

图 7-12 环境监控数值列表

图 7-13 扬尘监测现场

(2)自动喷淋系统

系统支持对接现场监测设备,当环境监测系统检测到 PM2.5 污微指数达到临界值时,自动喷淋系统就会开启,通过围挡喷淋、塔式起重机喷淋、雾炮机等设施进行降尘,实现节能环保,降本增效。

如图 7-14、图 7-15 所示,为有效控制施工现场扬尘噪声污染,在工地特定位置放置扬尘在线监测设备,监测数据实时传送到终端设备,超标时具备预警功能,支持手机一键启动喷淋,支持对危险品仓库等特定环境进行预警监测,且在现场安装智能控制喷淋系统,当现场的扬尘数据超标时会自动触发喷淋或雾炮设备进行喷雾降尘。

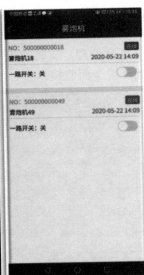

图 7-14　自动喷淋系统

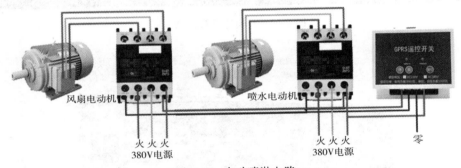

图 7-15　自动喷淋电路

　　联动环境监测的自动喷淋可有效减少盲目喷淋洒水带来的资源浪费，一方面提升了绿色工地水平，另一方面也做到了节能减排。

　　（3）车辆未冲洗抓拍监测

　　系统支持利用 AI 视频识别可实时检测施工现场出场车辆是否冲洗干净，当车辆未冲洗、绕行离场，现场报警提示，并抓图留档，有效避免施工现场泥土造成城市污染，如图 7-16 所示。

图 7-16　车辆冲洗抓拍

如图 7-17 所示，系统通过现场架设的智能监控摄像机，渣土车等车辆未冲洗检测识别系统可以有效地监控未冲洗车辆。当系统检测到车辆未进入冲洗台或从旁边绕道行驶时，系统可以自动过滤车牌并识别车牌信息，快速准确地检测和识别出未清洗的车辆，并上报数据到平台。

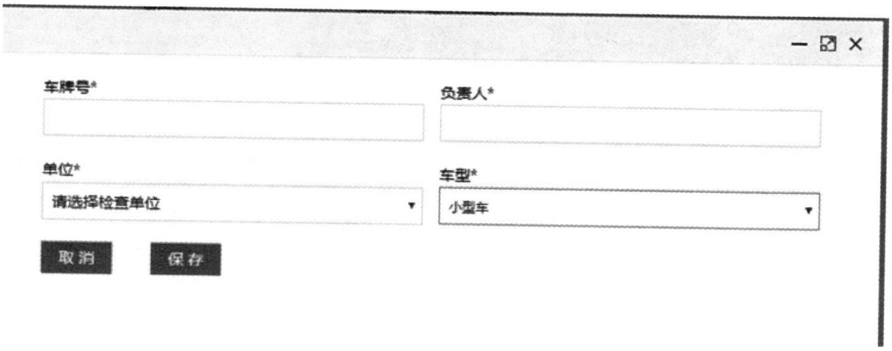

图 7-17　车辆记录

如图 7-18 所示系统支持对经过清洗区域的车辆进行抓拍，自动统计和分析清洗情况。

通过 AI 智能监控视频技术对施工现场车辆冲洗行为进行分析管理，可以大大提高施工现场的环境管理水平，有效减少污染源的产生，提升环境质量。同时系统可以根据冲洗照片、视频数据等信息，对施工现场的车辆冲洗行为进行智能分析，自动识别和预警不规范的冲洗行为，为施工主管单位、政府主管部门提供监管决策依据。

（4）能耗监测

系统支持对接施工现场水电能耗监测设备，实现数据统计分析展示。

系统基于建设单位在生活区、施工区设置的水电消耗监控装置，将工地的用电、用水情况实时监督，对于存在异常的情况进行报警，以查找原因。

图 7-18　车辆冲洗现场

1）支持查看项目用水量、用电量统计数据

如图 7-19 所示，系统支持通过安装在工地的传感器和监测设备，实时采集工地用电、用水等能源的数据，并将数据传输至智慧工地集成监管系统进行存储统计。系统支持对采集到的能源数据进行分析，包括能源消耗情况、能源浪费情况等，并通过图表、报表等形式展示分析结果。

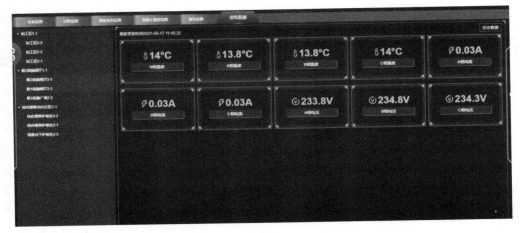

图 7-19　用电能耗监测

2）支持分区统计用量，超值预警

如图 7-20 所示，系统支持施工区域、设备等不同区域的计量节点能耗数据查询分析，实现整个工地施工能耗数据的统计分析，对任意时段内的能耗数据查询要求。

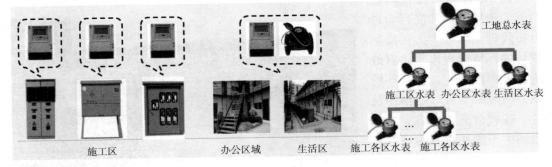

图 7-20　分区统计

支持对比不同分区或标段等的能耗数据情况，了解不同对象标段等的能耗规律，自动进行能耗排名，找出能源使用过程中的漏洞和不合理地方，从而调整能源分配策略，减少能源使用过程中的浪费。

支持对施工各标段和用能设备的能效指标进行监测，如设备能耗、单位面积能耗、碳排放强度、单位能耗碳排量等。

系统自动记录并显示各分区用能情况，超过功率或用量等指标上限自动报警，对工地进行能源预警，提醒工地管理人员及时采取措施，避免能源浪费和安全事故的发生。

3）历史用量监测变化趋势

系统可支持工地管理人员对能源的历史用量进行趋势分析，包括能源预算、能源分配、能源监控等，提高能源利用效率和节约能源。

支持快速查询显示日、周、月、季、年的用能情况同比环比、产品单耗、产品折标对比、能耗排名等。

支持棒图、饼图、直方图等形式，实现对系统中耗电量、耗水量、耗气量等能耗数据的统计分析。

支持按日、月、年等不同时间频度自动生成能耗统计报表，提升统计数据准确率和效率，按总体、标段、设备等管理维度统计和展示能源消费量，支持导出 Excel 文件保存到本地。

2. 危大工程

危大工程是指具备危险性较大的分项工程，一般包括基坑工程、模板工程及支撑体系、起重吊装及起重机械安装拆卸工程、脚手架工程、暗挖工程及其他工程等，涉及系统包含项目监督备案号、危险区域在施工现场的相对位置、类型。类型包括斜坡施工区、高支模施工区、配电区、人员密集区、危险品区、地下施工区、相对封闭区、电焊作业区、特殊作业区、高处临边洞口区等，当人员接近危险区域时记录发生区域、发生的时间等。对施工现场设施设备进行管理，对设备信息进行操作，当工地进行停工时需要将设备进行拆机，除与机具系统对接外，系统支持将设备相关数据进行导入导出。

（1）深基坑监测

深基坑监测系统支持对接施工现场深基坑安全监测设备，实现数据统计分析展示。

深基坑工程受其自身特性及场地环境不确定性因素的影响，安全储备较小，施工时具有较大的风险，基坑监测系统在基坑工程施工过程中对基坑本体、路面及周边建筑进行实时监测，具备声光报警联动功能，当基坑变化量超过预设预警值时自动进行报警，同时反馈信息至负责人，从而对基坑及其周边提供全方位多重安全保障。

系统支持对接施工现场深基坑安全监测设备，实现 24h 实时监测、报表推送、多重分级预警、应急预案处理、结构趋势分析、历史资料存储的功能。监测项目包括表面位移、深部位移、地下水、周边建筑物变形、应力应变、施工工况、支护结构、基坑底部及周围土体等内容。

如图 7-21 所示，监测系统通过加装的水准仪、全站仪和水位计等对围护顶部水平位移、围护顶部竖向位移、周边建筑物沉降、水位等进行自动监测。

图 7-21 深基坑信息

如图 7-22 所示，系统支持数据自动化采集和对接监测设备数据，同时支持人工数据导入实现数据相融合。深基坑监测的对象包括支护构造、地下水条件、地基基础和周边构造、周围建筑材料、附近管道和设备、周边地面等，见表 7-12。

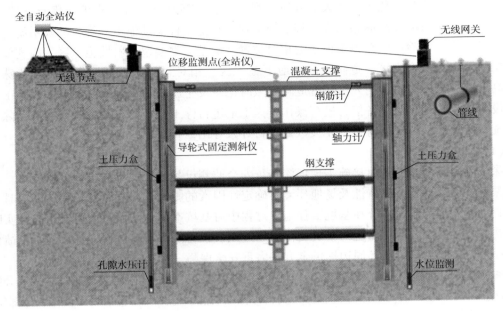

图 7-22 深基坑监测设备对接

表 7-12 监测内容、对接监测仪器

序号	监测内容	对接监测仪器
1	支撑（铺）轴力	轴力计、振动采集设备、钢筋应力计、应变计
2	深层水平位移	固定测斜仪
3	地表水平位移	激光位移计、全站仪
4	地表竖向位移	水准仪、全站仪
5	建筑物倾斜	倾角计
6	建筑物沉降	水准仪、全站仪
7	地表及建筑物裂缝	裂缝计
8	地下水位	水位计
9	围护墙（边坡）	激光位移计、全站仪
10	顶部水平位移	激光位移计、全站仪
11	顶部竖向位移	水准仪、全站仪
12	立柱竖向位移	全站仪
13	周边管线及设施竖向位移	水准仪、全站仪
14	坑底隆起（回弹）	全站仪

如图 7-23 所示，系统通过对接土压力盒、锚杆应力计、空隙水压计等智能传感设备监

测基坑开挖、支护施工及竣工后周边相邻建筑物、附属设施的稳定情况，连接全站仪等监测仪器，监测数据实时发送给监测平台，由平台对监测数据进行动态分析，并对异常数据进行预警、报警，及时将监测结果反馈给技术人员，提高基坑监测的便捷性和准确性。

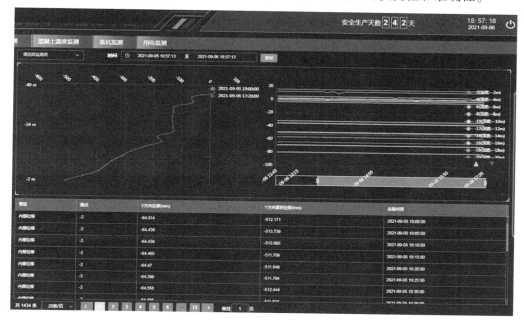

图 7-23　深基坑监测数值

如图 7-24 所示，通过应用基坑监测解决在基坑开挖、支护施工等阶段的稳定情况的监测难的问题，并对超限情况及时预警。系统实现对基坑监测指标的实时在线监测，支持对监测数据的可视化和图表展示管理；实现对实时和历史数据的管理与存储；当监测指标超出阈值时，系统自动给出告警信息，避免危险的发生。

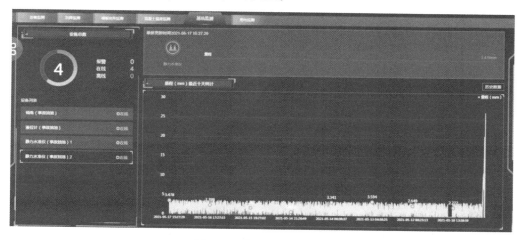

图 7-24　深基坑实时监测

1）系统报警值可按照基坑等级标准或者专家论证方案设置报警值。

如图 7-25 所示，基坑工程监测按照基坑等级或专家方案确定监测报警值，监测报警值满足基坑工程设计、地下结构设计以及周边环境中被保护对象的控制要求。系统通过设置合理的报警阈值，一旦数据超过阈值，系统立刻报警。基坑监测系统对各分项数据均具备设定阀值，发送加报数据的能力，并支持远程唤醒的功能。

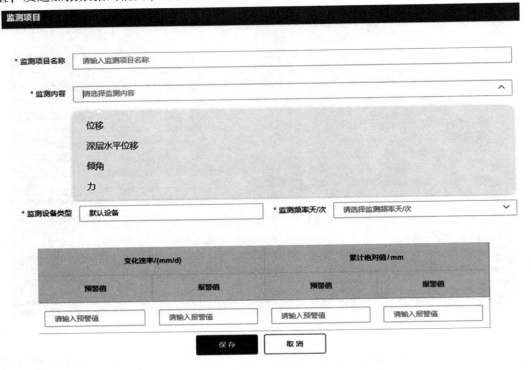

图 7-25　深基坑报警值设置

2）系统支持显示各传感器位置，统计各监测点数据是否正常、是否超出报警值。

系统支持记录深基坑及监测设备安装记录，包括安装部位、安装时间、拆卸时间、传感器编号、监测对象。自动统计和保存深基坑监测数据、检查数据的正常性与正确性、预警报警信息，包括传感器编号、预警报警时间、预警报警内容。

3）系统能够查看项目深基坑自动化监测点分布，以及监测点监测数据和报警数据。

如图 7-26 所示，深基坑监测系统实现监测信息可视化、实时管理和预警信息，系统支持自动输出支撑面变形检测、巡查报告、紧急处理等报告数据及资料，以减少地基坍落的危害，当安全监控数据出现异常后，系统及时推送报警信号至对应负责部门。

系统通过智能传感设备实时监测基坑开挖作业中多项关键数据指标，一旦发现险情，计算机或手机等终端设备会第一时间收到通知提醒，现场可立即做出部署和指令，为建设施工提供了安全保障，并确保施工环境及周边环境安全。

（2）高支模监测

系统支持对接施工现场高支模安全监测设备，实现数据统计分析展示。

高支模监控系统是通过在结构构件模板及荷载较大或对倾斜敏感的杆件上安装压力传感器、位移传感器、倾角传感器、刚度仪等设备，自动采集高支模整体位移、模板沉降和立杆的变形、位移、倾角及轴力数据，实现实时监测、预警报警、及时响应的监测目标。

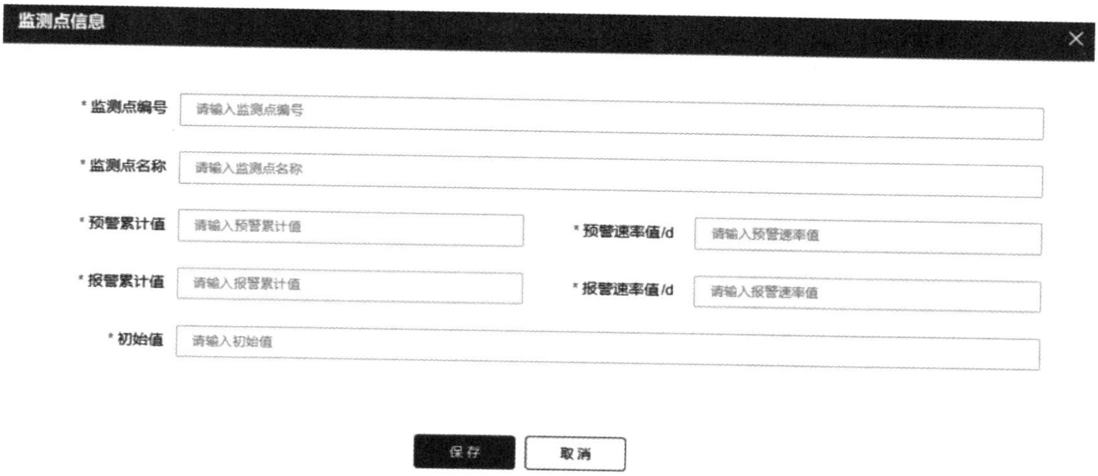

监测点信息 ✕

* 监测点编号　请输入监测点编号

* 监测点名称　请输入监测点名称

* 预警累计值　请输入预警累计值　　　　* 预警速率值/d　请输入预警速率值

* 报警累计值　请输入报警累计值　　　　* 报警速率值/d　请输入报警速率值

* 初始值　请输入初始值

保存　取消

图 7-26　深基坑监测点信息

1）系统通过加装的传感器对模板支架的钢管承受的压力、架体的竖向位移和倾斜度内容进行监测。

如图 7-27 所示，高支模监测设备安装记录包括安装部位、安装时间、拆卸时间、传感器编号、监测对象。高支模监测内容包括架体基础变形、立杆垂直度、水平挠度、立杆轴力等；在高支模处加装轴压、位移、倾角等传感器，通过实时监测支撑杆的沉降和杆的轴向应力，可以有效降低工程中的安全和质量问题。

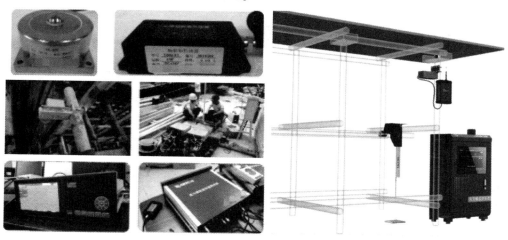

图 7-27　高支模监测仪器

2）系统支持显示各传感器位置，统计各监测点数据是否正常、是否超出报警值。

如图 7-28 所示，高支模监测系统具备实时监测、统计分析和报警功能，监测的数据涵盖模板下沉、竖杆水平位移、小横杆倾斜、竖杆的轴向应力等。在监测到的信息不正常时，将会向相关人员发出预警信息。高支模监测报警值采用监测项目的累积变化量和变化速率值进行控制，系统保存深基坑及高支模的预警报警信息，包括传感器编号、预警报警时间、预警报警内容。

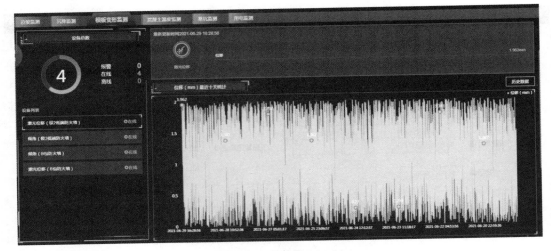

图 7-28　高支模数值显示

3）系统能够查看项目高支模自动化监测点，以及监测点监测数据和报警数据。

如图 7-29 所示，高支模自动化监测点可方便监测支模体系的变化曲线，实时监测警报，排除影响安全的不利因素，当监测值超过预警值时，安装在现场的声光警报器会自动发出警报声提示施工人员，信息也会立即发送给项目负责人和监理人员，第一时间响应，有针对性地采取应对措施。

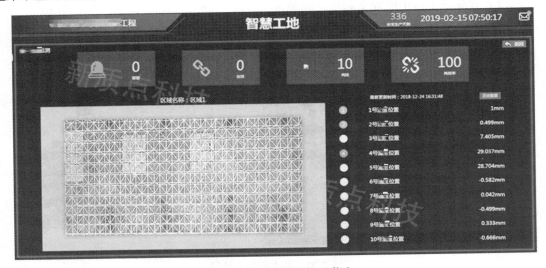

图 7-29　自动化监测点及信息

实现对高大模板的模板沉降、支架变形和立杆轴力等进行实时监测。解决实时监测、超限预警、危险报警等问题。实现对模板变形监测指标的实时在线监测，支持对监测数据的可视化和图表展示管理；实现对实时和历史数据的管理与存储；当监测指标超出阈值时，系统自动给出告警信息，避免危险的发生。

（3）外墙脚手架监测

系统支持对接现场外墙脚手架相关监测设备，实时监测架体的水平位移、倾斜数据，避免超出规范的要求。具备外墙脚手架状态监测及预警，展示历史监测数据和历史报警预警数据。

如图 7-30 所示，外墙脚手架监测系统通过接入各种传感器后，集成终端设备数据采集、传输、存储、分析、安全评估、预警、人工巡检、报告等功能。对环境荷载、结构响应等监测信息进行实时、分级、多模式预警和监测报告信息发布，为安全运行、管理和维护提供科学的依据。

图 7-30　外墙脚手架

如图 7-31 所示，系统将采集的数据和分析得出的结果进行可视化展示，实现图形与数据的动态关系。预测报警分为两个部分：报警管理工作台和历史监控。报警管理通过配置相应的参数，包括不同设备和仪表编号，帮助查看相应的报警信息。历史监控的目的是查询历史报警记录，分析历史数据得到监测对象随时间的变化规律。基于数据的可视化、预测和报警功能，实现数据的及时显示和结果反馈，实时反映脚手架的安全状态。

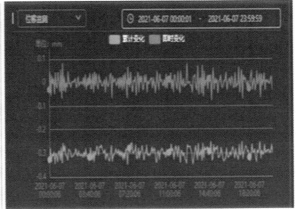

图 7-31　脚手架监测数值显示

在工程中构建基于网络摄像机、监测传感器和深度学习技术的脚手架智能监测系统平台，可以进行裂缝识别、位移测量、模态参数识别、荷载识别等。结合脚手架使用场景和结构特点，可实现但不限于如下主要目标的监测：

1）架体沉降：脚手架沉降过大易发生事故，因此架体沉降采用位移计进行监测。根据需要也可采用人工智能的计算机视觉技术进行监测，对比前后的图像结果和扫描点云数据，得到各部分构件三维坐标随时间变化的规律，进而推导出架体的沉降。

2）立杆轴力：立杆大多采用钢管，若轴力过大，则有可能造成结构失稳，可通过应变传感器监测轴力。根据实际情况采用应变片或者采用无线传感器监测应变。无线应变传感器可通过无线网络进行传输，集成采集、传输、分析等功能。

3）杆件倾斜：如图 7-32 所示，脚手架倾斜过大易造成支架坍塌，杆件的倾角采用倾角计进行监测。此外还可结合 GPS 系统进行监测，通过对比前后各个位置三维坐标的差异，反算出杆件的倾斜角度。

⚠ **数据预警**

全部　已处理　未处理

模块号	通道号	传感器类型	采集时间	预警值	警告级别	是否处理
31	1	P-10	2014/4/14 20:24:29	20.40	一级	未处理
30	1	P-11	2014/4/14 20:24:29	-21.09	一级	未处理
23	1	P-17	2014/4/14 20:24:29	14.83	一级	未处理
22	1	P-18	2014/4/14 20:24:29	18.52	一级	未处理
21	1	P-19	2014/4/14 20:24:29	13.48	一级	未处理
33	1	P-08	2014/4/14 20:24:29	14.39	一级	未处理
35	1	P-06	2014/4/14 20:24:29	17.53	一级	未处理
20	1	P-20	2014/4/14 20:24:29	19.08	一级	未处理
19	1	P-21	2014/4/14 20:24:29	18.91	一级	未处理
18	1	P-22	2014/4/14 20:24:29	15.32	一级	未处理

图 7-32　外墙脚手架监测告警列表

利用人工智能技术、深度学习和数据挖掘技术对监测数据进行安全分析，能有效预防事故发生，解决安全管理盲区，随时查看当前状态以及历史记录，及时提出建议处理措施，避免事故的发生。

（4）升降机监测

系统支持对接施工现场升降机安全监测设备，支持数据统计分析展示。

如图 7-33 所示，升降机监测系统主要针对人员状态、载重量、联锁状态、上下限位、地图定位等数据进行监测。系统支持本地显示、在线传输，具备运行状态数据实时监控、上传、分析功能，支持监控设备故障实时报警、违规驾驶行为报警。

图 7-33　升降机监测

系统通过对接现场部署的升降机及监测设备，在升降机运行发生异常情况时，将自动切断升降机电源或控制电路，使升降机停止运行，以保证升降机的安全。

1）如图 7-34 所示，系统实时监测升降机的各项运行参数、异常报警和信息推送功能、具备轿厢内视频监控功能。

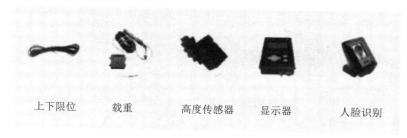

| 上下限位 | 载重 | 高度传感器 | 显示器 | 人脸识别 |

图 7-34　升降机监测主要参数设备

升降机监测系统功能主要利用包括重量传感器、高度传感器、指纹传感器、倾角传感器、轨道障碍物传感器等，对升降机进行安全监测与实时预警，有效解决超载运行等安全问题，有效保障升降机在运行过程中的安全，系统的后台支持获取相关的数据汇总成统计报表，让数据可视化呈现。

系统支持对施工电梯安全监测指标的实时在线监测，支持对监测数据的可视化和图表展示管理；实现对实时和历史数据的管理与存储；当监测指标超出阈值时，系统自动给出告警信息，避免危险的发生。

2）系统具备对接监测载重、轿厢倾斜度、起升高度、运行速度等参数；出现异常时，轿厢内立即声光报警，并进行异常报警推送。系统能够实现轿厢人数和重量识别、预警。对作业风险高的区域实现自动预警。

如图 7-35 所示，系统基本信息包括安装位置、绑定的操作人员信息等录入或数据接入，包括设备信息、实时运行监控、预警信息、违章信息、实时显示等模块。能够实时采集升降机的相关运行参数，并将其目前的主要性能指标（载重量、提升速度、提升高度等）以及与工程升降机的标称性能进行比较，并提供正常、预警、报警等相关的信息。在发生超限超负荷时及时向相关主管单位和人员发送预警信息。系统能直观展示当前运行状态监控，预警报警信息历史数据，运行数据分析等。

图 7-35　升降机运行状态

如图 7-36 所示，监测系统在实时运行监控中，根据升降机备的运行时间段内的平均载重以及最高载重与过去的数据对比，出现异常情况自动上报预警、违章情况，并根据信息做

出安全报警和规避危险的措施。

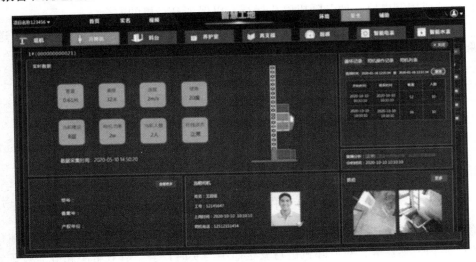

图 7-36　升降机监测系统

系统同时支持对升降机操作人员的身份（包括姓名、身份证号、特种人员类别、设备编号、识别时间、识别结果等）识别，向后台传输操作人员信息；对非授权人员操作升降机，向后台发送预警信息，报警信息包括设备产权号、操作人员、时间、报警级别、报警类别、预警内容，预警级别分为一般预警、严重警告、紧急。通过及时发现问题并减少停工次数，提高施工效率。

（5）卸料平台监测

系统支持对接现场监测设备，对载物重量自动实时监测，当系统超载时进行现场报警。具备卸料平台运行状态监测、历史报警预警数据展示功能，系统支持自动发送预警。

如图 7-37 所示，卸料平台监测系统通过对接卸料平台上加装的系统主机、重量传感器、报警灯等智能硬件设备，实现自动监测载物实际重量，监控平台记录、预警分析与统计、超载报警提示，针对性地加强对卸料平台的安全防范管理，避免可能发生的倾覆和坠落等情况，有效防范卸料平台安全事故。

图 7-37　卸料平台及组成

施工现场在卸料平台主梁布置倾角传感器，在主索处布置索力传感器，分别监测主梁、主索的工作状态，有效掌握平台超载状况，预警强度破坏的发生，在避免特殊工况失稳事故的同时，辅助主监测指标的高频触发采样。

卸料平台监测系统同时支持实时显示主钢丝绳实际受力值、超载报警，实时远程报警等功能。当监测到卸料平台存在主缆拉力超限，平台倾覆等风险时，会第一时间启动现场声光报警指示，及时提示施工人员进行操作，避免出现不安全施工，同时将风险推送至管理人员，可有效增强施工现场的安全风险管理能力，预防安全事故的发生，是施工安全管理的有效辅助手段，能避免人员伤亡物资损坏等重大事故发生。

（6）吊篮监测

系统支持对接现场监测设备，通过重量、位移、风速、电流传感器实时采集吊篮运行数据，对违规操作进行声光报警提示。具备吊篮状态监测及预警，展示历史监测数据和历史报警预警数据。

如图 7-38 所示，吊篮是悬挂机构架设于建筑物或构筑物上，提升机驱动悬吊平台通过钢丝绳沿竖向上下运行的一种非常设悬挂设备，智能吊篮监测系统支持通过无线通信技术，将各个吊篮的载重、位移、风速、安全卡扣状态等数据在终端进行采集，统一上传到云端服务器，并在云端对数据进行分析及预警。

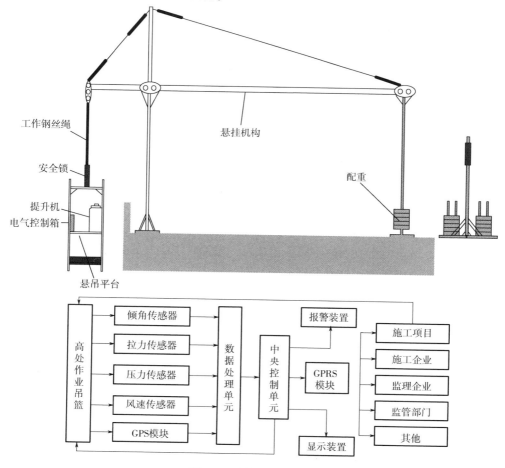

图 7-38　吊篮监测系统

吊篮监控系统的主要功能是通过实时监控设备的运行状态，分析设备运行中的监测数据，对可能存在隐患进行相关应急动作并记录反馈异常状态，包括但不限于如下功能监测：

1）实时载重监测。按《高处作业吊篮》（GB/T 19155）规定，当检测到悬挂在钢丝绳上的悬吊平台载荷达到限定值时，应自动停止平台提升的动力装置。在不考虑风载荷的条件下，其载荷值应为实际的工作载荷、悬吊平台、钢丝绳和电缆的重量之和。

系统对吊篮的实际载荷与不均匀载荷进行实时的监控。当实际载荷达到安全载荷上限和两端载荷差值超出规定范围的情况发生时，发出连续报警、进行语音播报并关断吊篮电气箱内控制提升机动作的电气支路，当施工人员排除危险隐患后，语音警报停止，吊篮恢复正常的施工工作。

2）限高监测。根据《建筑施工工具式脚手架安全技术规范》（JGJ 202）规定，高处作业吊篮超高限位器安装在距离顶端0.8m处，限高监测的目的是防止施工人员因工作失误而导致吊篮提升过高而发生施工事故。限高测距模块负责检测吊篮的实时高度，当检测到吊篮已到达限位高度时，系统自动提示关断吊篮电气箱内控制提升机上升的电气支路，并发出实时的语音警报以防止事故发生。

3）吊篮状态监测。根据《高处作业吊篮》（GB/T 19155）规定，悬吊平台空载与达到额定载重时都应保持水平状态，考虑在极限的情况下，平台的重心距四周护栏边缘应不小于150mm，且平台的横向斜角不应大于8°。平台的宽度方向为横向，长度方向则为纵向。在施工过程中，由于提升钢丝绳与安全锁的支撑，平台在纵向上不易发生倾斜，而横向受到风力、偏载的影响，容易导致平台侧倾，从而造成高处坠落事故。在施工过程中横向、纵向倾角的最大摆动不应大于25°。

在施工作业时，高处作业吊篮的安全起升荷载应受到严格控制，即起升荷载重量不能超过吊篮的额定载重量且在悬吊平台上应布置均匀。如果发生起升荷载超载或荷载布置严重失衡的情况，则可能引起吊篮悬吊平台倾覆坠落或严重倾斜等安全事故的发生。施工现场通过检测吊篮悬吊平台的起升荷载重量与额定载重量的比较，超载时发出报警、控制信号；通过比较检测吊篮悬吊平台两侧的测重信号，判断吊篮载重的平衡状况，系统支持超限时发出报警、控制信号，可有效避免安全事故的发生。

4）人员超载与安全锁扣的佩戴监测。根据《建筑施工工具式脚手架安全技术规范》（JGJ 202）规定，吊篮内作业人员不应超过2人，施工时作业人员必须佩戴安全锁扣。RFID阅读器通过识别带有电子标签的安全帽从而判断吊篮内的施工人数，与安全锁扣检测协同工作即可推断出吊篮内的施工人员是否佩戴好安全锁扣。智能吊篮监测通过检测吊篮的载重和安全卡扣状态信息，指导工人安全施工，降低事故发生的概率，提高项目的安全生产水平，提高项目的经济效益。

5）风速等监测。系统支持工地吊篮使用位置风速在大于8.3m/s（相当于五级风力）时进行预警，提醒监管和使用人员停止使用吊篮工作，确保环境风速不满足时不盲目使用；通过接入防倾斜装置的数据，识别悬挂平台两端纵向倾角，当平台纵向倾斜角度大于14°时，系统提示停止平台的升降运动，预防安全事故的发生。

系统通过现场监控模块实时采集吊篮的载荷和姿态信息，对吊篮的运行状况做出判断，对于轻微的异常做出预警和适当调整，如果数据超出故障阈值，则在现场发出声光报警，并立即切断吊篮的驱动电源，保护施工人员的安全，预防突发事故的发生，防患于未然。

（7）不停航施工

如图 7-39 所示，为保障不停航施工安全，解决传统不停航施工区域人员、机械管控难度大、管控范围不全面、机械超高判断难度大、现场安全文明施工管理效率低等问题，通过对接红外对射收发装置、声光报警装置、超高清变焦网络摄像机、高精度定位天线等设备，实现对人员、机械轨迹等安全管控。确保设计牵头有效落实，保证设计施工有效融合。

智能化的围界控制系统能够与平台服务器实时通信，对非法越界的报警和抓拍，在系统平台及时展示和预警，结合《运输机场不停航施工管理办法》等相关规定，建立不停航施工管理系统，保证不停航建设项目施工、建设依规、按程序实施。提高线上管理水平，提高施工管理效率。

图 7-39 红外对射收发装置

1）电子围栏监测

①系统支持对接现场的传感器检测人员靠近、防护网人为破坏、违规翻越、坠落事件报警信息收集。

如图 7-40 所示，系统通过对管理区域出入口设置电子围栏，当现场人员或某些特定设备靠近电子围栏边界时，系统自动进行声光预警，预警提醒管理人员。

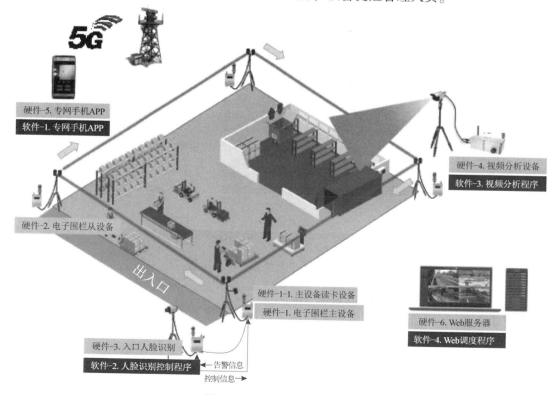

图 7-40 电子围栏原理示意

如图 7-41 所示，系统通过对接靠近机场跑道、基坑、高风险区域等地方安装红外对射式检波器等电子围栏设备，通过红外波纹等技术在周围形成一道防护罩，当有人或者物体靠近警戒区域时，系统发出警报，提示工作人员注意安全，并在手机终端显示位置做出警示提醒，同时将警报信息发送到监管部门。

前端：临时进场超高设备安装便携设备 | 后端平台：设置电子警戒区域，越位报警

图 7-41　不停航施工机械安全及限高管控

如图 7-42 所示，系统根据创建的跨区告警规则及临近告警规则，实时监控人员或机具出入区域情况，当出现违反规则情况时，系统产生告警。

图 7-42　基于 BIM 的电子围栏模型

如图 7-43 所示，通过在智能前端设备安全帽上安装定位装置和声音报警装置，实时了解人员运动轨迹，当人员跨越预先设置的电子围栏时，安全帽自动发出告警，移动端 APP 及时通知管理人员进行处理。当施工临近区域有航空器滑行需停止作业时，监管中心向安全帽发送语音信息，通知现场人员停止施工作业、注意安全避让。

②系统可以显示各传感器位置，统计各监测点数据是否正常。能够查看监测点监测数据和报警数据。

图 7-43　利用移动 APP 进行电子围栏和人脸识别的展示

如图 7-44 所示，系统支持对接前端安装的传感器装置设备，在系统中以图形直观展示设备的位置，通过识别与设备协议的接通判断监测点设备是否正常工作，对监测异常状态进行提醒，并对设备工作状态进行统计和分析。系统支持电子围栏设置管理、传感器设备位置坐标的批量导入、添加、修改、删除、查看、查询、统计分析等功能。

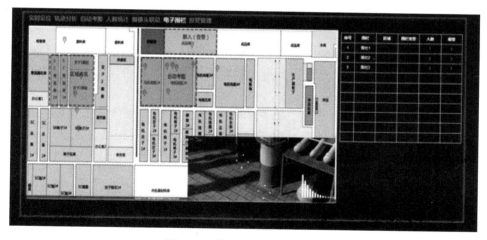

图 7-44　传感器位置分布示意

如图 7-45 所示，当人员越界时，定位终端自行发出声音报警提示，人数达到上限给出提示告警，并能够查看相应的报警信息。

③系统支持对接施工现场临边防护监测设备，实现数据统计分析展示。

通过接入深基坑临边、跑道附近、无外架防护的层面周边以及危险性较大的区域安装红外测距装置系统，对进入危险区域（或工作时间离开施工区域）范围内的人员自动预警，严防作业人员出现安全事故。对施工现场危险区域进行分级管理，非授权人员接近危险区域自动报警。

图 7-45　报警数据

利用电子围栏，辅助进行重点区域和危险区域的动态管理和防护。电子围栏可根据实际情况，随时调整安全保护区域，能够监控进入监控区域的人员情况。当出现违反规则情况时，系统产生告警。

2）机场跑道外来物（FOD）监测。FOD 是 foreign object debris 的缩写，泛指可能损伤航空器或系统的某种外来物体，常称为跑道异物。跑道 FOD 的监测通过人工、自动化等方式对跑道表面进行全面检查，并针对性地清除 FOD 以防止对航空器造成危害。为了防止跑道 FOD 对航空器产生危害，机场跑道 FOD 需满足"全天候、整跑道、高准度"的监测。

目前国际上已经投入使用的机场跑道异物雷达检测系统主要有四种，分别为 Tariser、FODetect、IFerret 和 FODFinder。

①Tarsier 系统：具有雷达探测距离长、波束窄和分辨率高的特点，能够对目标位置准确定位。视频设备的安装使监控人员可以通过观察判断探测结果是否属实，大大提高了探测准确率，如图 7-46 所示。

②FODetect 系统：如图 7-47 所示，由 77GHz 毫米波雷达和摄像设备组成，分别安装在不同位置的跑道边灯上。每个设备都对跑道中线附近的区域进行扫描，发现 FOD 后可立即向机场管理人员发出报警信息，并告知 FOD 的准确位置及发现时间，帮助机场管理人员清除 FOD。

图 7-46　Tarsier 系统

图 7-47　FODetect 系统

③IFerrer 系统：如图 7-48 所示，每隔一定间距装置先进的高分辨率摄像机，自动探测和辨认跑道上的障碍物。该系统的复杂图像处理软件可针对变化的照明和路面条件做出适当的调整。发现 FOD 后能够放大物体图像，并给用户提供碎片的实时图像。

④FODFinder 系统：如图 7-49 所示，可安装在车辆顶部的移动监控系统，使用 78～81GHz 毫米波雷达、高精度 GPS 定位系统和高清晰度摄像系统。毫米波雷达和摄像系统确定 FOD 后，由 GPS 锁定探测区域和标示 FOD 的地理位置。

图 7-48　IFerrer 系统

图 7-49　FODFinder 系统

尽管不同的跑道 FOD 监测系统采用的监测技术不同，但所有系统都必须经过以下信息架构模式：FOD 信息采集—FOD 信息通信—FOD 信息存储—FOD 信息分析—FOD 信息反馈。

信息采集：由于 FOD 监测系统需要识别 FOD 及 FOD 位置，所以系统的信息采集手段主要包括雷达（毫米级）和视频摄像机。

信息通信：FOD 监测系统中，采集到的信息是通过配套的光纤网络实现数据传输与通信。而光纤传输常见的有模拟光端机和数字光端机，是解决几十甚至几百千米电视监控传输的最佳解决方式，通过把视频及控制信号转换为光信号在光纤中传输。其优点是传输距离远、衰减小、抗干扰性能最好，适合远距离传输。

信息存储：各个 FOD 监测系统对传输过来的视频和雷达信号需要进行存储，由于 FOD 监测系统是不间断采集，数据量较大，一般常采用大型 Oricle 数据库进行存储，且每隔一定时间需要进行覆盖和清除。

信息分析：FOD 信息库中主要包括存储的视频信息和雷达信号。对于雷达信号，利用雷达波分析算法对雷达波进行去噪、滤波、特征提取、目标识别等操作，由于 FOD 处理的实时性和全面性，这对算法的效率以及鲁棒性有较高要求。对于视频信息，需要用智能视频分析技术或者图像识别技术进行 FOD 的判断。

信息反馈：信息反馈指的是经过系统辨识所探测的异物确为跑道 FOD，这时需现场人员及时对 FOD 进行清除。为达到对通航影响的最小化，现场人员需要尽快到达 FOD 的位置。可采用高精度定位技术，通过智能移动端对监测系统提供的 FOD 位置指引车辆前行。

本系统参考不同类型的国外先进监测系统，基于接入雷达信号数据或智能视频影像数据，研发支持对接现场 FOD 监测设备，对机场跑道外来物（FOD）进行预警、记录。机场

FOD 监测系统通过高精度的定位系统可辅助快速清除 FOD。将数字信息与视频信息进行相互融合，及时发现跑道 FOD，并通过系统予以报警通知巡检人员及时处理。

（8）微服务拆分与集成

服务架构分为单体架构和分布式架构。单体架构将业务的所有功能集中在一个项目中开发，打成一个包部署。分布式架构根据业务功能对系统做拆分，每个业务功能模块作为独立项目开发，称为一个服务。微服务就是一种经过良好架构设计的分布式架构方案，见表7-13。

表 7-13　微服务拆分与集成任务清单

序号	一级功能	二级功能
1	现场安全巡查	支持日常巡查记录、安全检查、工地随手拍，APP 数据录入等
2	视频监控	
3	人员管理	安全教育、劳务实名制、劳务考勤、进出入管理、人员定位。并具备与农民工专项账户进行数据对接的功能
4	设施设备管理	车辆进出入管理
		车辆定位
5	物料管理	物料进出场
6	绿色施工	环境监测
		自动喷淋监测
		车辆未冲洗抓拍监测
		能耗监测
7	危大工程	深基坑监测
		高支模监测
		外墙脚手架监测
		升降机监测
		卸料平台监测
		吊篮监测
8	不停航施工	电子围栏监测
		机场跑道外来物（FOD）监测

如图 7-50 所示，对于大型项目的微服务拆分，根据业务功能模块将单体项目拆分成功能独立的项目完成一部分业务功能，将来可进行独立开发和部署，大型项目包含数百上千的服务，最终形成服务集群。

如图 7-51 所示，对请求服务的复杂调用关系通过注册中心执行，通过微服务的配置中心统一管理服务集群所有服务的配置，实现新服务的配置和配置的更新。

如图 7-52 所示，通过网关组件访问微服务，访问时支持负载均衡。

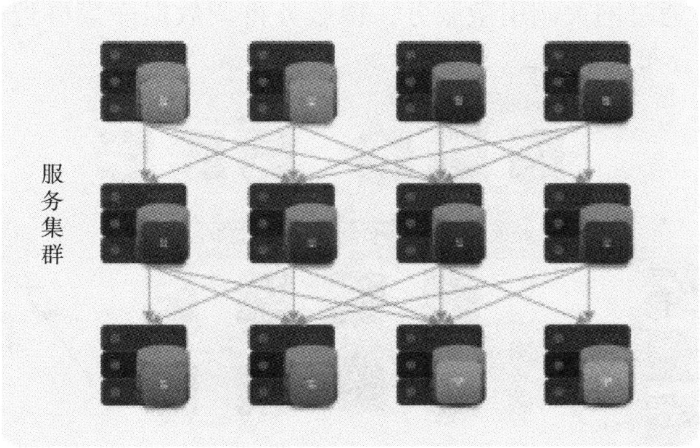

图 7-50　微服务服务集群

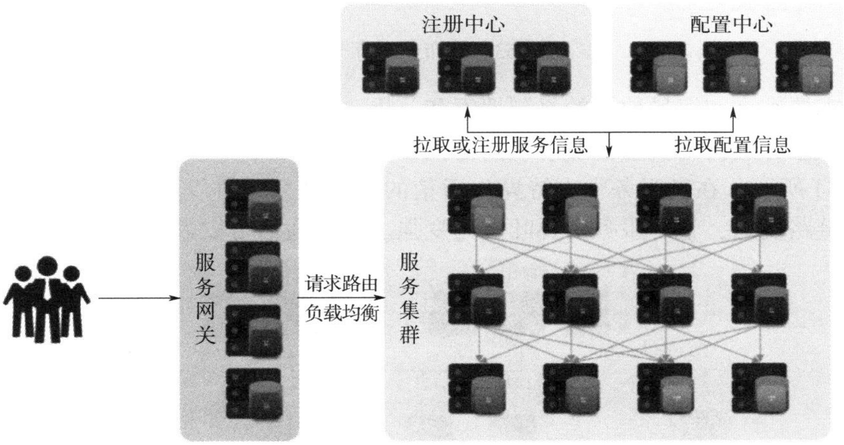

图 7-51　注册中心与配置中心

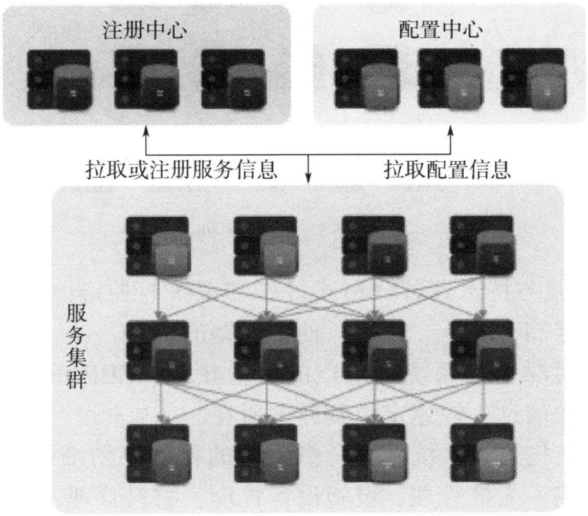

图 7-52　服务网关

如图 7-53 所示，通过网关调用微服务，微服务再调数据库集群进行操作。在大量用户高并发状态下，引入分布式缓存。

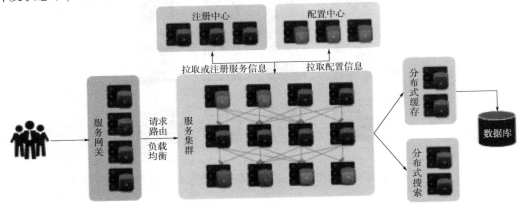

图 7-53　分布式缓存与搜索

微服务支持查询和海量数据的复制搜索和分析，支持分布式搜索功能。数据库主要用来进行写操作和事务类的对安全性要求较高的操作。

如图 7-54 所示，在微服务中支持异步通信的消息队列组件，可将服务调用变为服务通知，使业务链路变短，整个服务的吞吐能力变强。异步通信可以大大提高服务的并发。

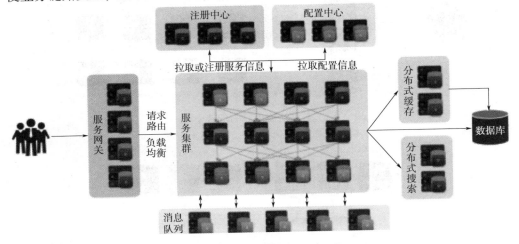

图 7-54　消息队列

如图 7-55 所示，微服务技术具备分布式日志和系统监控链路追踪，分布式日志可以统一地为所有服务日志做存储、统计、分析，便于问题的定位。

系统监控链路追踪时时监控系统中节点的运行状态、CUP 负载、内存占用等情况，可以快速追踪定位方法和栈信息，快速定位到异常所在。

本系统以微服务的架构进行系统开发，微服务的粒度计划细化到二级功能模块，例如：现场安全管理、视频监控、人员管理、设施设备管理、物料管理、绿色施工、危大工程、不停航施工等。同时配合智慧建造融合平台的开发进行微服务的业务编制和集成工作，根据需求定制接口标准及接口开发。

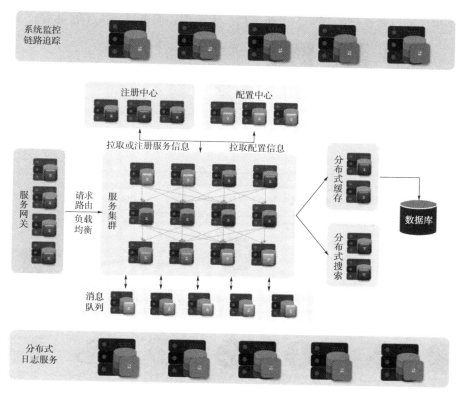

图 7-55 分布式日志和系统监控链路追踪

视频监控设备组网方案设计:

1) 网络拓扑及数据链路图

整体网架设计如图 7-56 所示。

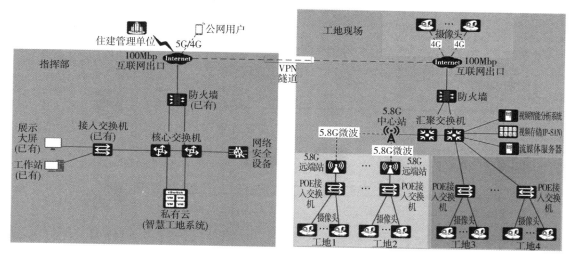

图 7-56 整体网架设计

如图 7-57 所示,以某机场智慧工地集成管控系统传输网络为例说明,该管控系统传输网络主要由智慧工地物联网设备、智慧工地数据云服务、后台应用系统以及通信网络等部分构成，整个传输网络整合了物联网、无线通信、大数据云服务以及人工智能等技术于一体。

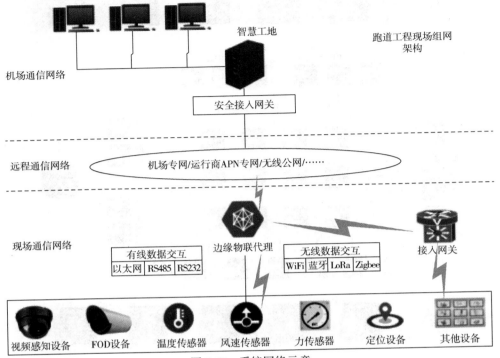

图 7-57　系统网络示意

　　如图 7-58 所示，视频监控系统主要由前端摄像机、传输设备及存储显示设备组成。在施工现场使用监控立杆架设高清数字摄像机，传输通过无线网桥设备方式实现点对点传输，将高清视频传送至监控中心服务器管理，视频存储周期不小于 30 天。本监控系统组网采用招标方、施工现场联动架构，有效实现视频数据共享，并与招标方相关第三方系统进行对接接口，方便全方位工地监管。

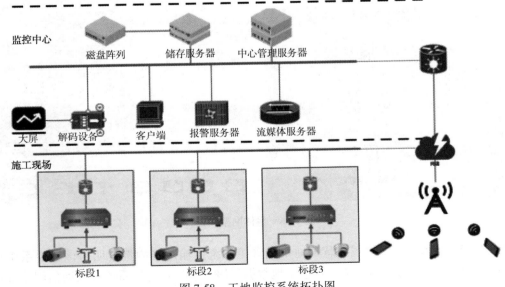

图 7-58　工地监控系统拓扑图

视频监控系统建设采用先进的物联网技术进行构建网络拓扑，主要由信息采集、网络接入层、网络传输网络、信息存储与处理层组成。集成工地现场视频数据、人员实名制考勤数据、人员安全数据、吊篮等危大运行监测数据、环境监测数据等，通过网络接入层、传输层实时上传给智慧工地集成监管系统，系统融合多方数据，报警联动抓拍、实时预警、通知给各责任方。各参与方和监管机构可以及时准确了解工地现场情况，在区域安全监管上，具备一个智慧化的辅助决策大脑，有效提高项目管理和现场管理的效率。

①前端系统。工地前端系统主要负责现场图像采集、录像存储、报警接收和发送、传感器数据采集和网络传输。前端设备内部包含传感器无线适配设备、无线 RFID 设备、扬尘温湿度及大气压一体传感器、噪声传感器、风速风向传感器、高清摄像头及 LCD 液晶显示屏等。本系统前端监控设备包括分布安装在各个区域的室外枪型摄像机、室外高速球型摄像头、鹰眼型 180°全景摄像机等，用于对机场工地的全天候图像监控、数据采集和安全防范，满足对现场监控可视化、报警方式多样化和历史数据可查化的要求。当出现突发事件时，工地现场管

图 7-59　前端设备样例

理人员可以通过紧急报警按钮向指挥部监管部门和上级单位报警，启动应急预案，满足应急指挥协同化的要求，如图 7-59 所示。

②传输网络系统。由于工地现场监控环境的特殊性，布线困难，因此在满足无线布控条件下尽量使用无线布控方案，无线布控以其自身的灵活性高、扩展性强、维护简单等优点，被许多建设单位广泛采用。建立无线监控系统可加强工地施工现场安全防护管理，实时监测施工现场安全生产措施的落实情况，对施工操作工作、基面上的各安全要素如吊篮、升降机、中小型施工机械、外脚手架、临时用电线路架设防护、边坡支护，以及施工人员安全帽佩戴等实施有效监控，及时有效的消除施工安全隐患，如图 7-60 所示。

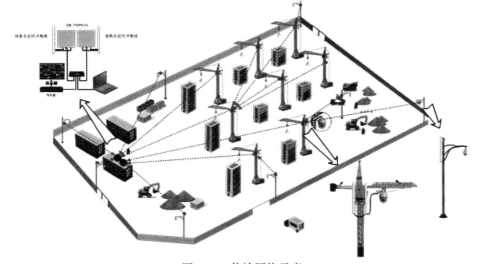

图 7-60　传输网络示意

各地面监控点使用无线传输设备与摄像头有线直连，数据传输到监控中心接收点。在监控点与监控中心距离较远或现场较为复杂时，通过在标段中间部署网桥，实现无线网络的连接，无线网络传输可扩展性强，监控点位的拆除及新增较灵活，对施工作业无影响，同时监测点位选取比较灵活，施工方便，不会因施工作业跑道环境而中断监控，后期的维护和扩展方便，即插即用，可反复使用。

网桥连接：当其他监控点与监控中心有遮挡或有线网络不可使用时，通过在标段中间地段监控点采用监控架立杆（12~15m）部署远端网桥，作为无线传输中继点，可俯视工地各个角落，与近端网桥监控架立杆进行背靠背连接，实现无线传输作用。

监控中心/工棚顶部设备连接：监控中心端需要覆盖的角度比较广，使用单个无线传输设备来做接收，单个无线传输设备覆盖角度为90°，当角度非常广时可用多个无线传输设备做接收。

网络传输包括有线、无线网络以及基站等相关设备，监管设备将采集到的各种传感器数据，进行工地现场液晶屏实时显示，并将传感器和视频流数据，通过无线/有线网络发送给智慧工地数据云服务平台，实现数据的物理接入、规则引擎、时序数据库以及音视频直播等功能。系统通过网络技术实现各项规定数据的网络传输，经施工现场网管自动将数据格式化后储存到相关设备或业务系统。传输层使用的网络包括但不限于移动通信网络（4G、5G、WiFi 等）、Internet、VPN 专网等。

如图 7-61 所示，工地和监控中心之间采用互联网专线方式，专线方式带宽有保证，网络稳定，通过软件预览的实时图像效果清晰，高清摄像机的效果可以发挥到最大值。无线传输能适应工地现场复杂的环境，可以避免因为网线的损坏而不能传输的问题。

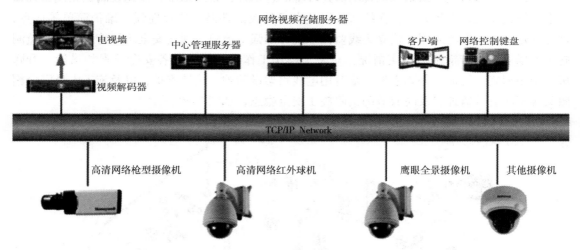

图 7-61　网络传输

③信息中心及应用。后端及系统应用是执行日常监控、系统管理、应急指挥的场所。部署视频监控综合管理平台，包括数据库服务模块、管理服务模块、接入服务模块、报警服务模块、流媒体服务模块、视频智能识别分析服务模块、存储管理服务模块、Web 服务模块等，共同形成数据应用处理中心，完成各种数据信息的交互，集管理、交换、处理、存储和转发于一体。

如图 7-62 所示，视频监控网络的建设为智慧工地集成监管系统的应用提供了条件，传输网络起到连接前端施工现场和监控中心的桥梁作用，传输网络的性能直接决定系统监控中心图像和数据的质量。

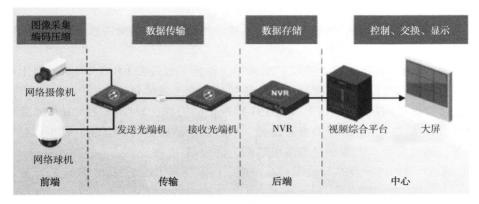

图 7-62　后端及信息应用示意

视频监测系统以物联网、移动互联网技术为基础，充分应用大数据、人工智能、移动通信、云计算等信息技术，利用前端设备采集危大工程实时状态，实现对工程项目内高危、超危分部分项工程的智能化管理，是信息技术、人工技术与工程施工技术的深度融合与集成，方便项目管理人员掌握相应危大工程的实时情况，防止事故发生，保障施工安全，提升工地作业效率，为管理人员施工安全的监督工作赋能。

2）视频监控系统设计。视频监控系统所采用的标准遵循《安全防范视频监控联网系统信息传输、交换、控制技术要求》（GB/T 28181）及规定的监控设备编码标准，对于符合标准的平台与设备之间可以无缝互联互通，方便与其他业务系统对接。系统采用标准的协议，只要符合标准协议的前端和平台均可直接接入，有良好的前端设备、平台、存储设备的兼容性，可实现对所有接入设备的管理，实现指挥部、工地平台的多级联网，远程调用。

施工现场使用符合标准协议的监控摄像头通过外网服务接入到招标方视频监控系统。现场安装球机或枪机摄像头，通过无线网桥或者有线网络接入到现场的视频录像存储设备，现场的视频录像存储设备需要接入外网，将平台地址设置为招标方视频平台地址和端口号后，招标方即可调用现场的监控图像了。

①设计原则

新建平台遵循标准：对于新建的视频监控平台和设备，系统支持国家标准 GB/T 28181标准协议，并能通过该标准协议实现级联。视频监控系统设计贯彻安全、可靠、经济、实用的原则。采用的通信技术与工程现场的建设环境相适应，并做到适度超前。监控系统设备配置以建设时期的现场需求为基础，同时兼顾工程建设完成后的生产业务需要，所选用的设备具有良好的兼容性、可扩充性和在线升级的能力。监控系统选择的产品具有好的互操作性和可移植性，并符合相关的网络标准和工业标准。

已建平台的改造原则：对于已有的视频监控平台或设备，如不符合 GB/T 28181 标准协议，系统按照 GB/T 28181 标准进行升级改造，支持各施工现场提供外网视频服务，通过外网服务接入到指挥部视频监控平台。视频监控系统设计以招标方需求和实际网络覆盖等情况为基础，充分考虑地理条件和经济因素，有效利用已有资源，统筹兼顾工程建设完成后的生产业务需要，合理选择视频监控组网技术。

视频存储要求：系统具备条件的施工现场的视频资源进行本地存储，视频存储支持不小于30天的时间周期，系统存储具备良好的网络管理、网络监控、故障分析和处理能力，满足信息安全管理的要求，数据内容不泄露、不被非法篡改、数据流信息不被非法获取。

②技术规范

平台符合GB/T 28181标准及协议：所采用的系统平台遵循GB/T 28181，对于符合该标准的平台与设备之间可以无缝互联互通，方便与其他业务系统对接。

平台连接及远程调用：采用GB/T 28181标准中的协议，只要符合该国家标准协议的前端和平台均可直接接入，有良好的前端设备、平台、存储设备的兼容性，可实现对所有接入设备的管理，实现总部、工地平台的多级联网，远程调用。

GB/T 28181编码规则及参数说明：系统遵循国家标准GB/T 28181规定的监控设备编码标准。

③编码规则。由中心编码（8位）、行业编码（2位）、类型编码（3位）、网络号（1位）和序号（6位）五个码段共20位十进制数字字符构成，即系统编码＝中心编码＋行业编码＋类型编码＋网络号＋序号。

其中，中心编码是指用户或设备所归属的监控中心的编码，按照监控中心所在地的行政区划代码确定，当不是基层单位时空余位为0。行政区划代码采用GB/T 2260规定的行政区划代码表示。行业编码是指用户或设备所归属的行业。类型编码指定了设备或用户的具体类型。

7.2.3 某绿色、智慧公共住房及其附属工程REMPC一体化建设项目

1. 项目概况

本公共住房及其附属工程项目是装配式公共住房项目，装配式装修和装配式景观，项目总投资50多亿元，总建筑面积约109万 m^2。该项目以高度的使命感与责任感，综合应用绿色、智慧、科技的装配式建筑技术，致力打造建设领域新时代践行发展新理念的城市建设新标杆。立足高品质，改变以往保障房就是"低端房"的固有印象。用匠心建造精品公共住房，打造国家三大示范、行业大标杆。

2. 项目具体特色

（1）绿色宜居

该项目以"健康、高效、人文"，服务人的幸福生活为初心，从人与自然的本原关系出发，从建造施工、运营维护以及生活使用等全方位统筹实施"绿色生态、健康生活"的规划设计策略。

（2）园林式社区模式

以"河谷绿洲"为规划理念，借景基地内河，打造景观"绿轴"。全部应用中建科技自主研发的装配式景观技术产品体系，减少对"绿水青山"的干扰破坏，实现人工环境和自然环境共融与协调。部分采用模块化屋顶绿化，运用立体绿化种植盒，创造出更加原生态、自然的景观效果。

（3）人性化设计观

利用地铁物业优势，参考我国香港青衣站模式，实现社区集中商业与地铁站台的无缝衔

接，提供便捷高效的居住体验。全首层的风雨廊设计，居民从地铁或公交场站回家时不会淋到一滴雨。以架空乐跑环道实现六个居住组团之间跨市政路的无障碍连接，业主进入二层绿化平台后即进入专属公园般的景观环境。采用装配式装修，对厨卫、玄关、收纳等进行精细化设计，并大量使用健康建材，让居住体验更加友好，有利健康。

（4）可持续性套内空间布局

实现"有限模块、无限生长"，以"有限模块"实现标准化，便于工业化建造和项目管理；以"无限生长"，实现建筑全生命周期的"可持续使用"。65、80 户型模块均可延展出单身宜居、二人世界、三口之家、三代同堂、适老住宅等"无限系"户型。

（5）标准化设计模版

创新了"四个标准化"设计方法，从平面标准化入手，实现了平面布局的多样性、模块组合的多样性、立面构成的多样性和规划布局的多样性，尤其建筑立面设计从色彩运用到外墙面凸窗、绿植等有机组合，突出表现"质量之美、精益之美和垂直绿化环境之美"。

3. 智慧建筑实施

以自主研发的智慧建造平台为控制中枢，涵盖设计、算量计价、招采、生产、施工以及运维环节，实现了建造信息在建筑全生命周期的数据传递、交互和汇总，打造了全球首个基于互联网的建造过程大数据集成系统。

1）"三全 BIM"，数字设计：①采用"云桌面"的工作方式实现点对面的全专业协同模式。②基于 BIM 设计，通过 BIM 模型辅助算量、虚拟建造、全专业 BIM 模型展示及全景 VR 技术，实现全员全专业的设计变更及流程管理。③将线下设计生成的数字孪生建筑通过自主开发的轻量化引擎上传至互联网云平台，支持商务、制造、施工、运维的信息化管理。

2）如图 7-63 所示，无人机自动巡检，机器人三维建模：无人机云端预设航线，对现场无人化自动巡检，通过图形算法自动建立工地矢量化模型，构建了时间和空间维度的工地大数据系统。同时点云三维测绘机器人可以根据设计 BIM 模型自主规划作业路径并完成自主避障，完成项目现场毫米级点云测绘扫描，通过 5G 网络回传数据，于云端自动建立建筑点云模型，并与无人机模型进行整合，实现与 BIM 设计数据自动比对、自动生成质量报告。

3）全生命周期构件追溯：BIM 模型轻量化引擎为每一个预制构件生成唯一身份编码，利用二维码技术全过程记录构件生产、施工等信息，实现构件全生命周期信息可追溯，建造过程全要素互联、全数据互通。

4）不安全行为机器视觉识别：AI 视觉识别结合自主学习技术和机器视觉技术，捕获现场人员动作和人员穿戴图像，对现场人员不安全行为进行实时识别、实时报警、现场处罚，最后将全过程在云端记录，从而进一步规范现场人员安全行为，降低现场安全隐患。

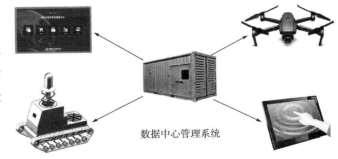

数据中心管理系统

图 7-63　无人机自动巡视

5）建筑机器人应用，智能化生产：中建科技自主研发带机器视觉的钢筋绑扎机器人，对钢筋进行标准化、模块化绑扎生产。对标先进制造业，提高预制构件质量，节约人力成本，实现精益建造，如图 7-64 所示。

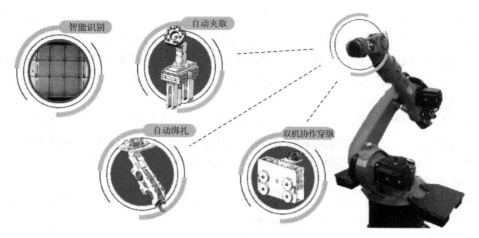

图 7-64　建筑机器人的应用

6）智慧管理：项目将集成从设计到建成全过程的核心数据，最终交付给业主基于 BIM 的轻量化数字孪生竣工模型，该模型可以提供数字化的住宅使用说明书，借助 VR 技术，可以虚拟各项隐蔽工程及其建造信息，便于住户使用。此外，该数字孪生模型还能支持长圳项目打造智慧社区、智慧建筑、智慧物业等多应用场景。

4. 科技赋能

本项目是国内最大的"十三五"国家重点研发计划绿色建筑及建筑工业化重点专项综合示范工程，示范落地了 16 个"十三五"国家重点研发计划项目的 49 项关键技术成果，并开展专题研究 20 项，为我国绿色建筑及建筑工业化实现规模化、高效益和可持续发展提供技术支撑，让科技成果转变为人民群众实实在在的获得感，把科技成果写在大地上。

尤其是 6 号住宅楼，作为钢和混凝土组合结构装配式建筑示范，集成在本原设计、建筑系统工程理论、钢和混凝土组合大框架结构、减隔振技术应用、一体化轻质外挂墙板、绿色施工、智能安全工地和绿色建筑技术等方面，让科技赋能，在土木工程领域诸多研究成果的集成创新、协同创新方面引领了行业进步，如图 7-65、图 7-66 所示。

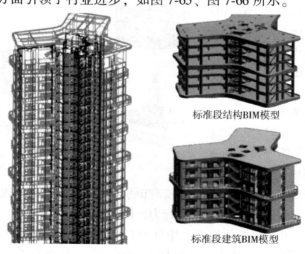

标准段结构BIM模型

标准段建筑BIM模型

图 7-65　标准段 BIM 模型

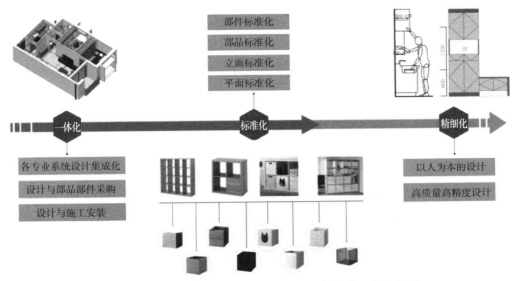

图 7-66　绿色、面模、智慧、分布式储能等技术一体化应用

1）建筑分布式蓄电技术。

2）装配式装修。该项目是全面应用干式工法的装配式装修保障性住房项目。绿色健康的装修材料，规模化生产、流水式安装，从源头杜绝装修材料中化学物质的危害，并且减少人工现场作业，节能环保，保证装修质量。同时在工期、效率、质量、成本、后期维护等方面均有明显优势，较传统装修而言，施工时间缩短 30%~50%，后期维护费用可降低 80%。

3）滚压成型高强钢筋灌浆套筒技术。钢管滚压成型钢筋灌浆套筒连接技术，加工快捷，施工简易，在保证连接节点质量的同时，减少套筒生产材料的损耗，降低生产成本，提高生产效率，显著增加项目的经济效益。

4）内窥镜法测灌浆饱满度检测技术。如图 7-67 所示，使用内窥镜方检测成本低，无须预埋传感器；检测结果直观可靠，可以图像形式呈现检测结果并挂接到智慧建造平台大数据系统；可实现随机抽样检测，保证检测结果的客观性和科学性。通过该技术示范应用，实现装配式结构套筒灌浆质量可检，能够及时发现问题，消除安全隐患，具有良好的经济效益和社会效益。

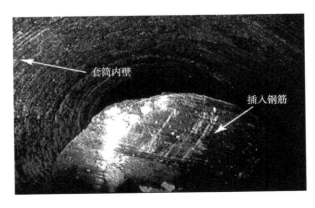

图 7-67　三维扫描内窥镜

5）新型格栅组合模架技术具有绿色环保、周转率高、施工速度快、施工人员投入少等优点，该项技术已取得市建设工程新技术证书，并通过市土木建筑学会科学技术成果鉴定，达到国内领先水平，如图 7-68 所示。

图 7-68　新型格栅组合模架

本项目坚持"以人民为中心"的发展理念，以为人民群众提供高品质建筑产品为初心使命，通过集成应用绿色、智慧、科技相关技术，积极探索绿色化、工业化、信息化、智慧化的新型建造方式，在推进城乡建设领域全面践行绿色发展观方面赢得了广泛的赞誉。为推广绿色建造、智慧建筑等新型建造方式起到示范、引领和带动作用。

参 考 文 献

[1] 杜明芳. AI+新型智慧城市理论、技术及实践［M］. 北京：中国建筑工业出版社，2019.

[2] 柏隽. 对数字化工厂与工业互联网的理解［J］. 软件和集成电路，2018（4）.

[3] 住房和城乡建设部. 建筑信息模型应用统一标准：GB/T 51212—2016［S］. 北京：中国建筑工业出版社，2017.

[4] 王理，孙连营，王天来. 互联网+智慧建筑的发展［J］. 建筑科学，2016（11）.

[5] 毛超，张路鸣. 智能建造产业链的核心产业筛选［J］. 工程管理学报，2021，35（1）：19-24.

[6] 陈珂，丁烈云. 我国智能建造关键领域技术发展的战略思考［J］. 中国工程科学，2021，23（4）：64-70.

[7] 张友国. 边缘 AI 在智慧建筑中的应用与思考［J］. 智能建筑与智慧城市，2022（4）：44-46.

[8] 郭强. 数字孪生建筑研究现状及进展［J］. 内蒙古煤炭经济，2021（21）：168，170.

[9] 江清泉. BIM 和大数据技术在建筑工程质量管理中的应用［J］. 散装水泥，2022（4）：102-104，107.

[10] 郭怡婷. 基于数字孪生的智慧建筑系统集成研究［J］. 科技资讯，2022，20（8）：4-6.

[11] 许子明，田杨锋. 云计算的发展历史及其应用［J］. 信息记录材料，2018，19（8）：66-67.

[12] 王勇，刘刚. 建筑产业互联网赋能建筑业数字化转型升级［J］. 住宅产业，2020（9）：27-30.

[13] 刘文锋，廖维张，胡昌斌. 智能建造概论［M］. 北京：北京大学出版社，2021.

[14] 王鑫，杨泽华. 智能建造工程技术［M］. 北京：中国建筑工业出版社，2021.

[15] 尤志嘉，吴琛，郑莲琼. 智能建造概论［M］. 北京：中国建材工业出版社，2021.

[16] 杨尊琦. 大数据导论［M］. 2 版. 北京：机械工业出版社，2022.

[17] 肖明和，张成强，张蓓. 装配式混凝土结构构件生产与施工［M］. 北京：北京理工大学出版社，2021.

[18] 住房和城乡建设部. 建筑信息模型应用统一标准：GB/T 51212—2016［S］. 北京：中国建筑工业出版社，2017.

[19] 袁波. 大数据挖掘在建筑工程管理中的应用研究［J］. 建筑与装饰，2021（10）：96，98.

[20] 刘延，李涛. 基于 BIM 技术在智慧工地建设中的应用研究［J］. 居舍，2020（25）：45-46.

[21] 郭丽娟，杨琴. 浅谈 BIM 技术在结构抗震加固中的应用［J］. 中小企业管理与科技，2021（05）：184-185.

[22] 杨诗冬，杨邓文萍. 人工智能在智慧建筑中的应用［J］. 智慧建筑与智慧城市，2020（03）：30-33.

[23] 翟凯，王纪红，王蒙. 智慧工地系统在施工现场安全管理中的应用［J］. 建筑安全，2021，36（05）：41，44.

[24] 郑海烁，雷立辉，李庆，等. 智能工地可视化在管道施工管理上的应用探讨［J］. 石油规划设计，2019，30（5）：50-52.

[25] 鹿焕然. 建筑工程智慧工地构建研究［D］. 北京：北京交通大学，2019.

[26] 刘卉卉，赵福君. BIM 云技术的智能建造分析［J］. 住宅与房地产，2019（25）：203.

[27] 裴卓非. BIM 技术与物联网在施工阶段的应用［J］. 建材技术与应用，2013（01）：60-62.